JN269595

恐竜

驚きの世界

年代別に解き明かす先史から恐竜時代、人類創生の歴史百科

ネコ・パブリッシング
DKブックシリーズ

目 次

はじめに	5
先史時代	**6**
生命の誕生	8
進化	10
生命の年表	12
地球の変化	14
化石あれこれ	16
ダイナソア国定公園	18
化石発掘	20
大きさくらべ	22
無脊椎動物	**24**
無脊椎動物ってなに？	26
最初の動物	28
カンブリアの爆発	30
オパビニア	32
マッレッラ	34
三葉虫	36
セレノペルティス	38
棘皮動物	40
クモヒトデ	42
クモとサソリ	44
巨大ヤスデ	46
昆虫	48
チョウ	50
琥珀のなかの化石	52
メガネウラ	54
アンモナイト	56
化石の宝石	58
貝殻の化石	60
初期の脊椎動物	**62**
脊椎動物ってなに？	64
無顎類	66
板皮類	68
サメとエイ	70
カルカロドン・メガロドン	72
硬骨魚類	74
レピドテス	76
総鰭類	78
陸への進出	80
両生類	82
アムフィバムス	84
初期の植物	86

A DORLING KINDERSLEY BOOK
www.dk.com

Original Title: Dinosaurs a Children's Encyclopedia
Copyright © Dorling Kindersley Limited, 2011

Japanese translation rights arranged with
Dorling Kindersley Limited, London
through Tuttle-Mori Agency. Inc., Tokyo
For sale in Japanese territory only.

Printed and bound in China by Toppan

恐竜〜驚きの世界

2012年7月15日　初版　第1刷発行

日本語版総監修：伊藤恵夫
発行人：中西一雄
発行所：株式会社 ネコ・パブリッシング
〒153-8545
東京都目黒区下目黒2-23-18 目黒山手通ビル
電話　03-5745-7802（営業部）
FAX　03-5745-7812（営業部）
http://www.neko.co.jp
http://www.hobidas.com

翻訳：梅田智世
編集：リリーフ・システムズ
装丁：飯田武伸 [NITRO DESIGN]

※乱丁・落丁の場合は送料小社負担にてお取り替えいたします。
※定価はカバーに表示してあります。
※本書の無断複写、複製、転載を禁じます。

日本語版 © ネコ・パブリッシング
ISBN 978-4-7770-5314-8
Printed in China

ポストスクス	88
エッフィギア	90
ワニ形類	92
翼竜	94
エウディモルフォドン	96
ノトサウルス類	98
長頸竜	100
ネス湖の怪物	102
ロマレオサウルス	104
魚竜	106
ステノプテリギウス	108
若き化石ハンター	110
モササウルス類	112

恐竜と鳥類　　114

おそろしいあご	116
恐竜ってなに？	118
小型の鳥盤類	120
パキケファロサウルス	122
角竜類	124
トゥリケラトプス	126
イグアノドン類	128
ハドゥロサウルス類	130
恐竜の落としもの	132
コリトサウルス	134
エドゥモントサウルス	136
スケリドサウルス	138
剣竜類	140
ケントゥロサウルス	142
アンキロサウルス類	144
エウオプロケファルス	146
原竜脚類	148
竜脚類とその近縁種	150
恐竜の体のなか	152
イサノサウルス	154
ディプロドクス類	156
バロサウルス	158
恐竜の組みたて	160
ティタノサウルス類	162
恐竜の足跡	164
獣脚類	166
エオラプトル	168
コエロフィシス	170
ドゥブレウィッロサウルス	172
スピノサウルス類	174
スコミムス	176
アッロサウルス	178
ティラノサウルス類	180
ティラノサウルス	182
コムプソグナトゥス類	184
オルニトミムス類	186
恐竜ロボット	188
オヴィラプトル類	190
恐竜の卵	192
テリズィノサウルス類	194
ドゥロマエオサウルス類	196
命をかけた闘い	198
ミクロラプトル	200
シノルニトサウルス	202
トゥロオドン	204
恐竜の絶滅	206
初期の鳥類	208
新時代の鳥類	210
ガストルニス	212

哺乳類　　214

哺乳類ってなに？	216
盤竜類	218
獣弓類	220
最初の哺乳類	222
顕花植物	224
有袋類	226
フクロオオカミ	228
食虫類とその近縁動物	230
イカロニクテリス	232
ネコのなかまとハイエナのなかま	234
氷の時代	236
イヌのなかま	238
ねばねばのわな	240
ウサギのなかまとげっ歯類	242
有蹄類	244
レプトメリクス	246
マクラウケニア	248
ウマのなかま	250
カリコテリウム	252
サイのなかま	254
アッシュフォール化石層	256
ゾウのなかまとその類縁種	258
ケナガマンモス	260
赤ちゃんマンモスのリューバ	262
メガテリウム	264
シカ、キリン、ラクダのなかま	266
オーロクス	268
洞窟絵画	270
アンドゥレウサルクス	272
クジラの進化	274
霊長類	276
アウストゥラロピテクス	278
ホモ・エレクトゥス	280
ネアンデルタール人	282
神話と伝説	284
現生人類	286
ブッシュマンの岩壁画	288

用語集　　290

4

はじめに

わたしたちのまわりには、たくさんの魅力的な動物がいます。海を泳ぐ巨大なクジラやサメ。陸をかけるトラやライオン、ゾウやキリンなどの、目を見はるような大型動物たち。野生の世界はどこを見ても、昆虫や鳥といった無数の生きものたちであふれています。

でも、地球に残された化石の記録をたどれば、そうした動物たちが、何億年もの遠い昔にまでさかのぼる「生命の樹」の先端にすぎないことがわかります。しかも困ったことに、この生命の樹の全体像は隠されているのです。

化石は多くの情報を秘めています。そして、進化と絶滅が複雑に絡みあう途方もない物語を、わたしたちに語ってくれます。現生動物たちも、もちろん魅力的です。でも、過去の動物たちの多くは、それよりも大きく、強く、そしてずっとおもしろい姿をしていたのです。

美しいイラストにいろどられた本書では、先カンブリア時代に生まれた生命の祖先から、中生代に生きた恐竜、そしてもっと新しい時代の哺乳類や鳥類まで、過去5億年のあいだに進化した膨大な数の動物たちをじっくりと紹介しています。

世界の化石のほとんどは、甲殻類（こうかく）やプランクトンといった小さな生きものの名残りです。でもなかには、かつて存在していた動物たち——いま生きているものとはまるで違う、目を疑うような動物たち——の姿を見せてくれる化石もあります。たとえば、ワニと同じくらい大きなヤスデ、ウマを食べる巨大な鳥、怪物のような海生爬虫類、地上生ナマケモノやサーベルタイガーなどの奇妙な哺乳類が存在していたことがわかっています。そうした動物たちの生きていたときの姿を解きあかすのは、けっして簡単な仕事ではありません。でも、その姿や行動は、科学者や芸術家たちの尽きない努力により、現代によみがえっています。

本書には、そうした動物たちを描いたすばらしいイラストの数々が登場します。動物たちは進化上の系統グループごとにまとめられ、生息していた年代におおむね沿って並べられています。本書を開けば、もう太古の昔に足を踏みいれたようなものです。さあ、過去の動物たちを訪ねる、すばらしいビジュアルツアーへ出発しましょう。そこには驚きの世界が待っているはずです。

ダレン・ナッシュ博士
サイエンスライター、イギリス・ポーツマス大学名誉研究員

先史時代
PREHISTORIC LIFE

▲グランドキャニオンは、地球の歴史を垣間見ることができる貴重な場所だ。川が太古の岩の層を深く浸食し、何千万年、ときには何億年も前に形成された化石をあらわにしている。

先史時代とは、文字による記録が残される以前の時代のこと。地球が誕生した46億年前に始まり、気が遠くなるほど長く続く時代だ。さあ、果てしのない不思議の世界へ出かけよう。

先史時代

生命の誕生

地球は46億年ほど前に形成された。できたばかりの地球では、生命が存在するのは不可能だった。地面は猛烈に熱く、水はどこにもなかったからだ。では、生命はどうやって生まれたのだろうか？

先史時代

初期の地球

生まれたばかりの地球は、どろどろに溶けた岩の海におおわれていた。やがて、その海が冷えてかたい岩になったが、火山は溶岩流を噴きだしつづけていた。火山は地球の奥深くにあるガスも吐きだし、地球の大気を形成した。ただし、初期の大気は有毒なものだった。

彗星と小惑星

地球の表面には、長い年月にわたって彗星や小惑星が次々とぶつかっていた。ときには、小型の惑星が衝突することもあった。この衝突により、形成されたばかりの地球の地殻がひきさかれ、さらに多くの溶岩が流れでた。だが、これらの星々は水も運んできた。

海の形成

若い地球がゆっくり冷えていくのにつれて、大気も冷えていった。火山が吐きだす高温の蒸気が凝縮して液体の水ができた。水は雨となって降りそそぎ、100万年も続く豪雨をもたらした。彗星や小惑星が、さらなる水を運んできた。そうした水はすべて地表にたまり、広大な海となった。

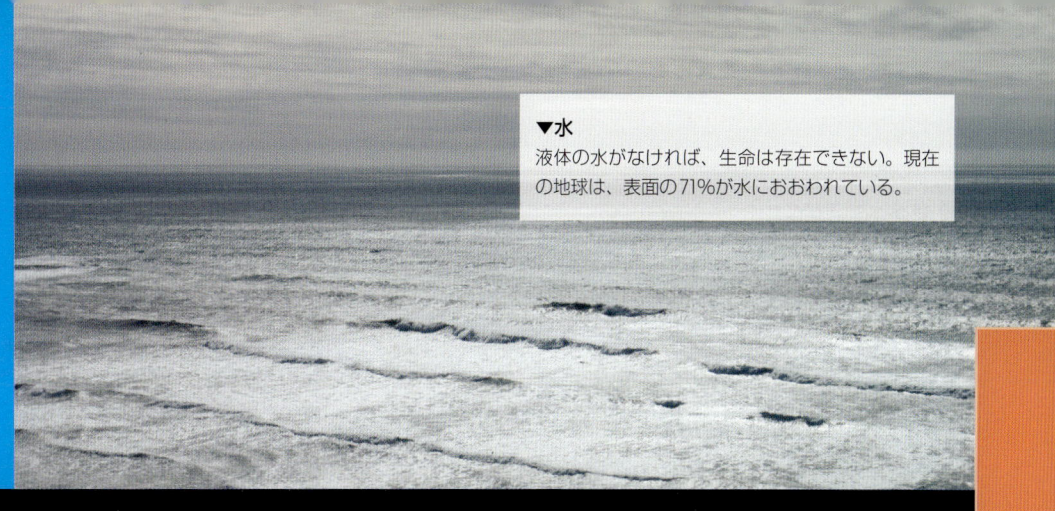

▼水
液体の水がなければ、生命は存在できない。現在の地球は、表面の71%が水におおわれている。

先史時代

生命誕生

科学者の多くは、38億年ほど前に深海で生命が誕生したと考えている。地表は危険で、深海のほうが安全だからだ。最初の生命体はおそらく、高温の火山噴出孔のまわりに生息し、沸騰した水に溶けこむエネルギーたっぷりの化学物質をえさにしていたのだろう。現在でも、特殊なバクテリアがそうした高温の環境で生息している。

熱水に生きる生命

アメリカ、イエローストーン国立公園のグランド・プリズマティック・スプリングでは、ほかの生物には耐えられないほど高温の熱水のなかで、バクテリアが繁栄している。

自己複製する分子

最初の生命体は、完全な生きものではなく、細胞でさえなかった。自分複製能力をもつ、ひとつの分子にすぎなかった。自己複製は、現在ではDNAがおこなっていることだ。だが、DNAは細胞の外では自己複製できないので、最初の生命分子はDNAとは違う構造をしていて、のちに、その分子がDNAに進化したと考えられる。

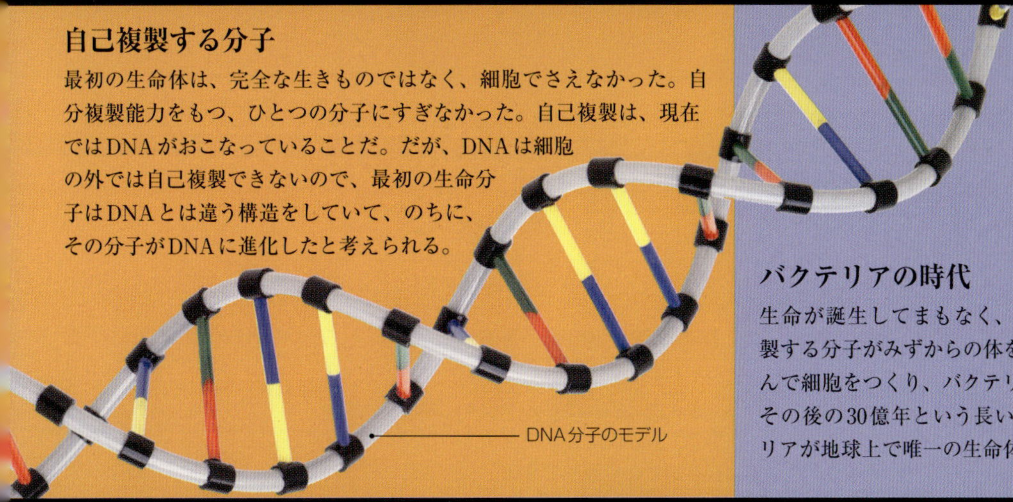

DNA分子のモデル

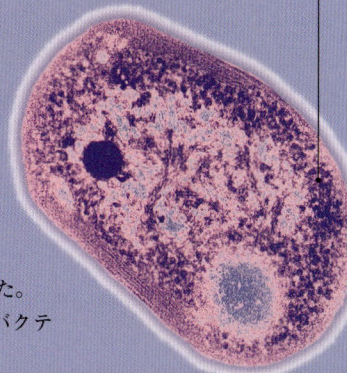

バクテリアは、肉眼では見えないほど小さい単細胞生物だ。きみの皮ふや体内にも、無数のバクテリアが生息している

バクテリアの時代

生命が誕生してまもなく、自己複製する分子がみずからの体を膜でつつんで細胞をつくり、バクテリアになった。その後の30億年という長いあいだ、バクテリアが地球上で唯一の生命体だった。

生存競争の勝者

地球最古の生命の痕跡を示す証拠は、ストロマトライトで見つかっている。ストロマトライトとは、バクテリアが集まって塚状になった、岩のような構造物のことだ。ストロマトライトの化石の起源は、35億年前にさかのぼる。ストロマトライトを形成するバクテリアは、植物と同じように太陽のエネルギーから栄養をつくり、その過程で酸素を放出する。数十億年前に、バクテリアは地球の大気を変化させるほどの酸素を生みだし、空気呼吸する動物が進化するための道をひらいた。

▼現生のストロマトライト
現在でも、オーストラリア西部のシャーク湾などで見られる。

ストロマトライト

先史時代

進化

先史時代の動物たちの化石は、地球上の生命が絶えず変わりつづけていることを教えてくれる。時の流れとともに、古い種が姿を消し、古い種から新しい種が生まれる。家系図に新しい家族が加わるように。こうして新しい種が現れるのは、進化と呼ばれるゆっくりとした変化のプロセスが進行しているおかげだ。

自然選択

進化の原動力は、自然選択（自然淘汰）と呼ばれるプロセスだ。動物や植物は多くの子どもを残すが、そのすべてが大人になるまで生きのびられるわけではない。子どもたちは、それぞれ少しずつ異なる性質をもっている。もっとも優れた性質をもつ個体が、自然により選ばれて生きのび、その性質を次の世代に伝えるのだ。

キリンの頸

キリンの長い頸は、自然選択により進化したものと考えられる。木の高いところにある葉を食べられない個体は、淘汰されたのだ。それぞれの世代のなかで、もっとも頸の長いキリンがもっとも多くのえさにありつき、もっとも多くの子どもを残した。やがて、頸が長くのびていくにつれて、キリンは新しい種へと進化していった。

▲繁殖期のカエルは数千個もの卵を産むが、大人になるまで生きのびられるのは、そのうちのごくわずかだ。

クローズアップ：フィンチのくちばし

進化の証拠を集めた自然史研究家といえば、イギリスのチャールズ・ダーウィンが有名だ。ダーウィンは1830年代にガラパゴス諸島を訪れ、よく似たフィンチの種がいくつも存在することを発見した。それぞれの種は、それぞれのえさに適したくちばしをもっていた。それを見たダーウィンは、これらのフィンチが大昔にガラパゴス諸島に住みついた共通の祖先から進化したものだと気づいたのだ。

キツツキフィンチ
Camarhynchus pallidus

ガラパゴスフィンチ
Geospiza fortis

ハシブトダーウィンフィンチ
Platyspiza crassirostris

ムシクイフィンチ
Certhidea olivacea

受け入れられない進化論

当時の人々は、進化論をネタにしてダーウィンをからかった。ダーウィンがヒトはサルの類縁だと主張した1871年には、ダーウィンの顔とチンパンジーの体をつなげたイラストが描かれた。

▼アルカエオプテリクス（始祖鳥）には羽毛が生えていたが、恐竜のような歯や爪や尾もあった。

化石の証拠

ダーウィンが笑いものにされたのは、化石の証拠があまりにも少なくて、段階的な進化の過程を証明できなかったせいもある。だが、いくつかの貴重な化石は、類縁関係にある動物グループのつながりをはっきりと示している。その一例が、恐竜と鳥類をつなぐミッシングリンク、アルカエオプテリクス（始祖鳥）だ。

先史時代

ゾウの進化

めずらしい例ではあるが、段階的な進化の過程を化石で見ることができる。ゾウは長鼻類と呼ばれるグループに属している。長鼻類は時とともに巨大化し、大きな牙と長い鼻を発達させていった。ただし、この絵にある太古の動物たちは、ゾウの直接的な祖先ではないかもしれない。ゾウにつながる大きな系統樹は大部分が謎につつまれていて、この動物たちは、そのごく一部をうかがわせるにすぎない。

モエリテリウム（5000万年前）

フィオミア（3500万年前）

ゴムフォテリウム（2000万年前）

デイノテリウム（200万年前）

アジアゾウ（現在）

人為選択

ブリーダー（品種改良家）が自然選択とよく似た方法で動物種の性質を変えていることに、ダーウィンは気がついていた。繁殖する個体を自然が選ぶのではなく、ブリーダーは自分の手で選択する。ダーウィンはこれを、人為選択と呼んだ。現在のすべての犬種は、祖先にあたる野生のオオカミから、この方法でつくられたものだ。

ハイイロオオカミ

▼イヌ
現生のすべてのイヌは、オオカミを共通の祖先にもつ。

生命の年表

地球の歴史は、この惑星が誕生した46億年前にさかのぼる。その途方もなく長い年月は、「紀」と呼ばれるいくつかの時代にわけられている。多くの恐竜が生息していたジュラ紀も、そのひとつだ。ここでは、そのすべての紀を、生命の歴史を記した年表で紹介しよう。

先史時代

恐竜が絶滅する（6500万年前）

白亜紀

三葉虫などのかたい殻をもつ無脊椎動物が海に現れる（5億4200万年前）

◀グランドキャニオン（アメリカ）
地球の歴史の年代（紀）は、化石が発見された岩の層にちなんで名づけられている。グランドキャニオンでは、太古の地層を見ることができる。地層は、下に行くほど年代が古い。

オルドビス紀

シルル紀

カンブリア紀

歴史を物語る地層

過去を知るための手がかりは、わたしたちの足もとの岩に隠されている。ある種の岩は、長い年月のあいだに積みかさなり、層（地層）を形成する。それぞれの層が、地球の歴史の主要な時代を物語っている。

生命がおそらく深海で誕生する（38億年前ころ）

先カンブリア時代

植物が陸に進出する（4億4000万年前）

▶地球の歴史は、「代」と呼ばれるとても長い時代にわけられている。代はさらに、ジュラ紀や三畳紀などのもっと短い「紀」にわけられる。

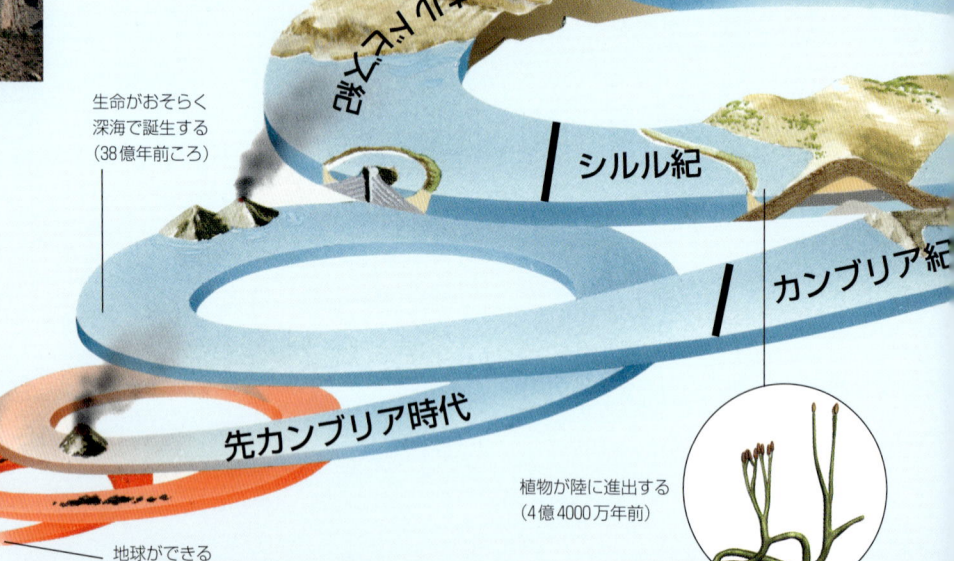

地球ができる（46億年前）

代と紀

			古生代		
先カンブリア時代	カンブリア紀	オルドビス紀	シルル紀	デボン紀	石炭紀
46億～5億4200万年前	5億4200万～4億8800万年前	4億8800万～4億4400万年前	4億4400万～4億1600万年前	4億1600万～3億5800万年前	3億5800万～2億9900万年前
	三葉虫が海底をはいまわっていた（p36～37参照）。	海ではヒトデが繁栄していた（p40～41参照）。	シルル紀後期には、ウミユリのなかまが海底に固着していた。	巨大な捕食者ダンクルオステウスが海中で暴れまわっていた（p68参照）。	トンボなどの昆虫が空を飛びまわっていた（p54～55参照）。

先史時代

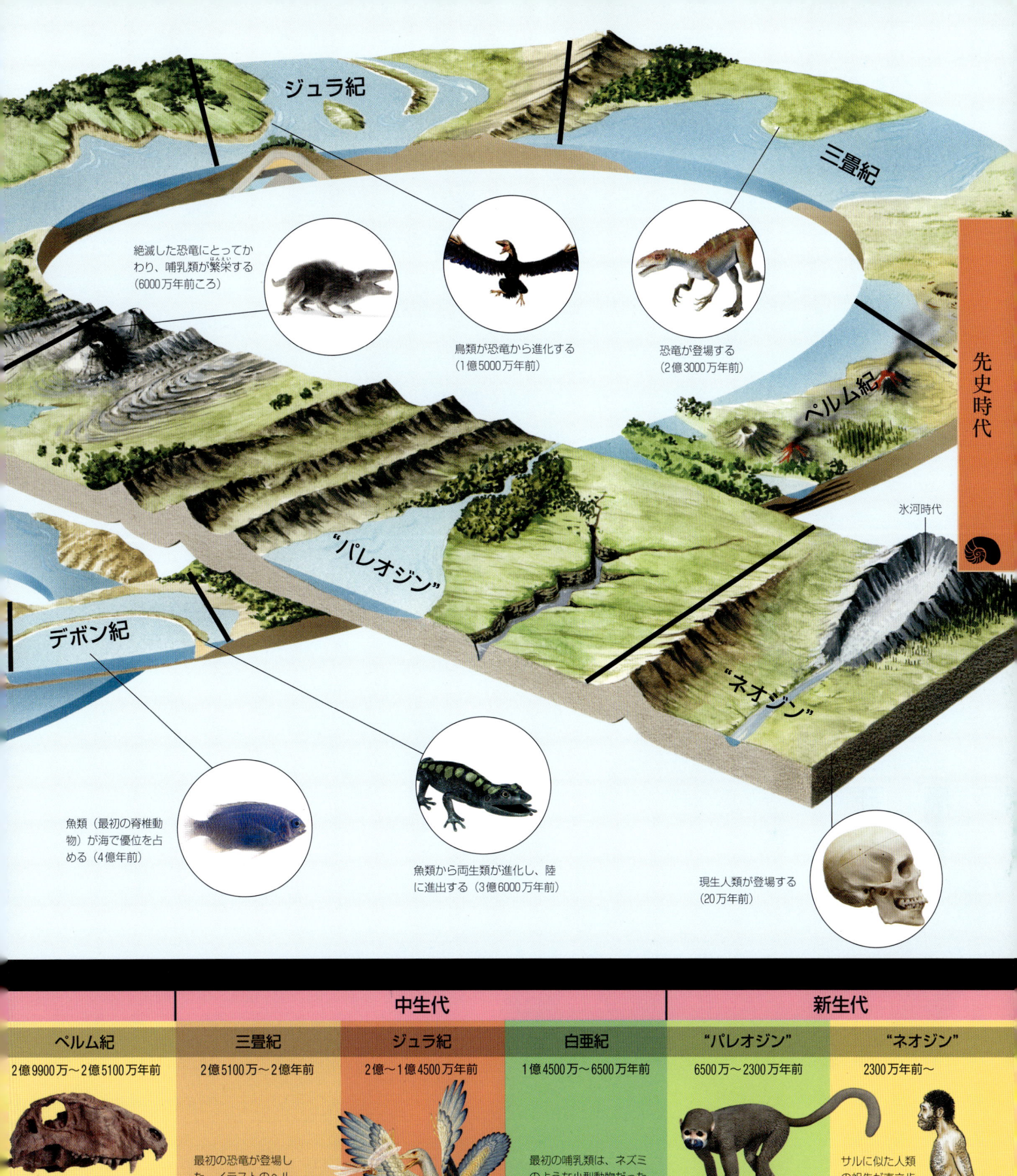

ジュラ紀

三畳紀

ペルム紀

絶滅した恐竜にとってかわり、哺乳類が繁栄する（6000万年前ころ）

鳥類が恐竜から進化する（1億5000万年前）

恐竜が登場する（2億3000万年前）

"パレオジン"

デボン紀

"ネオジン"

氷河時代

魚類（最初の脊椎動物）が海で優位を占める（4億年前）

魚類から両生類が進化し、陸に進出する（3億6000万年前）

現生人類が登場する（20万年前）

	中生代			新生代	
ペルム紀	三畳紀	ジュラ紀	白亜紀	"パレオジン"	"ネオジン"
2億9900万～2億5100万年前	2億5100万～2億年前	2億～1億4500万年前	1億4500万～6500万年前	6500万～2300万年前	2300万年前～
ディメトゥロドンは、この時代のもっともおそろしい捕食者だった（p218参照）。	最初の恐竜が登場した。イラストのヘルレラサウルスは、最古の恐竜のひとつだ。	これまでに知られている最古の鳥、アルカエオプテリクス（始祖鳥）が登場した（p208参照）。	最初の哺乳類は、ネズミのような小型動物だった（p222～223参照）。	最古の霊長類の一種とされるエオシミアスは、この時代に登場した（p277参照）。	サルに似た人類の祖先が直立歩行をはじめた（p278～281参照）。

地球の変化

地球はつねに変わりつづけている。陸地の部分（大陸）が地球の表面をゆっくり動き、世界の地図は絶えず形を変えている。気候は寒暖のサイクルをくりかえし、植物と動物も、時代の移りかわりとともに、ときには劇的に変化する。恐竜の時代は、三畳紀、ジュラ紀、白亜紀の3つの紀にわけられるが、どの時代も、いまの世界とはまったく異なっていた。

先史時代

現在の地球

現在の地球の陸地は、大陸と呼ばれる7つの地域に大きくわけられる。現在は、ヨーロッパ、アフリカ、アジア、北アメリカ、南アメリカ、南極、オーストラリアの7大陸だ。どの大陸も、いまでも動きつづけている。ただし、その動きはとても遅く、きみの指の爪がのびるくらいのスピードだ。

三畳紀の生物

コエロフィシス

ジュラ紀の生物

▼ジュラ紀になると、気候は三畳紀よりも少し穏やかになった。恐竜が繁栄し、巨大な体に進化していった。

プテロダクティルス
アッロサウルス
アパトサウルス

白亜紀の生物

プテラノドン
コリトサウルス
トゥリケラトプス

◀三畳紀には、地球最古の恐竜が登場した。どの恐竜も、このコエロフィシスのように小型だった。恐竜たちの住む世界は高温で、大部分が荒野だった。

三畳紀の生物
2億5100万～2億年前

三畳紀には、地球の陸地はパンゲアと呼ばれるひとつの大陸を形成していた。沿岸部や川の流域には緑があったが、内陸のほとんどは砂漠だった。顕花植物はまだ存在していなかった。そのかわりに栄えていたのが、ソテツ類（ヤシのような樹木）、イチョウ類、トクサ類、針葉樹類などの葉のかたい植物だ（どれも現在まで生きのびている）。初期の恐竜には、ヘルレラサウルス、プラテオサウルス、キンデサウルス、コエロフィシス、エオラプトルなどがいた。

ソテツ

▲三畳紀の地球
パンゲアが2つに分裂をはじめ、そのあいだにテチス海が入りこんでいった。

先史時代

ジュラ紀の生物
2億～1億4500万年前

2億年前ころに、パンゲアが2つの大陸に分裂した。かつて陸地だったところに海が広がり、巨大な浅い海ができた。ジュラ紀には、植物食の巨大な竜脚類（ブラキオサウルスやディプロドクスなど）や、大型の肉食恐竜（アロサウルスなど）が登場した。青々とした森が陸地に広がり、砂漠は小さくなった。針葉樹類、チリマツのなかま、シダ類などが広く生息していた。

ブラキオサウルス
ステゴサウルス
シダ類

▲ジュラ紀の地球
パンゲアが北のローラシアと南のゴンドワナに分裂し、あいだに浅い海が広がった。

白亜紀の生物
1億4500万～6500万年前

▼白亜紀になると温度がさらに下がったとはいえ、まだ現在の地球よりは暖かかった。陸地は恐竜が支配していたが、空の支配者は翼竜や昆虫たちだった。

白亜紀になっても、大陸は分裂を続けた。その結果、それぞれの大陸に生息していた恐竜たちはそれぞれに進化し、多くの新しい種が生まれた。ティランノサウルスやトゥリケラトプス、イグアノドンが登場した。顕花植物もこの時期に現れた。初期の顕花植物には、モクレンのなかまやトケイソウのなかまがふくまれていた。うっそうとした森には、オークやカエデ、クルミ、ブナなど、現在でもおなじみの樹木が生息していた。

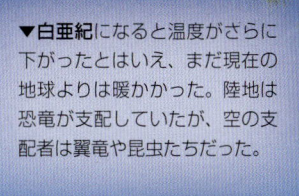

アンキロサウルス
モクレン

▲白亜紀の地球
大陸が現在の地球と似た形をとりはじめた。

15

化石あれこれ

先史時代の動物に関するわたしたちの知識は、ほとんどが化石から得られたものだ。化石とは、大昔の動植物の死骸や痕跡が保存されたもののこと。「fossil（化石）」という英語は、「掘りだす」を意味するラテン語の「fossilis」からきている。その言葉のとおり、化石は掘りだされて見つかるが、浸食によってその姿を現すことがほとんどだ。化石化した動物たちの大半は、とてつもなく長い年月のあいだ、土の下に埋もれていた。

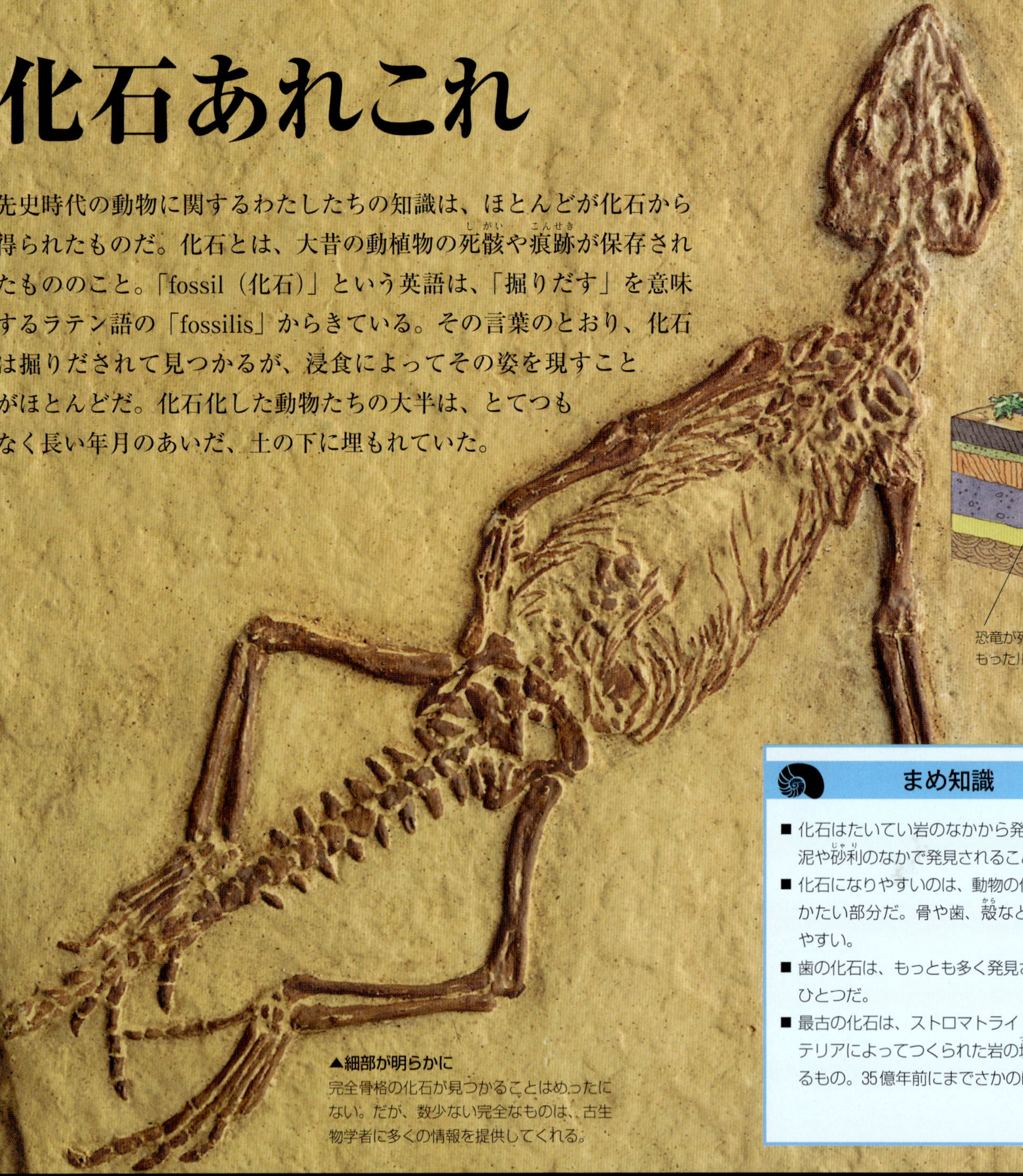

先史時代

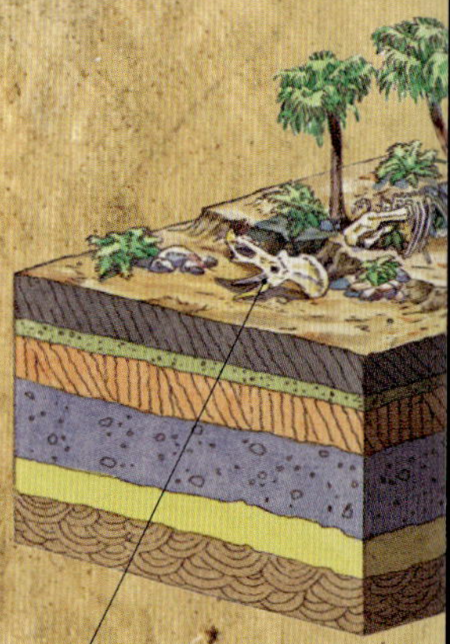

恐竜が死んで、泥の積もった川岸に倒れる

▲細部が明らかに
完全骨格の化石が見つかることはめったにない。だが、数少ない完全なものは、古生物学者に多くの情報を提供してくれる。

まめ知識

- 化石はたいてい岩のなかから発見されるが、泥や砂利のなかで発見されることもある。
- 化石になりやすいのは、動物の体のなかでもかたい部分だ。骨や歯、殻などが化石化しやすい。
- 歯の化石は、もっとも多く発見される化石のひとつだ。
- 最古の化石は、ストロマトライト（海生バクテリアによってつくられた岩の塚）と呼ばれるもの。35億年前にまでさかのぼる。

化石の種類

化石はそのなりたちによって、いくつかの種類に分類される。どの種類も、形成されるまでに長い年月がかかる。化石はすぐにはできないのだ。

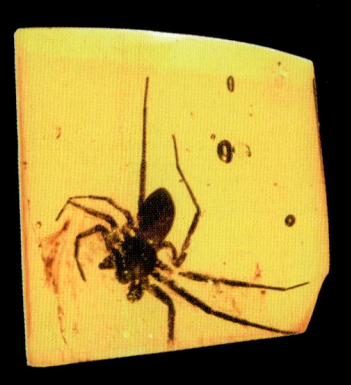

完全保存
昆虫やクモが、マツなどから分泌されるねばねばの樹脂に閉じこめられると、その体が完全に保存されることがある。左の写真では、大昔の生きものが、化石化した樹脂（琥珀と呼ばれる）のなかに保存されている。

鉱物化
恐竜は人間のように、かたい骨をもっていた。その骨だけが残ることもある。ただし、骨として残るのではなく、長い年月のあいだに鉱物とおきかわって、岩石のようになる。化石を掘りだすには、周囲の岩を慎重にとりのぞかなければならない。

どんなものが化石になるの？

あらゆる生命体が、化石として発見されている。これまでに、動物の骨、皮ふの印象、足跡、歯、糞、昆虫、植物などの化石が見つかっている。骨などのかたい部分が、もっとも化石化しやすい。

クローズアップ：古生物学者ってなに？

化石を研究する学者は、古生物学者と呼ばれる。古生物学者は、発掘現場で新たな化石を掘りだすこともあれば、研究室や博物館で働くこともある。できるだけ多くの手がかりを注意ぶかく集めて、過去に起きたことをつきとめたり、新たに発見された化石が系統樹のどこにあてはまるのかを解明したりする。まるで探偵のようだ。

先史時代

長い年月のあいだに、泥の層が積みかさなり、死骸が地中に埋まる

周辺に海が広がり、新しい砂や泥の層が堆積する。骨はゆっくりと岩石のようになる

数千万年後、海がなくなり、化石のうえにある岩の層が風雨や氷河によってゆっくり浸食され、化石がふたたび地表に近づく

さらに数千年が経つと、氷河が消え、大地は荒れた砂漠になる

化石が姿を現し、古生物学者のチームによって掘りだされる

化石が発見されるまで

化石が形成されるのは、動物の体が死後、急速に埋まったときだけだ。そのため、化石として発見されるのは、川のなかで死んだり、泥にはまりこんだり、砂嵐で砂に埋もれたりした動物たちということになる。上の5つの図は、恐竜の骨（ここではトゥリケラトプス）が化石化し、数千万年後に発見されるまでの一例を示している。

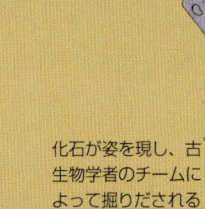

石化
木の幹も、骨と同じように、長い年月のあいだに鉱物とおきかわり、岩のようになる。木は石化しても、丸太とよく似た姿をしている。石化とは、「石に変わる」という意味。

モールド（雌型）
もともとの生物の体そのものはなくなっても、岩などにその体の跡だけが残されることがある。こうした体の跡の化石を、モールドという。

ナチュラルキャスト（雄型）
モールドと同じように形成されるが、そのあとで、水中の鉱物がゆっくりと内部で結晶化し、へこんだ部分が埋まって、フリントのような石が形成される。

生痕化石
動物が「生痕」と呼ばれる活動の手がかりを残すこともある。生痕は足跡や巣、噛み跡のこともあれば、糞として残されることもある。これらの化石は、生痕化石と呼ばれる。

17

先史時代

ダイナソア国定公園

アメリカのユタ州とコロラド州の境にあるダイナソア国定公園では、数多くの恐竜の化石が見つかっている（ダイナソアは恐竜を意味する英語）。この露出した砂岩の壁には、1億5500万～1億4800万年前にさかのぼる恐竜の骨の化石が、およそ1500個も埋もれている。

先史時代

化石発掘

きみたちのなかには、テレビで化石発掘のようすを見たことのある人や、化石発掘現場に行ったことのある人がいるかもしれない。なかには、自分で化石を見つけたという、運のいい人もいるだろう。大がかりな化石発掘現場では、どんなことがおこなわれているのだろうか？

先史時代

化石ハンターの道具箱

化石を研究する古生物学者は、金づち、たがね、こてといった基本的な発掘道具を使って、地面から化石を掘りだしている。刷毛は砂ほこりをはらうのに役だつ。

ここで見つかった！

恐竜の発掘のしかたは、そのときどきでまったく異なる。かたい岩に埋もれている化石は、少しずつ岩を削りとっていかなければならない。もろくてやわらかい崖で発見された化石は、とてもこわれやすく、簡単にばらばらになってしまう。植物食恐竜オウラノサウルスの化石（上）は、砂漠の砂に埋まっていたため、手で簡単に掘りだすことができた。

化石の発掘

古生物学者は、発見された状況をもとに、恐竜の化石を4つのグループに分類している。

■ 関節した骨格
骨どうしがつながったままの状態の骨格のこと。完全なものもあるが、たいていは一部が欠けている。

■ 遊離した骨
骨格から離れて、単独で化石化した骨のこと。大腿骨などの大きな化石は、この形で見つかることが多い。

■ 関連した骨格
骨どうしのつながりが解けて、ばらばらになりちらばっているが、同じ恐竜のものだと特定できる骨格のこと。

■ 地表に点在する骨片
化石化した骨の小片のこと。化石そのものはこなごなになっている。たいていの場合、小さすぎて役に立たない。

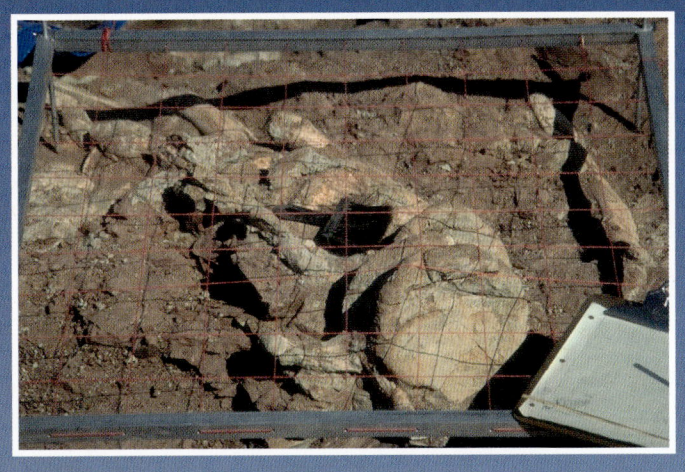

▲**時間のかかる仕事**
化石化した骨のまわりから土や砂を慎重にとりのぞいたら、方形枠と呼ばれる格子枠を使って、それぞれの骨の配置をグラフ用紙に注意ぶかく記録する。

恐竜の発掘

ここでは、アフリカで見つかった獣脚類アフロヴェナトルと竜脚類ジョバリアの化石発掘現場を写真で紹介しよう。化石を最初に発見したのは、その地域に住む部族民だ。砂漠の岩からつきだしている骨を見つけたのがきっかけだった。発見された恐竜化石をすべて掘りだすには、何か月もの時間がかかることもある。この発掘作業も例外ではなかった。

◀**最初の一歩**
何週間にもおよぶつらい作業で岩石をとりのぞき、ようやく化石が見えはじめる。大勢の人でチームをつくって発掘作業にとりくむ。

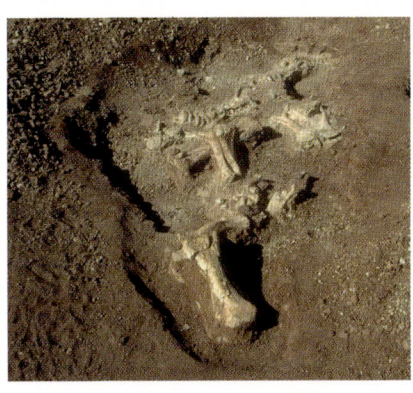

◀**化石の出現**
さらに土がとりのぞかれ、化石がはっきりと姿を現す。ここで発掘しているのは、全長9mにもなる獣脚類と、18mにもなる竜脚類なので、化石はとても大きい。

◀**化石の配置図**
古生物学者が、化石の配置をくわしく記録した図をしあげている。この図を見れば、岩に埋もれていた何千万年ものあいだに、一部の骨がどんなふうに本体から離れていったのかがよくわかる。

◀**しっかりつつもう！**
化石を地面からとりだせる状態になったら、石こうを溶かした液体に布をひたし、それで化石をくるむ。石こうが固まって、化石を守る保護層になる。これで、化石を博物館の研究室に運び、くわしく研究するための準備が整った。

先史時代

たくさんの骨
1か所の発掘現場から、大量の恐竜の骨が見つかることもある。アメリカのユタ州とコロラド州の境にあるダイナソア国定公園では、1909年から1924年にかけて、350トンもの恐竜の化石が発掘された。ものすごい量だ！

大きさくらべ

地球上の陸や海には、ニワトリくらいの恐竜からどっしりと重い竜脚類恐竜まで、大きさや形、長さがさまざまに異なる動物たちが暮らしてきた。それぞれどのくらいの大きさだったのか、いくつかの例を見てみよう。

先史時代

プレデターX
全長15m

シャチ
全長9m

ソニサウルス
全長20m

レエドゥシクティス
全長9m

マッコウクジラ
全長20m

ブラキオサウルス
全長23m

マンモス
肩高5m

ホオジロザメ
全長6〜8m

ティランノサウルス
全長12m

ハトゥゼゴプテリクス
翼開長11m

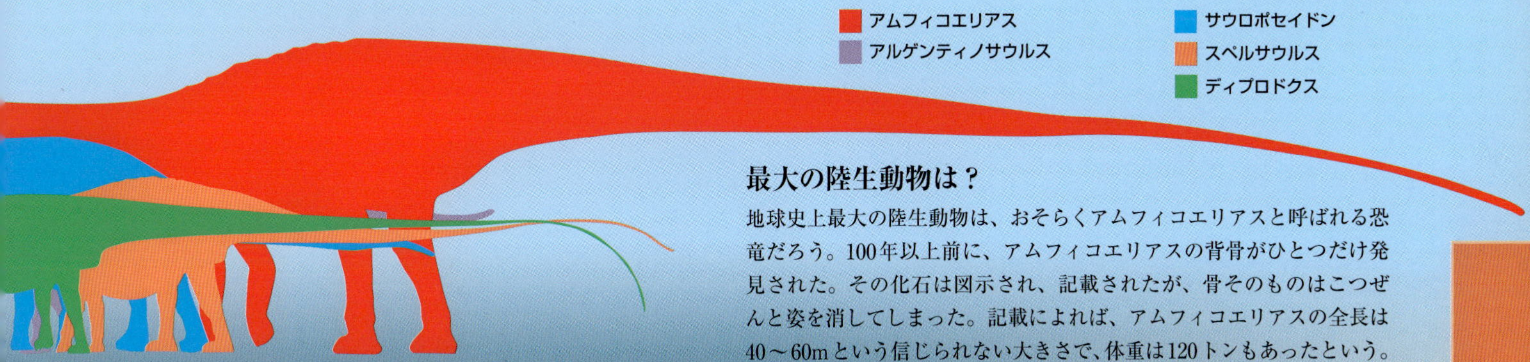

■ アムフィコエリアス　■ サウロポセイドン
■ アルゲンティノサウルス　■ スペルサウルス
■ ディプロドクス

最大の陸生動物は？

地球史上最大の陸生動物は、おそらくアムフィコエリアスと呼ばれる恐竜だろう。100年以上前に、アムフィコエリアスの背骨がひとつだけ発見された。その化石は図示され、記載されたが、骨そのものはこつぜんと姿を消してしまった。記載によれば、アムフィコエリアスの全長は40〜60mという信じられない大きさで、体重は120トンもあったという。

先史時代

データファイル

左の絵で示したサイズは、それぞれの動物で確認されている最大のものだ。絵の縮尺は完全に実物と一致しているわけではないが、すべての動物が一堂に会したら、それぞれがどう見えるのかを知る手がかりになるはずだ。

シロナガスクジラ
全長 30m

カルカロドン・メガロドン
全長 20m

■ 陸上で最大の殺し屋
スピノサウルスという恐竜は、これまで知られているなかで最大の陸生肉食動物だ。全長は16m、体重は12トン（大人のゾウ3頭ぶん）。

リヴィアタン（先史時代のハクジラ）
全長（推定）最大 17m

アホウドリ

■ 最大の空飛ぶ動物
ハトゥゼゴプテリクスは、翼竜（空を飛ぶ爬虫類）の一種だ。翼を広げた長さ（翼開長）は約11mで、小型飛行機と同じくらい大きかった。ちなみに、現生の鳥でもっとも大きいのはワタリアホウドリで、翼開長は3.6mだ。

モササウルス
全長 15m

■ 最大の動物
シロナガスクジラは、世界最大の現生動物だ。心臓だけでも、小型自動車ほどの大きさがある。

テムノドントサウルス
全長 12m

アフリカゾウ
肩高 4m

■ 最小の恐竜
アンキオルニスはハトくらいの大きさで、これまで知られているなかで最小の恐竜だ。キューバにすむマメハチドリは、恐竜の子孫のなかではもっとも小さい。

トゥリケラトプス
全長 9m

ヒト
史上最高身長 2.7m

23

無脊椎動物

無脊椎動物
INVERTEBRATES

▲三葉虫
体のやわらかい無脊椎動物は、ふつうは化石にならないが、この三葉虫のようにかたい殻をもつものは、貴重な化石となって残されている。三葉虫の化石のなかには、5億年以上前のものもある。

無脊椎動物とは、背骨や骨質の内骨格をもたない動物のこと。このグループには、驚くほど多様な動物が属している。昆虫、クモ、軟体動物、海綿動物、クラゲ、ミミズは、どれも無脊椎動物だ。

無脊椎動物

無脊椎動物ってなに？

昆虫から軟体動物、ミミズ、クラゲまで、さまざまな動物が無脊椎動物にふくまれ、その数の多さでは地球を支配しているといえる。地球の動物のじつに97％が無脊椎動物なのだ。では、無脊椎動物に共通する特徴は？　というと、ほとんどない！　数少ない共通点のひとつは、背骨や骨質の内骨格をもたないことだ。

無脊椎動物は、およそ30のグループに分類される。そのうちのいくつかを紹介しよう。

無脊椎動物

節足動物

節足動物には、昆虫やクモ形類（クモやサソリなど）、甲殻類がふくまれる。無脊椎動物最大のグループで、これまでに確認されている動物種の約90％を占めている。

ダイオウサソリ

◀イシムカデ
ムカデには15対以上の脚がある。肉食性で、昆虫やクモなどを襲う。

▼キンイロハナムグリ
甲虫の種類は30万種を超え、なかにはとてもあざやかな色をしたものもいる。

軟体動物

軟体動物のグループには、小さなカタツムリから巨大なイカまで、驚くほど変化に富んだ動物がふくまれる。ほとんどの軟体動物は、殻をもっているか、少なくともその名残りが見られるが、殻をもたないものもいる。たとえば、タコやナメクジは殻をもたない。

イカ

▲ウミウシ
海中に住むウミウシは、英語では「sea slug（海のナメクジ）」と呼ばれることが多い。子ども（幼生）には殻がある。

▶アフリカマイマイ
この巨大なカタツムリは、全長20cmにも達することがある。

環形動物

環形動物の体は、いくつかの体節で区切られている。ミミズやゴカイが典型的だ。環形動物は、海水や淡水のなかで暮らしているものもいれば、陸上に生息するものもいる。これまでに、1万2000種以上という驚くべき数の環形動物が確認されている。

ミミズ

▲ゴカイ
ゴカイの各体節には、泳ぎに使う脚（いぼ足）が1対ずつついている。

▶タイガーリーチ
ヒルのなかには、このタイガーリーチのように、獲物が通りすぎるのを待ちかまえて、血を吸うものもいる。

クローズアップ：変態

無脊椎動物のほとんどは、卵からかえって幼生となり、いくつかの発達段階を経て大人の姿になる。この過程を変態と呼ぶ。

◀イモムシ
チョウの幼虫であるイモムシは、卵からかえったあと、ひたすらえさを食べつづける。早く大きくなることが使命なのだ。

▶さなぎ
イモムシのまわりに丈夫なかたいおおいができ、さなぎになる。しばらく経つと、さなぎを割ってチョウが出てくる。

▼成体形
ようやくチョウの姿になるが、飛びたつ前に、翅を広げて乾燥させなければならない。この姿が成体形だ。

刺胞動物

刺胞動物のグループには、クラゲ、サンゴ、イソギンチャクなどがふくまれる。刺胞と呼ばれる、とげのある細胞をもつのが特徴。水中を泳げるものもいるが、海底に固着して、水中をただようえさが近くを通りすぎるのを待つものもいる。

イソギンチャク

▶ノウサンゴ
サンゴの多くには、見た目どおりの名前がつけられている。ノウサンゴはしわだらけの脳のようなサンゴだ。

▼アカクラゲ
アカクラゲなどのクラゲの体は、大部分が水でできている。クラゲを水から出すと、形が崩れてしまう。

棘皮動物

棘皮動物の多くはとげだらけの体で、ほとんどが海底に生息している。淡水で生きられるものはいない。棘皮動物には、ヒトデ、ウニ、ナマコなどがふくまれる。ほとんどは動きまわることができるが、脳はない。

ヒマワリヒトデ

▶ナマコ
ナマコは世界中の海底に生息している。

▼オニヒトデ
オニヒトデは最大のヒトデだ。大食漢の捕食者でもあり、サンゴをえさにしている。針のように鋭いとげをもち、それぞれの針からおそろしい毒を注入することができる。

海綿動物

海綿動物はスポンジとも呼ばれる。1700年代までは植物とかんちがいされていたが、じつはきわめて単純な動物で、腕や脚はなく、頭や感覚器官もない。体は袋やチューブのような形をしていて、海底に固着し、海水からえさをこしとって食べている。

◀アズール・ベース・スポンジ
海綿動物の種類は数千種にのぼる。たいへん美しい色をしているものもいる。

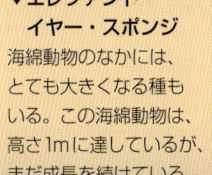

▼エレファント・イヤー・スポンジ
海綿動物のなかには、とても大きくなる種もいる。この海綿動物は、高さ1mに達しているが、まだ成長を続けている。

無脊椎動物

最初の動物

動物は6億年ほど前に誕生したことが、残された化石からわかっている。最初の動物は暗闇に生息し、根をおろしたように海底にはりついていた。円盤や葉っぱに似た単純でやわらかい体をもち、その体で栄養源となる海中の化学物質や粒子をとりこんでいた。どうやらこの奇妙な動物たちは、脚も頭も口もなく、感覚器官や内臓もなかったようだ。

無脊椎動物

最初の生命

地球の歴史の9割近くは、動物も植物も存在しなかった時代だ。先カンブリア時代と呼ばれる地球初期の時代が終わりに近づくまで、顕微鏡レベルの単細胞生物が唯一の生命体だった。そのうちの一部は海底でコロニー（集団）をつくり、長い時間をかけて積みかさなって、クッションのような岩の塚を形成した。「ストロマトライト」と呼ばれるこの構造物は、いまでも形成されている。

オーストラリアの現生ストロマトライト

カルニア
Charnia

- 生息年代　5億7500万～5億4500万年前（先カンブリア時代）
- 化石発見地　イギリス、オーストラリア、カナダ、ロシア
- 生息環境　海底
- 全長　0.15～2m

1957年に男子学生が発見したカルニアは、一大センセーションをまきおこした。というのも、動物の化石などあるはずがないと考えられていた古い時代の岩で見つかったからだ。羽根のような体は、軸の部分で海底に固着していた。おそらく、海中から微生物をこしとって食べていたのだろう。本体は幾重にも連なった枝のような部分で構成されていて、しま模様のキルトのような外見をしていた。専門家のなかには、カルニアは体内に藻類を住まわせていたため、体が緑色で、太陽光からエネルギーをつくること（光合成）ができたと考える者もいる。

◀錨　カルニアの化石のなかには、根元に円盤のついた軸が残されているものもある。この円盤は、錨のような役割を果たしていたと考えられている。円盤で体を海底に固定し、羽根のような上部を海流に揺らしながら、えさを集めていたのかもしれない。

スプリギナ
Spriggina

- 生息年代　5億5000万年前（先カンブリア時代）
- 化石発見地　オーストラリア、ロシア
- 生息環境　海底
- 全長　3cm

スプリギナは、前後の区別がある最初の動物かもしれない。頭には眼と口がついていた可能性もある。ということは、地球上に存在した最初の捕食者のひとつだったとも考えられる。初期の三葉虫だという説もあれば、ぜん虫に似たものだとする説もある。

▲体節　スプリギナの体はいくつもの体節からできていたことが、化石からわかっている。ほとんどの化石はさまざまに曲がった状態で見つかっていることから、スプリギナの体は柔軟だったと思われる。

ディッキンソニア
Dickinsonia

- 生息年代　5億6000万～5億5500万年前（先カンブリア時代）
- 化石発見地　オーストラリア、ロシア
- 生息環境　海底
- 大きさ　直径1～100cm

エディアカラ化石群のなかでもひときわ奇妙なのがディッキンソニアだ。平らで丸い形をしていて、前後の区別ははっきりとあったようだが、頭や口、消化管はなかった。海底に固着して、体の底部からえさを吸収していたのではないかと考えられている。

▲ディッキンソニアの化石はほとんどが楕円形で、体節のような構造が中央の溝から広がっている。これまでに数百個の化石が見つかっているが、大きさはじつにさまざまだ。

キクロメドゥサ
Cyclomedusa

- 生息年代　6億7000万年前（先カンブリア時代）
- 化石発見地　オーストラリア、ロシア、中国、メキシコ、カナダ、ブリテン諸島、ノルウェー
- 生息環境　海底
- 大きさ　直径2.5～30cm

キクロメドゥサは謎につつまれた動物だ。形が丸いので、はじめはクラゲと思われていたが、となりあう化石の多くが変形していることから、海底で身を寄せあって成長していたとも考えられる。キクロメドゥサは単なる微生物のコロニーか、もっと大きな生物の軸を海底につなぎとめる固定器官にすぎないと考える人もいる。

パルヴァンコリナ
Parvancorina

- 生息年代　5億5800万～5億5500万年前（先カンブリア時代）
- 化石発見地　オーストラリア、ロシア
- 生息環境　海底
- 大きさ　直径1～2.5cm

体の前部に楯状の頭のような構造があり、この部分が海流に面していたのかもしれない。体の中央に隆起があり、それに沿って体節のような構造が並んでいた。多くの化石は保存状態が良いため、かたい殻のようなものでおおわれていたと考えられている。

まめ知識

1946年、オーストラリアのエディアカラ丘陵で弁当を食べていた科学者レッグ・スプリッグが、岩のなかにクラゲの化石のようなものを見つけた。このとき彼が発見したのは、驚くことに、世界最古の動物の化石だったのだ。そのうちのひとつは、発見者にちなんで、スプリギナと名づけられた。また、この時代の化石は、まとめてエディアカラ化石群と呼ばれるようになった。

無脊椎動物

カンブリアの爆発

約5億3000万年前、多種多様な新しい動物たちが海のなかで誕生した。そのなかには、はっきりとした脚や頭、感覚器官、骨格、殻をもつ動物もふくまれていた。現在知られている無脊椎動物（背骨のない動物）のおもなグループは、この時代にいっぺんに進化したようだ。このほかに、どんなものにも似ていない、とても奇妙な動物たちもいた。この謎めいた爆発的な進化は、カンブリアの爆発と呼ばれている。

無脊椎動物

ウィワクシア
Wiwaxia

- 生息年代　5億500万年前（カンブリア紀中期）
- 化石発見地　カナダ
- 生息環境　海底
- 全長　3〜5cm

よろいのある小さなヤマアラシのような生きもので、体を守るとげと、何列もの重なりあう装甲板でおおわれていた。口のある平らな腹側には、体を守る構造はなかった。口には鋭い円錐形の歯が2列か3列に並んでいた。おそらく、この歯を使って、海底の藻をこそげとっていたのだろう。明確な頭や尾をもたず、眼もなかったと考えられている。触覚と嗅覚に頼って動きまわっていたようだ。

▲カナダの化石産地、バージェス頁岩層で見つかったこのウィワクシアの化石は、およそ5億年前のものだ。背中に並ぶよろいのような板は、骨片と呼ばれる。

アノマロカリス
Anomalocaris

- 生息年代　5億500万年前（カンブリア紀中期）
- 化石発見地　カナダ、中国南部
- 生息環境　海
- 全長　最大1m

巨大なエビに似たアノマロカリス（下の絵）は、カナダのバージェス頁岩層（「まめ知識」参照）で発見された最大の動物だ。カンブリア紀の海で最強の捕食者だったと考える専門家もいる。頭からのびたかぎづめのような2本の鋭い突起を使って、三葉虫などの獲物をつかまえていた。脚はないが、体節で区切られた体をくねらせ、体側のひれを上下に動かして泳いでいた。大きな複眼は、視力が良く、眼に頼って狩りをしていたことを物語っている。

▲アノマロカリスの化石は、体の一部分だけが残されていることが多い。この写真の化石は、獲物をとらえる鋭い突起だ。

エクマトクリヌス
Echmatocrinus

- 生息年代　5億500万年前（カンブリア紀中期）
- 化石発見地　カナダ
- 生息環境　海
- 全長　幅3cm（触手の下の部分）

海底に固着して生息していた。円錐形の体のてっぺんには、7〜9本の触手がリング状に並び、それぞれの触手は細く分岐していた。円錐形部分の表面は、ジグソーパズルのように並んだかたい保護板におおわれていた。発見当初はヒトデの類縁と思われていたが、「五放射相称」というヒトデのなかまの特徴はない。サンゴの一種ではないかと考える専門家もいる。

オットイア
Ottoia

- 生息年代　5億500万年前（カンブリア紀中期）
- 化石発見地　カナダ
- 生息環境　海
- 全長　4〜8cm

ミミズのような動物で、U字型の穴に生息していた。そのため、オットイアの化石は、たいてい曲がった状態で見つかる。小さなフックのついた口を靴下を裏返すようにして、海底の泥にひそむ小動物をつかまえていた。消化管に残されたえさの化石から、同じなかまの動物を共食いしたり、殻のある小動物を食べていたことがわかっている。カンブリア紀の初期の動物のうち、もっとも多くの化石が見つかっている動物で、これまでに約1500個が発見されている。

オットイアの化石

無脊椎動物

ハルキゲニア
Hallucigenia

- 生息年代　5億500万年前（カンブリア紀中期）
- 化石発見地　カナダ、中国
- 生息環境　海
- 全長　最大2.5cm

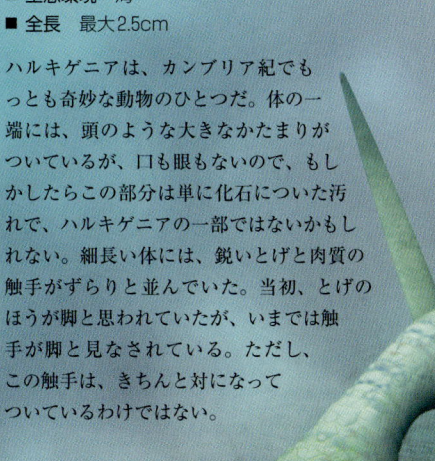

ハルキゲニアは、カンブリア紀でもっとも奇妙な動物のひとつだ。体の一端には、頭のような大きなかたまりがついているが、口も眼もないので、もしかしたらこの部分は単に化石についた汚れで、ハルキゲニアの一部ではないかもしれない。細長い体には、鋭いとげと肉質の触手がずらりと並んでいた。当初、とげのほうが脚と思われていたが、いまでは触手が脚と見なされている。ただし、この触手は、きちんと対になってついているわけではない。

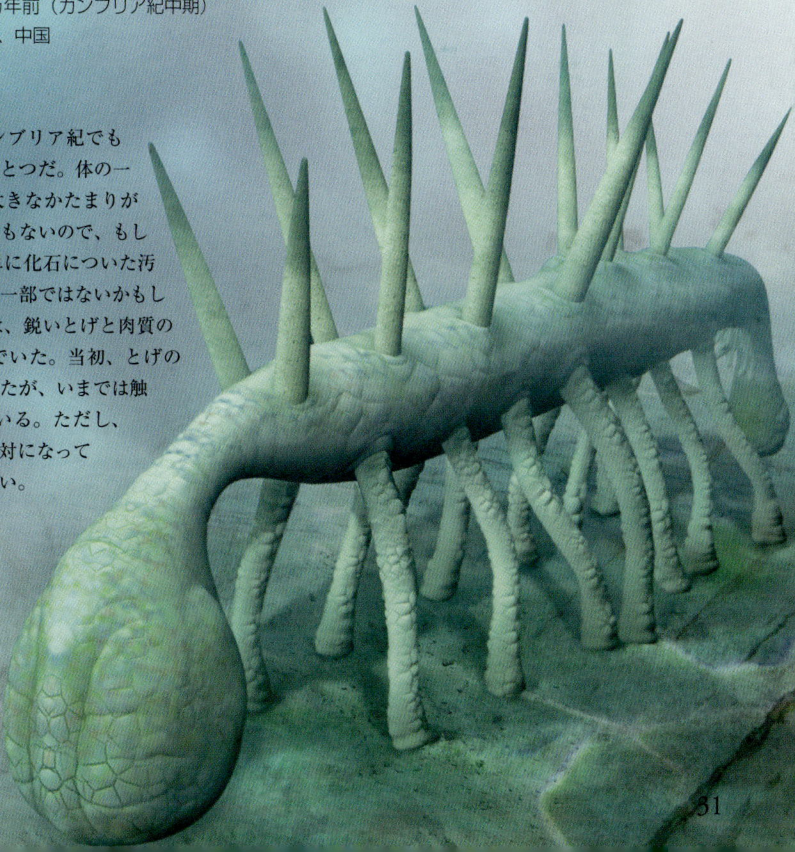

まめ知識

この2ページで紹介した化石は、どれもカナダのロッキー山脈にあるバージェス頁岩層で見つかったものだ。この有名な山頂の化石産地には、動物の誕生時にまでさかのぼることができる、保存状態の良い化石が無数に残されている。バージェス頁岩では、ふつうなら化石化しない、体の軟部の痕跡も発見されている。ここで見つかった化石群は、5億年前にはすでに、無脊椎動物が驚くほど多様化していたことを示している。

オパビニア

これまでに発見された先史時代の動物のなかでも、奇妙さという点できわめつけなのが、オパビニアだ。柄の先についた5つの眼と、柔軟に曲がるゾウの鼻のような部分（吻）をもち、その先端には、獲物をつかむはさみのような構造があった。体の大きさはネズミほどだ。おそらく、長い吻をゾウの鼻と同じように使い、先端でえさをつかまえて口まで運んでいたのだろう。

無脊椎動物

▲オパビニアの化石は、カナダのバージェス頁岩層と呼ばれる有名な化石産地で発見された。バージェス頁岩層の化石のなかには、5億年ほど前のカンブリア紀に海底の泥に埋もれたやわらかい組織の痕跡が、驚くほどはっきりと残されたものもある。バージェス頁岩層では、奇妙で不思議な動物種が数多く見つかっている。こうした動物たちの突然の出現は、「カンブリアの爆発」と呼ばれている（p30参照）。

眼

頭

眼

柔軟な長い吻

はさみ状の構造

46億年前	5億4200万年前	4億8800万年前	4億4400万年前	4億1600万年前
先カンブリア時代	カンブリア紀	オルドビス紀	シルル紀	デボン紀

体節

体の両側には、何枚ものひれが重なりあって並んでいた。おそらく、このひれを応援ウェーブのように上下に動かして、水のなかを泳いでいたのだろう

無脊椎動物

口（下側）

オパビニア
Opabinia

- 生息年代　5億1500万〜5億年前
  （カンブリア紀中期）
- 化石発見地　カナダ
- 生息環境　海底近く
- 全長　6.5cm

体は16の体節からなり、各体節の側面にはひれが、下側には水中で呼吸するためのえらがあった。海底の近くに生息し、長い吻を泥のなかで動かして、えさをあさっていたと考えられている。あごや歯はないので、やわらかいものだけを食べていたのだろう。現生種はもちろん、先史時代のほかのグループともまったく似ていないが、節足動物（関節のある脚と外骨格をもつ無脊椎動物。昆虫、クモ、カニなど）の近縁と見られている。

尾

億5900万年前	2億9900万年前	2億5100万年前	2億年前	1億4500万年前	6500万年前	2300万年前	現在
石炭紀	ペルム紀	三畳紀	ジュラ紀	白亜紀	"パレオジン"	"ネオジン"	

マッレッラ

5億年ほど前の海底では、小さなエビに似たマッレッラという生きものが、矢のようにすばやく動きまわっていた。毛のようなものが生えた50本もの脚で水をかいて泳ぎまわり、死んだ動物を探して食べていた。マッレッラは、多様な動物が短期間に進化した「カンブリアの爆発」により生まれた動物だ。

盾

無脊椎動物

マッレッラ
Marrella

- 生息年代　5億1500万〜5億年前（カンブリア紀中期）
- 化石発見地　カナダ
- 生息環境　海底
- 全長　2cm

頭部は大きな盾のような構造で守られ、おそらくあざやかな色をしていたであろう、この盾からは、長い4本のとげが後ろ向きに生えていた。盾に守られた柔軟な体は25の体節からなり、体節ひとつひとつに、毛の生えた1対の脚がついていた。この脚は、水中で呼吸をするためのえらの役割もかねていた。頭部には、柔軟に曲がる2対の長い触角がついていた。マッレッラは最古の節足動物のひとつである（節足動物とは、現生の昆虫やクモなどをふくむ、外骨格をもつ動物グループのこと）。

触角

海底のそうじ屋▶
マッレッラはおそらく、海底やその上近くを泳ぎながら、長い触角で泥をはらうようにして、えさを探していたのだろう。

46億年前	5億4200万年前	4億8800万年前	4億4400万年前	4億1600万年前	3億5900万年前	2億9900万年前	2億5100万年前
先カンブリア時代	カンブリア紀	オルドビス紀	シルル紀	デボン紀	石炭紀		ペルム紀

◀ 色を変えるマッレッラ
化石の研究から、マッレッラの体表面は玉虫色だったことがわかってきている。しゃぼん玉の表面やチョウの翅のようにきらきらと輝き、光のあたりかたでさまざまに色を変えたと考えられている。

無脊椎動物

▲ 泥のなかで保存
マッレッラの化石は1万5000個以上も見つかっているが、そのすべてが、カナダの1か所で発見されたものだ。海底の泥から形成された、頁岩と呼ばれる種類の岩で見つかった。

2億年前	1億4500万年前	6500万年前	2300万年前	現在
三畳紀	ジュラ紀	白亜紀	"パレオジン"	"ネオジン"

35

三葉虫

2億5000万年以上ものあいだ、古代の海にはいたるところに三葉虫がいた。三葉虫とは、現在の昆虫やダンゴムシ、カニに近い先史時代の動物だ。1万7000以上もの種があり、ノミくらいのものから、この本の2倍もある巨大なものまで、大きさはさまざまだった。ほとんどは海底をはいまわってえさを探していたが、一部のものは海中を泳いだり、海流にのってただよったりもしていた。

ディトモピゲ
Ditomopyge

- 生息年代　3億〜2億5100万年前（カンブリア紀後期〜ペルム紀後期）
- 化石発見地　北アメリカ、ヨーロッパ、アジア、オーストラリア西部
- 生息環境　海底
- 全長　2.5〜3cm

恐竜の時代の直前にあたる、三葉虫時代の末期まで生息していた。何枚もの甲羅（背板）が重なりあったかたい外骨格が、体節のある体をおおっていた。体節のひとつひとつの腹側には、もぞもぞと動く1対の脚がついていた。頭部は大きな盾のような構造で守られ、後方にのびる鋭いとげがあった。柔軟に曲がる1対の触角もあったようだ。この触角で周囲をたしかめたり、えさを探ったりしていたのだろう。

無脊椎動物

種族データファイル

おもな特徴
- 盾のような頭部の構造
- 3つの葉（縦にわかれた部分）で区切られた、体節のある体
- 多くは複眼をもつ
- 外骨格（体の外側にある骨格）

生息年代
三葉虫は5億2600万年前のカンブリア紀に登場し、2億5000万年前のペルム紀末に最後の種が絶滅して、地球上から姿を消した。

エオダルマニティナ
Eodalmanitina

- ■ 生息年代　4億6500万年前（オルドビス紀中期）
- ■ 化石発見地　フランス、ポルトガル、スペイン
- ■ 生息環境　海底
- ■ 全長　最大4cm

ほかの多くの三葉虫と同じく、エオダルマニティナも眼が大きく、視覚が優れていた。三葉虫は、高度な眼を進化させた最初の動物だ。三葉虫の眼は、昆虫の複眼と同じように、ハチの巣状に並んだいくつもの小さな水晶体で構成されていた。エオダルマニティナの眼は、特徴的な豆の形をしていた。長い体は、尾に向かって細くなり、尾の先端には短いとげがついていた。

眼

ケラタルゲス
Ceratarges

- ■ 生息年代　3億8000万〜3億5900万年前（デボン紀中期〜後期）
- ■ 化石発見地　モロッコ
- ■ 生息環境　海底
- ■ 全長　6.6cm

ケラタルゲスは、見事なとげと角をもつ三葉虫だ。この鋭い武器を使って、捕食者を撃退していたのかもしれない。ただし、現代のクワガタムシの角（あご）と同じように、繁殖のときにライバルの三葉虫と闘うために進化したという説もある。

とげ

エンクリヌルス
Encrinurus

- ■ 生息年代　4億4400万年前（シルル紀）
- ■ 化石発見地　世界各地
- ■ 生息環境　海底
- ■ 全長　最大5cm

小型の三葉虫で、頭を守る盾の部分に、ベリーのような小さなこぶがたくさんついていた。眼はおそらく、短い柄の先端についていたのだろう。ほとんどの時間を海底の泥のなかに隠れてすごし、眼だけを出していたのかもしれない。

ファコプス
Phacops

- ■ 生息年代　3億8000万〜3億5900万年前（デボン紀中期〜後期）
- ■ 化石発見地　世界各地
- ■ 生息環境　海底
- ■ 全長　最大6cm

視力の良さからファコプス（「レンズの眼」）と名づけられたこの三葉虫は、エオダルマニティナと同じく、豆のようにふくらんだ眼をもち、視覚に優れていた。そのため、浅い海などの明るい場所に住んでいたと考えられている。世界中でもっとも広く見つかっている三葉虫のひとつで、ヨーロッパ、アフリカ、オーストラリア、北アメリカで発見されている。岩の年代を推測するのに、ファコプスの化石が利用されているほどだ。

眼の水晶体

▶丸くなる
ファコプスは攻撃を受けると、やわらかい腹側を守るために、ボールのようにきゅっと丸くなることができた。ちょうど、現生のダンゴムシと同じだ。

無脊椎動物

セレノペルティス

これまでに数多くの化石が見つかっているセレノペルティスは、ゴンドワナ大陸（先史時代の巨大な大陸。のちに分裂し、南アメリカ、アフリカ、オーストラリアになった）沿岸の冷たい海に生息していた三葉虫だ。流れるような長いとげをもつセレノペルティスは、その化石の美しさから、化石コレクターたちの人気を集めている。

無脊椎動物

セレノペルティス
Selenopeltis

- 生息年代　4億7100万〜4億4500万年前（オルドビス紀前期〜後期）
- 化石発見地　ブリテン諸島、フランス、イベリア半島、モロッコ、チェコ、トルコ
- 生息環境　海
- 全長　最大12cm

幅広の外骨格をもち、頭部は独特の四角い形をしていた。頬にあたる部分や各体節の側面から、とげが後方にのびていた。ほかのほとんどの三葉虫と違って、眼は小さかった。

46億年前	5億4200万年前	4億8800万年前	4億4400万年前	4億1600万年前
先カンブリア時代	カンブリア紀	オルドビス紀	シルル紀	デボン紀

◀ **とげだらけの三葉虫**
この驚くべき岩板に残されているのは、セレノペルティスの化石だけではない。そのほかの2種類の三葉虫（とげのない大きな三葉虫と、尾にとげがある小さな三葉虫）と、ヒトデもたくさん混ざっている。きみも探してみよう。すべて見つかるかな？

無脊椎動物

億5900万年前	2億9900万年前	2億5100万年前	2億年前	1億4500万年前	6500万年前	2300万年前	現在
石炭紀	ペルム紀	三畳紀	ジュラ紀	白亜紀	"パレオジン"	"ネオジン"	

棘皮動物

海岸で目にするヒトデやウニは、大昔に誕生した棘皮動物と呼ばれる海生動物のなかまだ。棘皮動物は、丸形や星形の体で足のような小さな吸盤があるが、頭や脳はない。遠い昔の棘皮動物も、現在のものとほとんど同じ姿をしていたことが、残された化石からわかっている。

エンクリヌスは、ねばねばした腕で獲物をつかまえていた。腕をぎゅっと閉じて、捕食者から身を守ることもできた

無脊椎動物

種族データファイル

おもな特徴
- 体は均等な5つの部分からなり、それぞれが中心の軸から放射状に広がっている
- 体の基部に足のような小さな吸盤が並んでいる
- 体に前後はなく、頭も脳もない

生息年代
棘皮動物が最初に登場したのは、約5億3000万年前のカンブリア紀前期のこと。現在でも、世界中の海に7000を超える種が生息している。

エンクリヌスの化石

エンクリヌス
Encrinus

- **生息年代** 2億3500万〜2億1500万年前（三畳紀中期）
- **化石発見地** ヨーロッパ
- **生息環境** 浅い海
- **大きさ** がく（カップ状の部分）の長さ4〜6cm

エンクリヌスは、茎状の部分で海底に固着していた。リング状に並ぶ10本の腕で、海中をただよう小さな生きものをつかまえていた。ねばねばした体液でとらえたえさを、細い毛を使って中央の口まで運んでいたのだろう。エンクリヌスは、現在でも見られるウミユリという棘皮動物のなかまだ。

クリペウス
Clypeus

- **生息年代** 1億7600万〜1億3500万年前（ジュラ紀中期〜後期）
- **化石発見地** ヨーロッパ、アフリカ
- **生息環境** 海底の穴
- **大きさ** 直径5〜12cm

クリペウスはウニの一種だ。現生のウニと同じく、放射状に並ぶ5つの部分で構成される、かたくて丸い殻をもっていた。殻はとげにおおわれていたが、たいていのウニのようなかたくとがったとげではなく、やわらかい毛のようなとげだった。穴を掘って獲物を探し、海底の泥をかきわけながら食事をしていた。

とげの付着部

ペンタステリア
Pentasteria

- **生息年代** 2億300万〜1億年前（ジュラ紀前期〜白亜紀前期）
- **化石発見地** ヨーロッパ
- **生息環境** 砂床
- **大きさ** 最大直径12cm

ペンタステリアは、恐竜の時代に生息していたヒトデだ。現生のヒトデとよく似ていて、5本の腕をもち、腹側の中央に口があり、それぞれの腕には管状の足が2列に並んでついていた。だが、現生のヒトデとは違って、足を吸盤のように使って貝殻をこじあけることはできなかった。

ヘミキダリス
Hemicidaris

- 生息年代　1億7600万～6500万年前
  （ジュラ紀中期～白亜紀後期）
- 化石発見地　イギリス
- 生息環境　岩の多い海底
- 大きさ　とげをふくめると直径20cm、
  とげをふくめないと直径2～4cm

ヘミキダリスの化石は、多くのこぶにおおわれている。このこぶに長さ8cmの鋭いとげがついていた。生きていたとき、この付着は可動性があり、筋肉でとげを動かすこともできた。海底のかたい部分に生息し、底部にある粘着性の足で海底をはいまわっていた。

とげの付着部

現生のなかま

ウニは小さなボール状の生きもので、その多くが、とがったとげや毒のあるとげで身を守っている。何十本もある粘着性の小さな足を使って、海底をゆっくりとはいまわる。

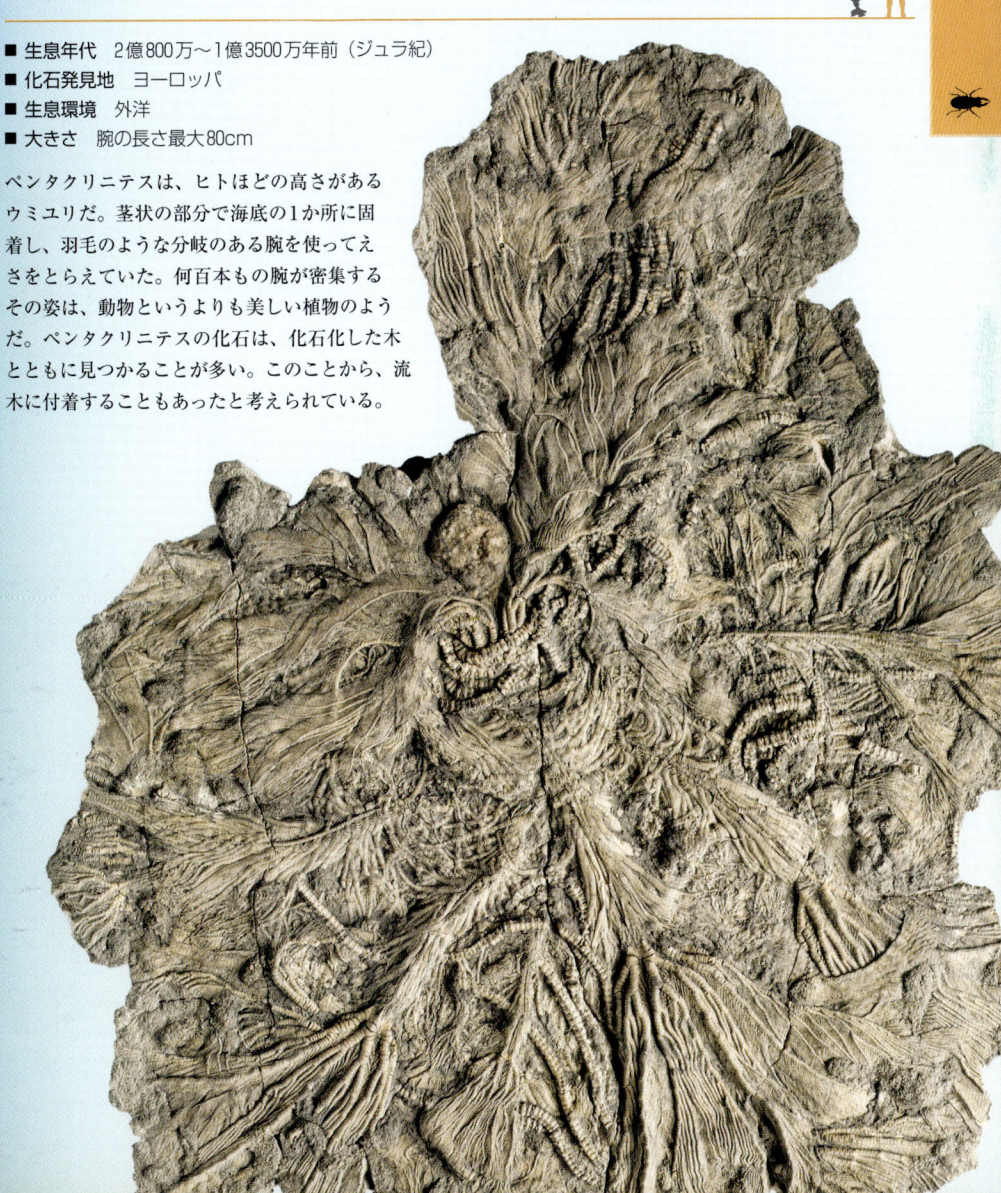

ペンタクリニテス
Pentacrinites

- 生息年代　2億800万～1億3500万年前（ジュラ紀）
- 化石発見地　ヨーロッパ
- 生息環境　外洋
- 大きさ　腕の長さ最大80cm

ペンタクリニテスは、ヒトほどの高さがあるウミユリだ。茎状の部分で海底の1か所に固着し、羽毛のような分岐のある腕を使ってえさをとらえていた。何百本もの腕が密集するその姿は、動物というよりも美しい植物のようだ。ペンタクリニテスの化石は、化石化した木とともに見つかることが多い。このことから、流木に付着することもあったと考えられている。

無脊椎動物

クモヒトデ

海のなかをのぞいてみると、海底のそこかしこで、細長い腕をくねらせる星形の生きものが見つかるはずだ。この生きものは魚ではなく、クモヒトデという無脊椎動物で、ヒトデやウニのなかまだ。クモヒトデは、長い腕を動かすようすから、「snake star（ヘビヒトデ）」とも呼ばれる。パラエオコマは、初期のクモヒトデだ。現生のクモヒトデのように、岩やサンゴの裂け目にひそんで捕食者から身を隠し、夜のあいだだけ姿を現して、えさを探していたのかもしれない。

無脊椎動物

パラエオコマ
Palaeocoma

- 生息年代　2億年近く前（ジュラ紀前期）
- 化石発見地　ヨーロッパ
- 生息環境　海底
- 大きさ　直径5〜10cm
- 食べもの　植物や動物の死骸

体の中心部は平らな円盤のような構造で、とげだらけの長い5本の腕がのびていた。この腕を使って、海底をすばやく動きまわっていたのだろう。身の危険を感じると、腕の筋肉を使って体を押したり引いたりして、すばやく逃げることができた。腹側には星形の口があり、5つの歯の生えたあごがついていた。食事のときには、腕の下側にある小さな筋肉質の管足（管状の足）を使って、ほうきではらうようにしてえさを口に運んでいた。眼はなかったが、足で光を感じることはできたかもしれない。

46億年前	5億4200万年前	4億8800万年前	4億4400万年前	4億1600万年前	3億5900万年前
先カンブリア時代	カンブリア紀	オルドビス紀	シルル紀	デボン紀	石炭紀

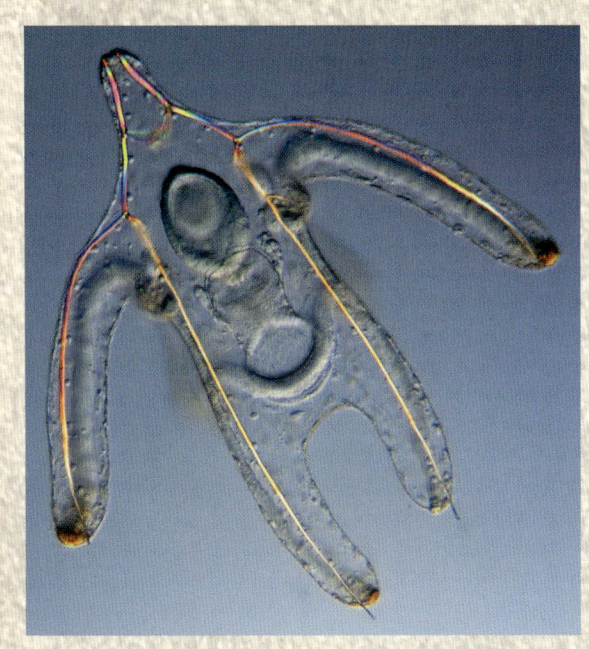

海流をただよう

多くの海生動物と同じく、クモヒトデも成体になると海底に住みつくが、幼生（子ども）時代はプランクトンとしてすごす。プランクトンとは、光が届く海の浅いところを自由にただよう、小さな生きもののこと。幼生のプランクトンは、海流に乗って何週間も海をただよい、何百キロも旅をしてから、ようやく海底に下り、大人のクモヒトデに姿を変える。

無脊椎動物

現生のなかま

クモヒトデの現生種は約2000種にのぼり、冷たい海から温かい海まで、世界中に生息している。多くはあざやかな色をしていて（模様のついているものもいる）、ヘビのような5本の腕をもつ。クモヒトデは攻撃を受けると、腕の1本を体から切りはなす。ちぎれた腕がのたうちまわり、敵の目をくらましているあいだに逃げるという戦法だ。腕はすぐに再生する。

2億9900万年前	2億5100万年前	2億年前	1億4500万年前	6500万年前	2300万年前	現在
ペルム紀	三畳紀	ジュラ紀	白亜紀	"パレオジン"	"ネオジン"	

43

クモとサソリ

クモとサソリは、大昔から続く鋏角類（きょうかくるい）という捕食動物のなかまだ。鋏角類の口は特別な構造で、はさみや牙（きば）のような役割をしている。現生の鋏角類は小型だが、初期の祖先は巨大な体に成長し、最強の捕食者として時代に君臨していた。先史時代の鋏角類のなかで、もっとも大きかったのがウミサソリだ。

無脊椎動物

プテリゴトゥス
Pterygotus

- 生息年代　4億〜3億8000万年前（シルル紀後期〜デボン紀中期）
- 化石発見地　ヨーロッパ、北アメリカ
- 生息環境　浅い海
- 全長　最大2.3m

プテリゴトゥスは、大人の男性よりも大きなウミサソリだ。海中では巨大な眼で、魚や三葉虫（さんようちゅう）などの獲物を探しまわっていた。おそらく、体をなかば砂にうずめて身をひそめ、獲物が近くを通りかかると、尾をむちのように使って猛スピードで急発進し、はさみ状の爪でつかまえていたのだろう。プテリゴトゥスの化石は世界中で見つかっている。海で暴れまわるだけでなく、川をさかのぼって湖へ行くこともあったと考える専門家もいる。

種族データファイル

おもな特徴
- 体節のある体と節のある脚
- かたい外骨格
- 獲物をとらえるはさみ状の爪または鋏角（あごの部分）
- 4対の歩行用の脚

生息年代
鋏角類は、およそ4億4500万年前のオルドビス紀後期に出現した。現在でも、7万7000種以上の存在が確認されている。

まめ知識

節のある脚と外骨格をもつ動物（昆虫、クモ、サソリなど）を節足動物（せっそく）という。ウミサソリは陸上に生息する現生のサソリの巨大版で、史上最大の節足動物だ。現生の節足動物はどれも小さいが、遠い昔には巨大な体をほこっていた。おそらく、地球の大気にふくまれる酸素がいまよりも多かったので、呼吸をして成長するのが楽だったからだろう。

エウリプテルス
Eurypterus

- 生息年代　4億2000万年前（シルル紀後期）
- 化石発見地　アメリカ合衆国
- 生息環境　浅い海
- 全長　最大10cm

小型のウミサソリで、おそろしいプテリゴトゥスほどの武器は備えていなかった。とげのある脚を使って小動物をあごにひきよせ、あわれな獲物をばらばらにひきさいていた。泥の積もった浅瀬の海底で狩りをしていた。

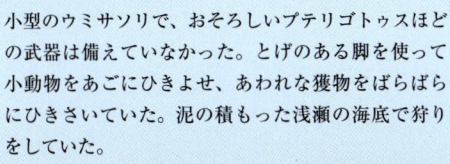

メソリムルス
Mesolimulus

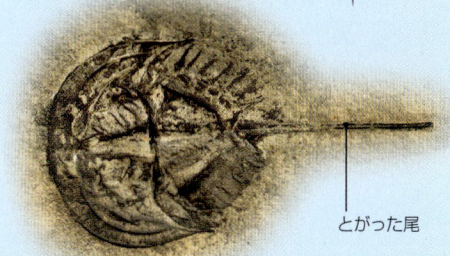

とがった尾

- 生息年代　1億6200万～1億4500万年前（ジュラ紀後期）
- 化石発見地　ドイツ
- 生息環境　浅い海
- 全長　尾を除いて最大8～9cm

メソリムルスは、カブトガニと呼ばれる動物のなかまだ（ただし、カニよりもクモやサソリに近い）。大きな盾のような頭部、あいだが離れた小さい眼、先端が槍のようにとがったかたい尾をもつ。海底に生息し、ぜん虫や甲殻類を食べていた。

現生のなかま

リムルス（アメリカカブトガニ）などの現生のカブトガニは、ジュラ紀に生きた先史時代のカブトガニとほとんど変わらない。リムルスは、北アメリカ東海岸の浅い海に生息している。海中を泳ぐときは、体の上下をさかさまにする。おそらく、太古のなかまもそうだったのだろう。

リムルス

クモ
Spider

- 生息年代　4億年前（シルル紀後期）～現在
- 化石発見地　世界各地
- 生息環境　あらゆる陸地
- 大きさ　最大幅30cm

やわらかくて繊細な体をもつクモは、あまり化石にならないが、これまでに何千もの種が化石として発見されている。その多くは、琥珀（樹脂が化石化した物質）のなかに保存されていた。クモは狩りの名手で、たいていは絹糸のような巣で獲物をとらえてから、鋏角（あごの牙）から猛毒を注入して息の根を止める。最古のクモの巣の化石は、1億年前のものだ。

氷河時代に琥珀にとらわれたクモ

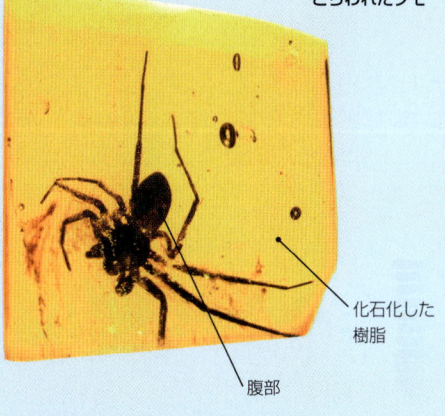

化石化した樹脂

腹部

プロスコルピウス
Proscorpius

- 生息年代　4億～3億3000万年前（シルル紀～石炭紀）
- 化石発見地　世界各地
- 生息環境　不明
- 全長　4cm

初期のサソリは、陸ではなく海に生息し、えらを使って呼吸していた。最古の化石のひとつが、シルル紀後期のプロスコルピウスだ。プロスコルピウスの口は、現生のサソリのように頭部の正面にあるのではなく、カブトガニのように頭の下についていた。陸生だったのか海生だったのかは、わかっていない。

無脊椎動物

巨大ヤスデ

ヤスデは地球最古の陸生動物のひとつだ。ヤスデが果敢に陸地への最初の一歩を刻んだのは、4億2800万年以上も前のこと。当時の数少ない陸生植物だった単純なコケのようなものを食べていた。3億5000万年前ころまでには、植物は木へと進化し、ヤスデも巨大化した。最大のヤスデはアルトゥロプレウラだ。ワニと同じくらい大きかったアルトゥロプレウラは、陸に生息した史上最大の無脊椎動物だ。

無脊椎動物

▲長さ7.1cmのこの化石は、アルトゥロプレウラの脚の一本のごく一部にすぎない。

46億年前	5億4200万年前	4億8800万年前	4億4400万年前	4億1600万年前	3億5900万年前
先カンブリア時代	カンブリア紀	オルドビス紀	シルル紀	デボン紀	石炭紀

アルトゥロプレウラ
Arthropleura

- 生息年代　3億5000万年前（石炭紀前期）
- 化石発見地　スコットランド（イギリス）
- 生息環境　森林
- 全長　最大2m
- 食べもの　不明

石炭紀の熱帯雨林の、暗く湿った林床に生息していた。口の部分の化石が見つかっていないため、なにを食べていたかははっきりわからないが、消化管にシダの痕跡が残っていたことから、植物食だったと考えられている。水の外で呼吸することができたが、おそらく湿った場所に生息していたのだろう。成長につれて、脱皮のときには、水中に戻らなければならなかったかもしれない。水中を泳ぐことができたという説もある。

▲ぞっとする生きもの
アルトゥロプレウラの体は30の体節からなり、それぞれの体節に1対の脚がついていた。足跡の化石からは、障害物をよけて歩いていたことがうかがえる。歩幅を大きくしてスピードを出し、すばやく動くこともできたようだ。

無脊椎動物

現生のなかま
ヤスデを表す英語「millipede」は「千の脚」という意味だが、ほとんどのヤスデの脚の数は、100〜300本くらいだ。脚の数は多かったが、小さな脚を波うたせるようにして前へ運ぶので、歩くのは遅い。土に穴を掘って、えさである腐った植物を探す。それに対して、ムカデは動きの速いハンターで、毒のあるあごで獲物の息の根を止める。

2億9900万年前	2億5100万年前	2億年前	1億4500万年前	6500万年前	2300万年前	現在
ペルム紀	三畳紀	ジュラ紀	白亜紀	"パレオジン"	"ネオジン"	

昆虫

恐竜が現れるずっと以前から、地球上は昆虫たちでにぎわっていた。最初の昆虫は翅のない小さな生きもので、4億年ほど前に陸上で暮らしていた。その後、昆虫は翅を進化させ、世界で初めて空を飛ぶ動物になった。飛行をマスターした昆虫たちは、信じられないほど繁栄し、無数の新しい種へと進化した。現在では、地球に生息する全動物種の4分の3を昆虫が占めている。

無脊椎動物

アリ Ant

- **生息年代** 1億1000万ないし1億3000万年前（白亜紀）〜現在
- **現生種の数** 確認されているだけで1万2000種以上
- **食べもの** 種子や葉からキノコ、肉まで、あらゆるもの

アリのなかまは、地中での集団（コロニー）生活を選んだハチから進化した。恐竜の時代にはごくわずかしかいなかったが、のちに大きく繁栄するようになった。アリのコロニーは、卵を産む1匹の女王アリと、無数の働きアリと兵隊アリで構成されている。働きアリと兵隊アリは、すべて翅のないメスで、女王アリの子どもにあたる。

ミツバチ Bee

- **生息年代** 1億年前（白亜紀中期）〜現在
- **現生種の数** 2万種近く
- **食べもの** 花の蜜、花粉

1億2500万年前に顕花植物（花を咲かせる植物）が登場すると、先史時代の一部のハチは、ほかの昆虫を襲うのをやめ、花の蜜を吸うようになった。そうして生まれたのが、現在のミツバチだ。いまでは、何千種ものミツバチが生息している。一部のミツバチは単独で生活するが、多くは1匹の女王バチが支配するコロニーをつくる。働きバチは幼虫を育て、花から蜜を集めてハチミツとしてたくわえる。

3500万年前のミツバチの化石

まめ知識

ミツバチが花の蜜を吸うと、花粉が体に付着する。そのミツバチがほかの花にとまると、花粉が落ちて、花が実を結ぶ。このプロセスを授粉という。

| 種族データファイル

おもな特徴
- 体は頭部、胸部、腹部（腹と尾）という3つの部分で構成される
- 体を守るかたい外骨格
- 節のある3対の脚
- 2本の触角
- 多くは2対の翅をもつ

生息年代
最初の昆虫は、3億9600万年前のデボン紀に登場した。現在も生息中。

ハエ Fly

- **生息年代** 2億3000万年前（三畳紀）～現在
- **現生種の数** 約24万種
- **食べもの** ハエの幼虫（ウジ）は、腐ったものや肉を食べることが多い。成虫のえさは、花の蜜や血液などのさまざまな液体

昆虫の多くは飛行できるが、「fly（飛ぶ→ハエ）」という名がついているのは、一般的な2対の翅ではなく、1対の翅をもつ昆虫グループだ。もう1対の翅のかわりに小さな2つの突起をもち、突起を前後に動かして飛行中のバランスをとっている。ハエは恐竜と同じ時代に登場した。初期のハエの一部は、血を吸ったり眼をつついたりして、恐竜を悩ませていたのだろう。

ケバエの一種

甲虫 Beetle

- **生息年代** 2億6000万年前（ペルム紀後期）～現在
- **現生種の数** 最大100万種
- **食べもの** 花粉や花の蜜から、果実、肉、ほかの昆虫、腐った死骸、木、動物の糞など、あらゆるもの

甲虫は、2対の翅で空を飛んでいた昆虫から進化した。その進化の過程で、前翅は体を守るかたいおおいに変わった。この前翅を後翅の上にたたんで、盾のように後翅を保護している。最初の顕花植物は、おそらく甲虫のなかまが授粉していたのだろう。顕花植物が広がり、新たな種に進化するにつれて、甲虫も進化していった。現在では、きわめて多数の甲虫種が存在していて、ほかの現生動物種をすべて合わせた数を大きく上まわるほどだ。

ガムシの一種
ヒドロフィルス
（水生の甲虫）

無脊椎動物

もっとも保存状態の良い昆虫の化石は、琥珀のなかで見つかったものだ。琥珀とは、太古の樹脂でできた物質のこと。樹脂は木の傷から分泌されるが、ねばねばとした濃厚な液体なので、この写真のアリのように、昆虫がとらわれてしまうことがある。

ゴキブリ Cockroach

- **生息年代** 3億ないし3億5000万年前（石炭紀）～現在
- **現生種の数** 4500種以上
- **食べもの** 腐った植物

初期のゴキブリは、現生のゴキブリとほとんど変わらなかった。先史時代の森林の林床をはいまわり、触角を使って、えさとなる腐った植物を探していた。枯れた木を食べるゴキブリがコロニー生活を選んで進化したのが、シロアリだ。

アルキミラクリス
（先史時代のゴキブリ）

チョウ

チョウの繊細な翅はなかなか化石化しないため、チョウの化石はめったに見つからない。それでも、粒子の細かい岩や琥珀（化石化した樹脂）のなかから、驚くほど保存状態の良い少数の化石が発見されている。これまで知られているなかで最古のチョウの化石は、およそ6500万年前のものだ。3000万年前ころまでには、チョウは世界各地に広がり、いま目にするチョウとほとんど同じ姿になった。

無脊椎動物

まめ知識

驚いたことに、チョウは口や触角で食べものを味わうことができない。味覚を感じる器官は足にあるので、おいしいものでもそうでないものでも、味わうためには食べものの上に立たなければならない。

レテ・コルビエリ
Lethe corbieri

- 生息年代　3000万年前（"パレオジン"）
- 化石発見地　フランス
- 生息環境　林地

レテ・コルビエリは、現在でも存在するジャノメチョウと呼ばれるグループのなかまだ。翅に大きな円形の模様があり、おそらく翅の裏側は茶色、表側は茶色がかったオレンジ色だったのだろう。幼虫のイモムシは草やヤシの葉を食べ、成虫はうずまき状の管（吻）を使って花の蜜を吸っていたと考えられている。ほとんどの昆虫は6本の脚で歩くが、レテ・コルビエリはほかのジャノメチョウと同じく、4本の脚で歩いていた。

46億年前	5億4200万年前	4億8800万年前	4億4400万年前	4億1600万年前	3億5900万年前
先カンブリア時代	カンブリア紀	オルドビス紀	シルル紀	デボン紀	石炭紀

無脊椎動物

現生のなかま

このクジャクチョウには、レテ・コルビエリと同じ目玉模様がある。この模様は、鳥などの捕食者から身を守るためのものだ。鳥は頭に一撃を加えようとして、相手の眼を狙う。目玉模様にだまされた鳥は、頭ではなく翅をつつくので、チョウは翅を破かれるだけで逃げることができる。

2億9900万年前	2億5100万年前		2億年前	1億4500万年前	6500万年前		2300万年前	現在
ペルム紀	三畳紀		ジュラ紀	白亜紀	"パレオジン"		"ネオジン"	

琥珀のなかの化石

この写真の昆虫たちは、何千万年も前に、ハチミツ色のねばねばした樹脂にとらわれてしまった。長い時間を経て、樹脂はかたくなって琥珀となり、昆虫たちは翅脈が見えるほど完全な状態で保存された。まるで昨日まで生きていたように見えるが、この化石化した昆虫は、およそ3800万年前のものと考えられている。

▼とらわれの虫
琥珀のなかには、カマキリやさまざまな種類のハエなど、あらゆる昆虫がとらわれている。

無脊椎動物

無脊椎動物

▲大昔をのぞく窓
琥珀のなかで発見された昆虫たちは、わたしたちの目にしている昆虫がはるか昔から存在していたというあかしだ。琥珀の化石のなかには、1億年以上前のものもある！

◀金色の輝き
琥珀は、樹脂が化石化してかたくなった物質だ。幹の傷口から分泌される樹脂は、流動性があるが、乾燥するとかたくなって、幹の傷口をふさぐ。

53

メガネウラ

巨大なトンボのような姿をしたメガネウラは、おそらく史上最大の昆虫だ。翅を広げた長さは75cmで、現在の一般的なトンボの12倍もあった。この怪物のような昆虫は、巨大な翅をいかして空中で狩りをし、ほかの昆虫をとらえていた。石炭紀の豊かな森では、昆虫やそのほかの無脊椎動物が巨大化した。おそらく、地球の大気にふくまれる酸素がいまよりも多く、呼吸が楽だったからだろう。

無脊椎動物

46億年前	5億4200万年前	4億8800万年前	4億4400万年前	4億1600万年前	3億5900万年前	2億9900万年前	2億5100万年前
先カンブリア時代	カンブリア紀	オルドビス紀	シルル紀	デボン紀	石炭紀	ペルム紀	

メガネウラ
Meganeura

- 生息年代　3億年前（石炭紀後期）
- 化石発見地　ヨーロッパ
- 生息環境　熱帯の沼沢林
- 翅を広げた長さ　最大75cm

メガネウラは本当のトンボのなかまではなく、原トンボ類と呼ばれる類縁グループに属している。脚は現生のトンボよりも丈夫で、翅脈の模様はずっと単純だった。熱帯雨林をすばやく飛びまわり、巨大な複眼で獲物を見つけていた。飛びまわる昆虫を空中でつかまえることもできた。脚で獲物をつかみ、そのまま口へ運んで、飛びながら食べていたのだろう。

無脊椎動物

▲翅脈
メガネウラとは「大きな脈をもつ」という意味。フランスで発見されたこの化石からは、太い脈が支柱となって、大きくて繊細な翅を補強していたことがわかる。

▲翅の驚異
現生のトンボと同じく、メガネウラも前翅と後翅を別々に、おそらくは違うスピードで動かして飛んでいた。そのため、空中でうまく体をコントロールできた。トンボは驚くほど機敏で、方向を一瞬で変えることができる。空中停止や後ろ向きの飛行もお手のものだ。

現生のなかま

現生種のなかで世界最大のトンボは、オーストラリアのニューサウスウェールズ州に生息するジャイアント・ドラゴンフライ（*Petalura gigantea*）だ。翅を広げた長さが14cm近くに達するにもかかわらず、じつはあまり飛びまわらず、生息地から離れることはほとんどない。祖先と同じく、空を飛ぶ昆虫を食べている。

2億年前	1億4500万年前	6500万年前	2300万年前	現在
三畳紀	ジュラ紀	白亜紀	"パレオジン"	"ネオジン"

アンモナイト

アンモナイトの化石は、美しいらせんを描いているおかげで、見まちがえようがない。アンモナイトは現生のタコやイカに近い海生動物だが、タコなどとは違って、殻の内部で生活していた。本体が成長するにつれて、殻のなかの新しい部屋（壁で仕切られた小さな空間）が増えて大きくなり、らせん状のうずまきになっていった。アンモナイトは世界各地の海に生息し、水を噴きだす勢いを使って泳いでいた。中空になった殻の小部屋が空気タンクの役割を果たし、海中を浮遊するのを助けていた。

無脊椎動物

スカフィテス
Scaphites

- 生息年代　1億4400万〜6500万年前（白亜紀後期）
- 化石発見地　ヨーロッパ、アフリカ、インド、北アメリカ、南アメリカ
- 生息環境　浅い海
- 大きさ　最大直径20cm

スカフィテスは、変わったアンモナイトだ。殻がきれいならせん状にならず、ゆがんだ形に成長した。そのせいで、頭を出すための開口部が成長とともにどんどん狭くなり、最終的には食べることができなくなって、死んでしまったのではないかと考えられている。現生のタコのように、じゅうぶんに成熟したら卵を産み、その後すぐに死んでいたのかもしれない。

種族データファイル

おもな特徴
- 小さな部屋にわかれたらせん状の殻
- いちばん外側の小部屋に、やわらかい体が入っている
- 大きな頭と発達した眼
- 獲物をとらえる長い触手

生息年代
アンモナイトは4億2500万年前に登場し、恐竜の時代の全体をつうじて、各地の海に広く分布していた。6500万年前に、恐竜とともに絶滅した。

殻のいちばん外側の小部屋に、アンモナイトのやわらかい体が入っていた

スカフィテスの化石

プロミクロケラス
Promicroceras

- 生息年代　2億年前（ジュラ紀前期）
- 化石発見地　世界各地
- 生息環境　海
- 大きさ　最大直径2cm

あるとき、大量のプロミクロケラスがいっぺんに死んで、その殻が海底をおおった。やがて化石となり、ほぼ全体がアンモナイトだけでできた、「マーストン・マーブル」と呼ばれる驚くべき岩を形成した。大量死の原因は謎だが、藻類（ごく小さな植物）により海水が汚染されたからという説がある。

マーストン・マーブル

エキオケラス
Echioceras

- 生息年代　2億年前（ジュラ紀前期）
- 化石発見地　世界各地
- 生息環境　海
- 大きさ　最大直径6cm

エキオケラスの殻は、ぎゅうぎゅうのらせん状に巻かれている。そのせいで、速く動くことはできなかったかもしれない。ジュラ紀の海中で、ほかの動きの遅い生きものを食べていた。

肋

空気の入った殻の小部屋が浮かびあがるので、アンモナイトは頭を下にして泳いでいた

ビフェリケラス
Bifericeras

- 生息年代　2億年前（ジュラ紀前期）
- 化石発見地　ヨーロッパ
- 生息環境　外海
- 大きさ　直径3cm

ビフェリケラスは、海に住む小型の無脊椎動物を食べていた。大きな殻（マクロコンク）はメス、小さな殻（ミクロコンク）はオスのものだ。メスが大きい体を必要としていたのは、卵を産んで守るためだ。

このミクロコンク（オス）の化石は、黄鉄鉱という鉱物でできている

マクロコンク（メス）

無脊椎動物

アトゥリア
Aturia

- 生息年代　6500万〜2300万年前（"パレオジン"〜"ネオジン"前期）
- 化石発見地　世界各地
- 生息環境　外海
- 大きさ　最大直径15cm

アンモナイトは恐竜と同時期に絶滅したが、オウムガイ類と呼ばれる近縁の動物は生きのびた。アトゥリアは泳ぎの速いオウムガイで、魚やエビを食べていたと考えられている。殻はスピードを出すのに適したなめらかな流線形で、多くのアンモナイトに見られる肋はなかった。

現生のなかま

オウムガイは現生のオウムガイ類のなかまで、アンモナイトの近縁だ。先史時代のなかまと同じく、いくつもの小部屋にわかれたらせん状の殻をもち、水を噴出して海中を泳ぐ。最多で90本もある触手を使って、小さな魚や甲殻類をとらえている。

化石の宝石

アンモナイトの化石のなかには、宝石のように美しいものがある。殻を割って内側をみがくと、ガラスの装飾のようになるものもある。生きているときには空洞だった殻が、長い年月のあいだに、結晶化した鉱物で満たされるからだ。表面が真珠のように七色に輝く殻もある。そうした美しい殻は、世界でも指おりの貴重な宝石となる。

無脊椎動物

貴重な宝石

1981年、特定のアンモナイト化石の表面だけに見られるあざやかな色の鉱物（アンモライト）が、国際貴金属宝飾品連盟により、正式に宝石として認定された。アンモライトは、レッドダイヤモンドと並び、地球上でもっともめずらしい宝石のひとつとされている。北アメリカのロッキー山脈の一部でしか見つからず、高級でぜいたくな宝飾品に使われている。

▼アンモナイトは、体の成長とともに殻のなかで新しい小部屋を増やし、らせん状に大きくなっていった。このデスモケラスというアンモナイトの化石は、およそ1億年前のものだ。

🪲 真珠のようなアンモナイト

アンモナイトの殻は、アラゴナイト（あられ石）という鉱物でできていた。アラゴナイトは、真珠のもとになる光沢のある鉱物だ。ほとんどの化石では、殻は完全に消滅し、内部が空洞になったモールド（雌型）しか残らない。しかし、表面に真珠のようなアラゴナイトの膜が残る化石もある。保存状態のきわめて良い化石では、この繊細なアラゴナイトの層が、光をいくつもの色に分解して反射し、虹色の輝きを放つ。この現象で生まれる色を「玉虫色」という。

無脊椎動物

貝殻の化石

この2ページで紹介する貝殻は、そのへんの海岸から集めてきたものではない。じつは、どれも大昔の貝殻の化石なのだ。なかには、恐竜が生まれる前にさかのぼるものもある。貝殻はとてもかたいので、化石になりやすい。もっとも見つけやすく、集めやすい化石のひとつだ。ほとんどの貝殻は、軟体動物（カタツムリや二枚貝などの、やわらかい体をもつ無脊椎動物）のものだ。

＊写真説明の（　）内は学名

無脊椎動物

クマサカガイのなかま
(Xenophora クセノフォラ)
鮮新世

イタヤガイのなかま（Oxytoma オキシトマ）
ジュラ紀前期

ハボウキガイのなかま
(Pinna ピンナ)
ジュラ紀

海生二枚貝のなかま
(Gervillaria ゲルビッラリア)
白亜紀

クルミガイのなかま
(Nuculana ヌクラナ)
始新世

スイショウガイのなかま
(Rimella リメッラ)
始新世

エンマノツノガイのなかま
(Campanile カムパニレ)
始新世

ナツメガイのなかま
(Bulla ブッラ)
更新世

イトカケガイのなかま
(Cirsotrema キルソトゥレマ)
鮮新世

エビスガイのなかま
(Calliostoma カッリオストマ)
始新世

アクキガイのなかま
(Murexsul ムレクススル)
鮮新世

種族データファイル

腹足類
この2ページに見られるらせん状の貝殻は、すべて海生の腹足類（カタツムリ、ナメクジ、カサガイなどをふくむ軟体動物の一種）のものだ。殻をもつ腹足類は、現生のカタツムリのように、殻の内側や下に隠れて身を守ることができる。殻の内側にはやわらかい体があり、その大部分は大きな筋肉でできた1本の足といえる。

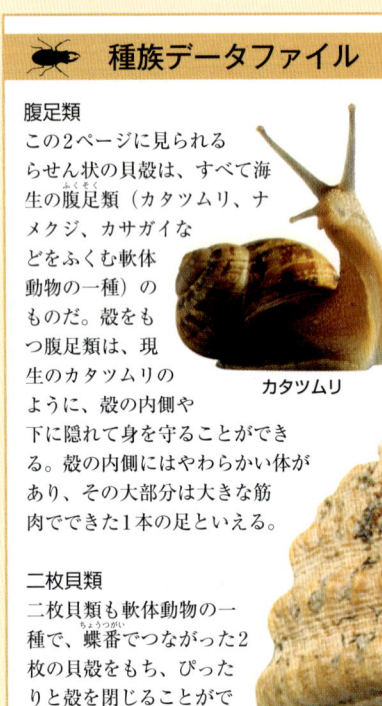

カタツムリ

二枚貝類
二枚貝類も軟体動物の一種で、蝶番でつながった2枚の貝殻をもち、ぴったりと殻を閉じることができる。ザルガイ、イガイ、カキなどが、このなかまだ。

生息年代
軟体動物の歴史は、およそ5億年前のカンブリア紀までさかのぼる。

キクザルガイのなかま
(*Chama* カマ)
始新世

カゴガイのなかま
(*Fimbria* フィムブリア)
始新世

イタヤガイのなかま
(*Pecten* ペクテン)
中新世

海生巻貝のなかま
(*Euomphalus* エウオムファルス)
石炭紀

海生巻貝〈イトマキボラ〉のなかま
(*Clavilithes* クラヴィリテス)
始新世

ヒバリガイのなかま
(*Modiolus* モディオルス)
白亜紀

トサカガキのなかま
(*Rastellum* ラステッルム)
白亜紀

マルスダレガイのなかま
(*Chione* キオネ)
中新世

アマオブネガイのなかま
(*Velates* ヴェラテス)
始新世

ヌノメアカガイのなかま
(*Cucullaea* ククッラエア)
白亜紀

ザルガイのなかま
(*Acrosterigma* アクロステリグマ)
鮮新世

イモガイのなかま
(*Conus* コヌス)
始新世

海生巻貝〈アクキガイ〉のなかま
(*Ecphora* エクフォラ)
鮮新世

クルマガイのなかま
(*Granosolarium* グラノソラリウム)
始新世

クルマガイのなかま
(*Granosolarium* グラノソラリウム)
始新世

ビワガイのなかま
(*Ficopsis* フィコプシス)
始新世

エゾボラのなかま
(*Neptunea* ネプトゥネア)
鮮新世

無脊椎動物

61

初期の脊椎動物
EARLY VERTEBRATES

▶フレゲトンティア
この初期の脊椎動物は、ヘビのように見えるかもしれないが、じつは肢のない両生類のなかまだ。約70cmまで成長し、鋭い歯で小さな獲物をとらえていた。

脊椎動物とは、背骨のある動物のこと。もっとも古い脊椎動物は魚類で、5億年以上前に地球の海で誕生した。最古の魚はあごをもたず、現生の魚とはまったく違う姿をしていた。

初期の脊椎動物

脊椎動物ってなに?

ウマ、ワニ、魚、オウム、カエルのすべてに共通することが、ひとつある。どれも背骨をもつという点だ。背骨は脊椎とも呼ばれ、体を内側から支える骨格につながっている。ここに挙げた動物は、すべて脊椎動物だ。

脊椎動物の系統樹

脊椎動物はもっともなじみのある動物グループだが、実際には動物界のごく一部を占めているにすぎない。4本の手足をもつ動物（四肢動物）は、すべて魚から進化したものだ。

脊椎動物は、哺乳類、鳥類、爬虫類、両生類、魚類という5つのグループにわけられる。

初期の脊椎動物

四肢動物
- 魚類
- 両生類
- 哺乳類とその近縁

爬虫類
- 海ガメと陸ガメ
- 魚竜
- 長頸竜（海生爬虫類）
- トカゲとヘビ

主竜類
- ワニとその近縁
- 翼竜（空を飛ぶ爬虫類）
- 恐竜と鳥類

哺乳類

哺乳類は、生殖のしかたによって、3つのグループにわけられる。有胎盤類は、胎盤でじゅうぶんに育った子どもを産み落とす。有袋類は、子どもがまだ発達しないうちに出産し、袋で生育する。単孔類（現生種は5種しかいない）は、卵で産む。

チンパンジー

◀スナネズミ
げっ歯類は哺乳類のなかでも大きなグループで、えさをかじるのにぴったりの大きな切歯が特徴だ。

▼アフリカゾウ
現生種のなかで最大の陸生哺乳類。オスは肩までの高さが4mにもなる。

鳥類

鳥類には、1万近い種が存在する。鳥類は恐竜の子孫だが、空を飛ぶ能力を進化させた。飛行を助ける羽毛には、体を温かく保つというはたらきもある。

セキセイインコ

▶レア
すべての鳥が飛べるわけではない。飛ぶ力を失った鳥は、このレアをはじめ、40種以上もいる。

▲ハヤブサ
あらゆる動物のなかでも、一、二を争う動きの速さをほこる。

クローズアップ：体のなかを見てみよう

脊椎動物には、背骨と内骨格がある。また、高度に発達した神経系をもち、体に対する脳の大きさも、無脊椎動物より大きい。心臓から体じゅうに送りだされる血液が、全身に栄養と酸素を運び、老廃物をとりのぞいている。多くは肺で呼吸する。

▶骨は軽量の生きた組織で、脊椎動物だけに見られる。血管が通っているので、骨は大きく成長することができる（それに対して、カニなどの無脊椎動物のかたい殻は大きくならないので、成長するには脱皮しなければならない）。

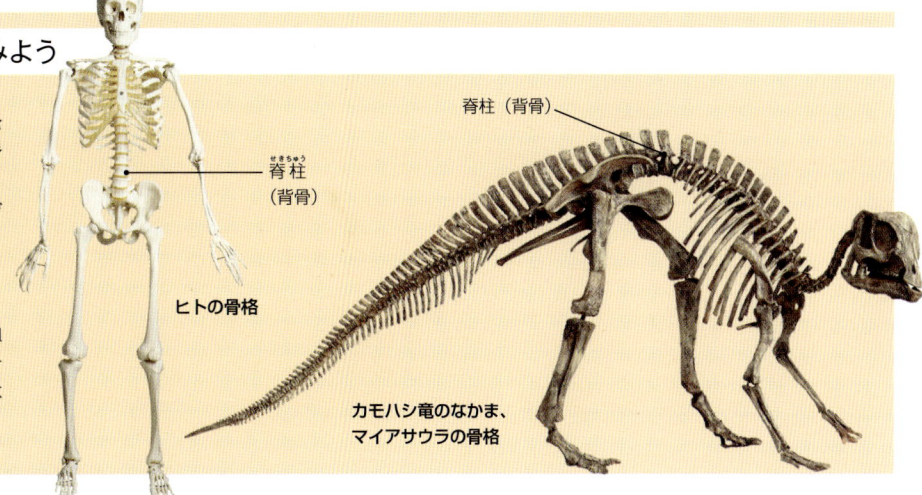

ヒトの骨格

脊柱（背骨）

カモハシ竜のなかま、マイアサウラの骨格

初期の脊椎動物

爬虫類

爬虫類は、一部の両生類とともに、最初に完全な陸上生活をはじめた脊椎動物だ。皮ふは乾燥していて、水分を保つためのうろこにおおわれている。
多くの爬虫類は、水の量が限られた暖かい地域に生息するため、そうした適応が欠かせない。

パーソンカメレオン

▶ミルクヘビ
爬虫類のなかには、成長するにつれて脱皮しなければならないものもいる。1年に4〜8回ほど脱皮する。

▼カイマン
写真のカイマンなどのワニのなかまは、初期の恐竜とともに2億年ほど前に登場し、いまでも繁栄を続けている。

両生類

現生の両生類は、湿ったやわらかい皮ふをもつ。たいていは、肺呼吸をするほかに、皮ふからも酸素をとりいれることができる。おもに陸で暮らしているが、湿った環境が必要だ。ほとんどの種は、水に戻らなければ卵を産めない。

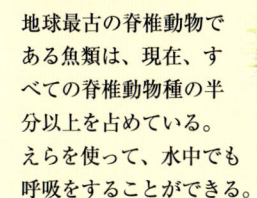

◀チュウゴクオオサンショウウオ
（世界最大の現生両生類）

▶ファイアサラマンダー
このサンショウウオは、寒い冬を地中で丸くなってすごす。あざやかな体色で、毒があることを捕食者に警告している。

▼ヤドクガエル
カエルのなかまは4500種ほど存在し、そのうちの約120種がヤドクガエルのなかまだ。

魚類

地球最古の脊椎動物である魚類は、現在、すべての脊椎動物種の半分以上を占めている。えらを使って、水中でも呼吸をすることができる。

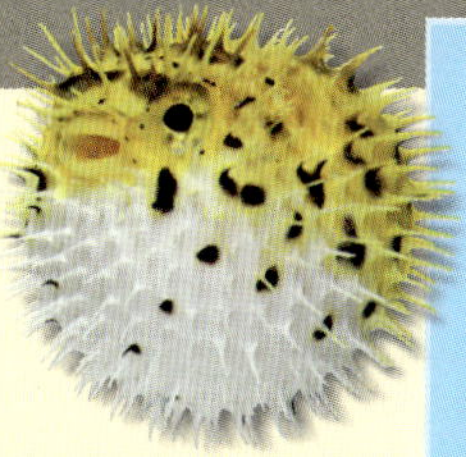

ハリセンボン

▼ジンベイザメ
ジンベイザメは世界最大の魚だ。これほど大きいにもかかわらず、プランクトン（海をただよう小さな生物）を食べている。

▼群れで泳ぐ
多くの魚は、群れをつくって泳いでいる。数が多いと安全だからだ。

無顎類

魚類は最古の脊椎動物だが、登場したばかりの魚は、現生の魚とはまったく違っていた。初期の魚類は、あごがまだ進化していなかったのでものを噛むことができなかった。そのかわりに、吸いこんだりこすりとったりして、えさを食べていた。ひれはまったくないか、あっても少なかったので、オタマジャクシのように尾をふって泳いでいた。体のなかに骨はなかったが、幅の広い骨のような板（頭甲）で頭部がおおわれているものもいた。この板で、巨大なウミサソリなどの捕食者から身を守っていた。

初期の脊椎動物

ドゥレパナスピス
Drepanaspis

- 生息年代　4億1000万年前（デボン紀前期）
- 化石発見地　ヨーロッパ
- 生息環境　海底
- 全長　35cm

ヘラのような平らな頭で、体は細く、奇妙な形をしていた。デボン紀の海底近くで狩りをしていたと思われるが、あごのない口が下ではなく上を向いていたので、えさをすくいあげるのは難しかっただろう。どのようにえさをとっていたのかは、謎につつまれている。多くの無顎類と同じく、骨でできたよろいで攻撃から身を守っていた。

現生のなかま

現代まで生きのびている無顎類は、ヌタウナギとヤツメウナギという2つのグループだ。どちらもウナギのような形の魚で、骨もうろこも対になったひれもない。ヌタウナギは海生動物の死骸を食べている。一部のヤツメウナギは、ほかの動物に寄生する。あごのない丸い口を使って、ほかの魚にくっついて血を吸うのだ。

ヤツメウナギの角質歯のある口

種族データファイル

おもな特徴
- 口はあるがあごはない
- 多くの種は対のえらをもたない
- たいていは胃がない
- 筋肉質の尾をふって泳ぐ

生息年代
無顎類の化石のなかには、5億年以上前のカンブリア紀にさかのぼるものもある。無顎類の多くは、デボン紀末の3億5000万年前ころに絶滅した。

ビルケニア
Birkenia

- 生息年代　4億2500万年前（シルル紀中期）
- 化石発見地　ヨーロッパ
- 生息環境　淡水の湖沼や川
- 全長　約10cm

ひれをもたない魚だが、生息地の池や川を活発に泳ぎまわっていた。えさは植物や動物の死骸で、おそらく小さなかけらを大きな口で吸いこんでいたのだろう。無顎類の多くには骨でできた頭甲があったが、ビルケニアの頭は小さなうろこでおおわれていた。

サカバムバスピス
Sacabambaspis

- 生息年代　4億9000万年前（オルドビス紀前期）
- 化石発見地　ボリビア
- 生息環境　沿岸海域
- 全長　30cm

頭甲が幅広くて、尾に近づくにつれて体は細くなり、尾の先端には小さなひれがついていた。この形から、オタマジャクシと同じように泳いでいたと考えられている。口をつねに開いたまま泳ぎ、細かいえさを吸いこんでいたのだろう。水中の動きを感知するための感覚器官を備えていたので、獲物との距離をはかったり、捕食者から逃げたりすることができた。

ゼナスピス
Zenaspis

- 生息年代　4億1000万年前（デボン紀前期）
- 化石発見地　ヨーロッパ
- 生息環境　浅い海や河口
- 全長　25cm

眼

頭部はウマのひづめに似た形をしていて、よろいかぶとのような板で守られていた。体のほかの部分はきわめて平らで、うろこで保護されていた。左右2つの眼は近い位置にあり、くっついて頭のてっぺんにあった（海底に住む魚にとって、捕食者を見つけるのにうってつけの位置だ）。多くの無顎類と同じく、歯がなかった。かわりに体の下側に口があり、骨の板が並んでいた。おそらく、海底や河口で小さな生きものを見つけて食べていたのだろう。

ケファラスピス
Cephalaspis

- 生息年代　4億1000万年前（デボン紀前期）
- 化石発見地　ヨーロッパ
- 生息環境　淡水の湖沼や川
- 全長　22cm

この小さな魚は、沼や川の底に住んでいた。幅の広い頭甲を左右に動かして泥をかきまぜ、泥のなかに隠れた虫などの生きものを探していたのだろう。水生動物の糞を食べていた可能性もある。うろこにおおわれた扁平の頭甲が体のバランスをとり、背中のひれはひっくり返るのを防いでいた。

初期の脊椎動物

板皮類

甲冑魚(かっちゅうぎょ)と呼ばれることもある板皮類(ばんぴ)は、巨大な体に進化した最初の魚類だ。なかには、現生のサメほどの大きさに達するものもいた。ものを噛むあごをもった最初の魚類で、このあごを強力な武器として使っていた。ほかの板皮類のなかまから身を守るために、重なりあう骨の板でできたよろいを進化させた。

ゲムエンディナ
Gemuendina

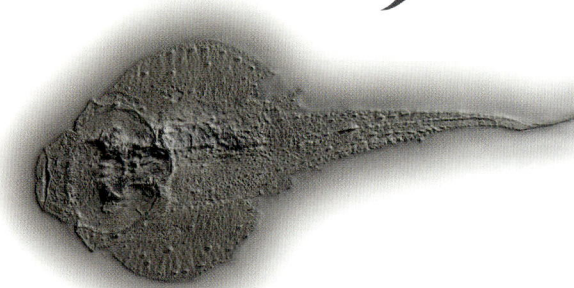

- 生息年代　約4億1000万年前（デボン紀前期）
- 化石発見地　ドイツ
- 生息環境　浅い海
- 全長　25〜30cm

小柄で体が平たく、尾が細いゲムエンディナは、口が頭の上側にあることをのぞけば、現生のアカエイによく似ている。ほかの板皮類とは異なり、口には骨の板がなかった。そのかわりに、星形のうろこを使って獲物をつかまえていた。

ドゥンクレオステウス
Dunkleosteus

- 生息年代　約3億8000万年前（デボン紀後期）
- 化石発見地　アメリカ、ヨーロッパ、モロッコ
- 生息環境　浅い海
- 全長　6m

海のティラノサウルスとも呼ばれるドゥンクレオステウスは、史上最大級の板皮類だ。ゾウくらいの大きさの凶暴なハンターで、どんな魚よりも強力なあごだった（おそらく例外はメガロドンくらいだろう）。歯のかわりに、先のとがった骨の板でできたくちばしのようなものがあった。ドゥンクレオステウスの化石には、このあごの形に一致する噛み傷が残っているものもあることから、共食いもしていたのではないかと考えられている。

初期の脊椎動物

▲怪物のようなあご
ドゥンクレオステウスは、頭が巨大で、はさみのような大きなあごがあった。あごにはかみそりのような鋭い骨の板が並び、「くちばし」を形成していた。あごの力は、コンクリートもくだくほど強力だった。

コッコステウス
Coccosteus

- **生息年代** 3億8000万〜3億5000万年前（デボン紀中期〜後期）
- **化石発見地** 北アメリカ、ヨーロッパ
- **生息環境** 浅い海
- **全長** 40cm

体はとても小さいが、たくみな捕食者だった。海底にじっと身をひそめ、獲物を待ちぶせて狩りをしていたようだ。ドゥンクレオステウスと同じく、くちばしに似た口のかみそりのように鋭くとがった縁を使って、自分よりも大きな動物の肉をひきさいていた。残された化石から、尾の力が強かったことがわかっており、その泳ぎは力強いものだったにちがいない。

ロルフォステウス
Rolfosteus

- **生息年代** 3億8000万年前（デボン紀後期）
- **化石発見地** オーストラリア
- **生息環境** 岩礁
- **全長** 30cm

とても奇妙な姿をした魚で、ユニコーンの角のような、長くつきでた管状の吻部をもっていた。この吻部で海底の砂を掘り、隠れた獲物を探していたのかもしれないし、メスをひきつけるためのオスの飾りだったのかもしれず、吻部の用途はわかっていない。ほかの板皮類と同じく、歯はなかった。そのかわりに、口の後方に平らな骨の板が並んでいた。この板を使って、カニなどの甲殻類の甲羅をくだいていたのだろう。

初期の脊椎動物

種族データファイル

おもな特徴
- よろいのような板でおおわれた体
- 歯のかわりに骨の板が並ぶ口
- よろいの板をつなぐ関節を使って、あごを開き、体を曲げていた

生息年代
板皮類は、約4億3000万年前のシルル紀後期から、3億5900万年前のデボン紀末まで生息していた。

サメとエイ

海の殺し屋としておそれられるサメは、化石として残された歯から、4億年以上も前から海を泳ぎまわっていたことがわかっている——驚くほどの大昔だ。サメのなかまと、その近縁で平らな体をもつエイは、軟骨魚類という太古から続くグループに属している。軟骨魚類は、かたい骨（硬骨）をもたない。そのかわりに、軟骨と呼ばれるゴムのような組織で骨格が形成されている。

背びれ
とげ
鰓列

初期の脊椎動物

種族データファイル

おもな特徴
- 歯はつねに生えかわる
- 軟骨でできた骨格
- 肋骨やそれに似た構造はない
- 浮力をコントロールするためのうきぶくろをもたない
- サメ類は泳ぎつづけていないと沈んでしまう
- それ以前からいる魚類とは異なり、対になったひれを使って方向転換する

生息年代
これまでに見つかっているサメやエイの最古の化石は、4億2000万年近く前のシルル紀後期のものだ。

ヒボドゥス
Hybodus

- 生息年代　ペルム紀後期〜白亜紀後期
- 化石発見地　ヨーロッパ、北アメリカ、アジア、アフリカ
- 生息環境　海
- 全長　2m
- 食べもの　小型の海生動物

ヒボドゥスは、現生のサメに劣らぬおそろしい姿をしていた。体の形はいかにもサメらしい流線形だったが、現生のサメと異なっていたのが、歯とひれだ。ヒボドゥスには2種類の歯があった。口の前方には、魚などのすべりやすい獲物をがっちりとらえるための鋭い歯が並び、後方には、殻をくだくための平らで頑丈な歯が生えていた。背びれの前には、剣のような長いとげがあった。このとげは、ひれの水の抵抗を減らすためのものとも、身を守るためのものとも考えられている。

ヘリオバティス
Heliobatis

- 生息年代　5400万〜3800万年前（"パレオジン"前期〜中期）
- 化石発見地　アメリカ合衆国
- 生息環境　淡水の川や湖
- 全長　1m
- 食べもの　ザリガニ、テナガエビ、その他の無脊椎動物

ヘリオバティスは、アカエイの近縁種の可能性がある魚だ。尾には最多で3本の針のようなとげがあり、このとげから毒を注入できたのかもしれない。湖や川の底に住み、ザリガニや小型の魚、巻貝などを襲っていたのだろう。「太陽光線」を意味するヘリオバティスという名は、扇形に丸く広がるひれが太陽の光に似ていることからつけられた。

大きな胸びれ

ノトリンクス（エビスザメ）
Notorynchus

- 生息年代　5600万年前～現在
- 化石発見地　世界各地
- 生息環境　冷たくて浅い海
- 全長　3m
- 食べもの　サメ、エイ、魚、アザラシ、動物の死骸

ノトリンクスの1本の歯

英語では「seven gill shark（7つのえらをもつサメ）」とも呼ばれるノトリンクスは、その名のとおり7対の鰓列をもっている（ほとんどのサメは5対）。ノトリンクスの歯は変わっている。それぞれの歯が、たくさんの小さな突起（咬頭）でできていて、端がのこぎりのようにぎざぎざになっているのだ。肉を切りさくにはぴったりだ。ノトリンクスは現在でも生息していて、世界中の冷たい海に広く分布している。

スクアリコラクス
Squalicorax

- 生息年代　1億500万～6500万年前（白亜紀中期～後期）
- 化石発見地　世界各地
- 生息環境　海
- 全長　4.5m
- 食べもの　海生動物

サメの歯は一生のあいだに何度も生えかわるため、その化石は数多く見つかっている。スクアリコラクスの歯の化石もたくさん見つかっていて、なかにはハドゥロサウルス類の恐竜の足に食いこんだまま発見されたものもある。このめずらしい発見は、スクアリコラクスが海に流れてきた死骸までもあさっていたことを物語っている。

ステタカントゥス
Stethacanthus

- 生息年代　デボン紀後期～石炭紀前期
- 化石発見地　北アメリカ、スコットランド（イギリス）
- 生息環境　海
- 全長　1.5m
- 食べもの　海生動物

背びれ
歯状突起
ホイップ

ステタカントゥスは、先史時代の魚類のなかでもひときわ奇妙な魚だ。アイロン台のような背びれのてっぺんは歯のようなうろこ（歯状突起）でおおわれていた。このうろこは頭部にもあった。体側のひれからは、「ホイップ」と呼ばれるロッドが後方に向かってのびていた。こうした特徴はオスだけのものだった可能性がある。もしかしたら、繁殖のときに重要な役割を果たしていたのかもしれない。ステタカントゥスはおもに浅い沿岸部をかぎまわり、小型の魚や甲殻類を探していた。

初期の脊椎動物

ヘリコプリオン
Helicoprion

- 生息年代　ペルム紀前期
- 化石発見地　世界各地
- 生息環境　海
- 全長　5.5m
- 食べもの　海生動物

ヘリコプリオンとは「うずまきののこぎり」という意味。下あごの歯がうずまき状にのび、大皿ほどの大きさの円盤をつくっていたからだ。ヘリコプリオンの化石は、歯しか見つかっていない。この円盤は下あごについていたものだとわかっているが、どんなふうに使ってえさを食べていたのかは謎につつまれている。

古い歯はうずまきの中央にある

新しい歯は外側にできる

カルカロドン・メガロドン

単にメガロドンと呼ばれることもあるカルカロドン・メガロドンは、史上もっともおそろしくて凶暴な捕食者といえる。そのうえ、史上最大の捕食者だった可能性もある。この巨大なサメは現生のホオジロザメの近縁(きんえん)だが、それよりもずっと大きかった。尾びれの高さだけでも、ホオジロザメの全長と同じくらいだった。2000万年以上にわたって海のなかで暴れまわり、クジラやイルカやアザラシを襲っていた。猛スピードで獲物に襲いかかると、巨大なあごでつかまえて噛みくだき、ふりまわしてばらばらにひきさいたりしていた。

史上最大

完全に成長したメガロドンの体重は、現生の捕食性のサメではもっとも大きいホオジロザメの20倍以上もあった。

初期の脊椎動物

46億年前	5億4200万年前	4億8800万年前	4億4400万年前	4億1600万年前	3億5900万年前	2億9900万年前	2億5100万年前
先カンブリア時代	カンブリア紀	オルドビス紀	シルル紀	デボン紀	石炭紀	ペルム紀	

カルカロドン・メガロドン
Carcharodon megalodon

- 生息年代　2500万〜150万年前（"パレオジン"後期〜"ネオジン"前期）
- 化石発見地　ヨーロッパ、北アメリカ、南アメリカ、アフリカ、アジア
- 生息環境　温暖な海
- 全長　20m

カルカロドン・メガロドンの化石は、歯と椎骨（背骨の骨）しか見つかっていない。これらの骨を現生のサメと比べると、メガロドンは100トンもの体重があったと推測される。じつにゾウ30頭ぶんの重さだ。歯の化石は、アザラシやイルカなどの海生哺乳類が多くいた地域で広く見つかっていることから、そうした哺乳類がメガロドンの獲物になっていたのだろう。

巨大な歯

メガロドンの英語名「メガトゥース」は、「巨大な歯」という意味だ。その名にふさわしく、250本以上あるメガロドンの歯は、1本が17cmもの大きさだった。歯の縁は、ステーキナイフの刃のように鋭くぎざぎざになっていた。肉を切りさくにはぴったりの歯だ。

初期の脊椎動物

▲メガロドンのあごの化石はまだ見つかっていないが、ホオジロザメのあご（上の写真の中央）を拡大して、あごの模型がつくられた。メガロドンの噛む力は、ティラノサウルスの5倍もあった。ひと噛みで獲物を噛み殺すことができたのだろう。

2億年前	1億4500万年前	6500万年前	2300万年前	現在
三畳紀	ジュラ紀	白亜紀	"パレオジン"	"ネオジン"

硬骨魚類

4億年前ころ、新しいグループの魚類が海を泳ぎはじめた。それまで何千万年も海を支配してきたサメと違って、この新しい魚類は、カルシウムでできたかたい骨（硬骨）からなる丈夫な骨格をもっていた。「硬骨魚類」という名は、この特徴からとったものだ。硬骨魚類は無数の新しい種に進化し、いまでは現生魚類の95％以上を占めている。

クシファクティヌス
Xiphactinus

- 生息年代　1億1200万～7000万年前（白亜紀中期～後期）
- 化石発見地　北アメリカ
- 生息環境　北アメリカの浅い海
- 全長　6m

筋肉質の長い体を使って、力強く海を泳いでいた。口は巨大で、大きな獲物も丸のみにできそうだ。胃のなかに全長2mの魚が残る化石も見つかっている。あまりにも大きい獲物が体内で暴れまわったせいで死んでしまったのだろう。

レエドゥシクティス（リードシクティス）
Leedsichthys

- 生息年代　1億7600万～1億6100万年前（ジュラ紀中期）
- 化石発見地　ヨーロッパ、チリ
- 生息環境　海
- 全長　最大9m

おそらく史上最大の硬骨魚で、シャチよりも大きかった。そのおそるべき大きさにもかかわらず、獲物を襲うのではなく、海水をろ過してえさを食べるおとなしい魚だった。口で大量の海水を飲みこみ、水を吐きだすときに、エビなどの小動物をえらでこしとっていた。化石に残された噛みあとは、レエドゥシクティスが、プリオサウルス類と呼ばれる巨大な海生爬虫類の狩りの対象になっていたことを示している。

初期の脊椎動物

種族データファイル

おもな特徴
- 硬骨でできた骨格
- ほとんどの種は条鰭をもつ（長い骨の条［すじ］で支えられたひれで、動きを細かくコントロールできる）
- 水に浮くのを助けるうきぶくろ（空気の入った袋）

生息年代
硬骨魚類は、約3億9500万年前のデボン紀にはじめて登場し、現在でも広く分布している。

ディプロミストゥス
Diplomystus

- 生息年代　5500万〜3400万年前（"パレオジン"中期〜後期）
- 化石発見地　アメリカ合衆国、レバノン、シリア、南アメリカ、アフリカ
- 生息環境　湖
- 全長　65cm

ニシンやイワシに近いなかまで、淡水の川や湖に生息していた。保存状態の良い化石の多くは、アメリカ合衆国ワイオミング州にあるグリーン・リバー地域で見つかったものだ。それらの化石から、ディプロミストゥスは捕食性の魚だったことがわかっている。胃のなかに、小型の魚が数多く残されていたのだ。口が上を向いていることから、水面のすぐ下を泳ぐ魚をとらえていたと考えられている。

上を向いた口

プリスカカラ
Priscacara

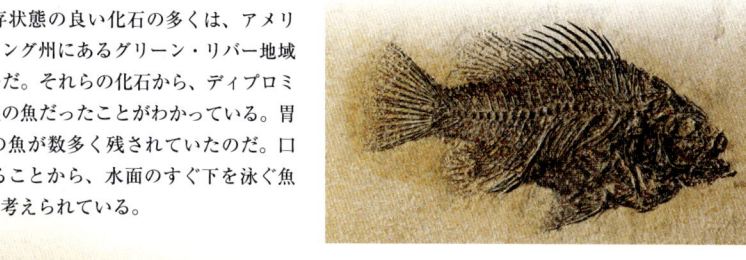

- 生息年代　5500万〜3300万年前（"パレオジン"中期〜後期）
- 化石発見地　北アメリカ
- 生息環境　淡水の川や湖
- 全長　15cm

北アメリカの深い湖に生息していた。湖底の泥のなかで化石化したため、細部がきれいに保存されている。ひれにあるかたいとげは、身を守るための武器だったのかもしれない。プリスカカラを飲みこもうとした捕食者は、このとげに口をつきささされたことだろう。

ナソ
Naso

- 生息年代　5600万〜4900万年前（"パレオジン"）
- 化石発見地　イタリア
- 生息環境　海
- 全長　8cm

ナソは、現生のテングハギにきわめて近い魚だ。テングハギという名は、ひたいの突起が天狗の鼻に似ていることにちなんでいる。テングハギと同じく、ナソもサンゴ礁で群れをつくって生息していたと考えられている。

クニグティア（ナイティア）
Knightia

- 生息年代　5500万〜3400万年前（"パレオジン"中期〜後期）
- 化石発見地　アメリカ合衆国
- 生息環境　北アメリカの川や湖
- 全長　25cm

クニグティアの骨格化石は、多くの大型魚類の胃のなかから見つかっている。大昔の湖で巨大な群れをつくって生息していたため、簡単につかまえられる獲物だったにちがいない。アメリカ合衆国ワイオミング州のグリーン・リバー地域では、保存状態の良い化石が何百個も発見されている。ワイオミング州は、1987年にクニグティアを州の化石に指定した。

ペルカ
Perca

- 生息年代　5500万〜3700万年前（"パレオジン"中期〜後期）
- 化石発見地　アメリカ合衆国
- 生息環境　浅瀬
- 全長　30cm

現生のパーチ（スズキのなかま）のなかまで、見た目もパーチにそっくりだった。体はうろこにおおわれていた。こぶのある背中には、鋭いとげの並ぶ2枚のひれがあり、これを高く立てて威嚇し、捕食者を追いはらっていた。現生のパーチのなかまと同じように、体にはしま模様があったかもしれない。それは、アシやホタルイなどの水草のあいだで、捕食者から身を隠すのに役だっただろう。群れで活動し、昆虫や魚卵、小型の魚などを食べていた。

初期の脊椎動物

ミオプロスス
Mioplosus

- 生息年代　5500万〜4000万年前（"パレオジン"中期）
- 化石発見地　アメリカ合衆国
- 生息環境　淡水
- 全長　25cm

右の化石は、ミオプロススが獲物を飲みこむ瞬間の姿を伝えるものだ。おそらく、獲物がのどにつまって命を落としたのだろう。ミオプロススは、自分の半分の大きさの魚も襲うハンターで、鋭い歯の生えたあごで獲物をとらえていた。

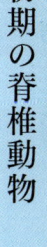

レピドテス

硬骨魚のレピドテスは、バリオニクスというどう猛な恐竜の好物だったようだ。というのも、化石化したバリオニクスの胃のあたりから、レピドテスのうろこや骨が大量に見つかっているからだ。レピドテス自身もとても大きな魚で、全長は大きいもので1.8mもあった。各地に広く分布していたようで、世界中で化石が発見されている。

初期の脊椎動物

▲歯
レピドテスの歯は、化石化すると小さな石のように見えることから、かつては「蟇石（ひきいし）」と呼ばれ、魔力をもつと信じられていた。

レピドテス
Lepidotes

- 生息年代　1億9900万〜7000万年前（ジュラ紀〜白亜紀前期）
- 化石発見地　世界各地
- 生息環境　北半球の湖
- 全長　1.8m

いくつかのレピドテスの化石は、うろこの跡がはっきり残る、きわめて保存の良い状態で見つかっている。レピドテスのうろこは厚くて、ひし形をしている。生きているときは、その外層が光を反射し、美しい光を放っていたのだろう。

46億年前	5億4200万年前	4億8800万年前	4億4400万年前	4億1600万年前	3億5900万年前
先カンブリア時代	カンブリア紀	オルドビス紀	シルル紀	デボン紀	石炭紀

吸盤のようなくちびる

レピドテスには、えさを食べるためのちょっとしたわざがあった。現生のコイがするようにあごをつきだして、甲殻類などの獲物を吸いこんでいたのだ。レピドテスのかたい釘のような歯のまえでは、甲殻はなんの役にも立たなかった。

現生のコイも、レピドテスがしていたように、あごをつきだすことができる。

まめ知識

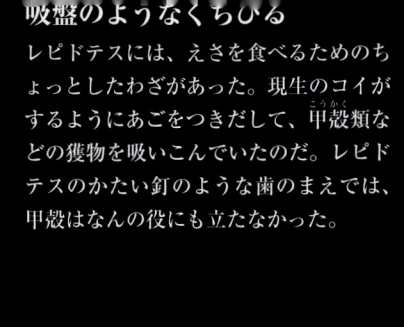

ヒトをはじめとするすべての脊椎動物の歯は、先史時代の魚のうろこから進化したものだ。レピドテスのうろこは、象牙質でおおわれ、エナメル質でコーティングされていた。これらの物質は、ヒトの歯をつくっているものと同じだ。うろこの構造もヒトの歯とよく似ている。

初期の脊椎動物

2億9900万年前	2億5100万年前	2億年前	1億4500万年前	6500万年前	2300万年前	現在
ペルム紀	三畳紀	ジュラ紀	白亜紀	"パレオジン"	"ネオジン"	

総鰭類

ひれを舵として使うかわりに、ひれで「歩行」をはじめた魚類グループが、総鰭類だ。総鰭類のなかまは、ひれを使って歩き、岩礁の裂け目に入ったり、海底をはうようになった。長い年月のあいだに、そのひれは、より丈夫に、筋肉質になっていった——ひれが肢に変わりはじめたのだ。総鰭類の魚たちは、水の外にはいだし、陸での生活をはじめた最初の脊椎動物だ。

> **種族データファイル**
>
> **おもな特徴**
> - 骨に支えられた、肉厚で丸みのあるひれ
> - 水中で呼吸するためのえら
> - 肺のような呼吸用の空気室をもつものもいる
>
> **生息年代**
> 総鰭類は、オルドビス紀（5億500万～4億4000万年前）に登場した。6500万年前の白亜紀末に多くが絶滅したが、一部は現在まで生き残っている。

初期の脊椎動物

エウステノプテロン
Eusthenopteron

- 生息年代　3億8500万年前（デボン紀後期）
- 化石発見地　北アメリカ、グリーンランド、スコットランド（イギリス）、ラトビア、エストニア
- 生息環境　河口
- 全長　1.5m

ほとんどの魚と同じく、エウステノプテロンもうろこにおおわれ、ひれがあった。だが、ひれを支える骨は、初期の両生類（水中と陸の両方で暮らす動物）のものに似ていた。捕食性だったエウステノプテロンは、生いしげる水草に身をひそめ、獲物を待ちぶせしていたのかもしれない。

パンデリクティス
Panderichthys

- 生息年代　4億年前（デボン紀後期）
- 化石発見地　ラトビア、リトアニア、エストニア、ロシア
- 生息環境　海
- 全長　1.5m

パンデリクティス（右）は魚類だが、陸にあがることができた可能性もある。短い時間なら、前ひれで体を支えていたのかもしれない。ひれは対で、体はうろこにおおわれていて、現生の魚のようだが、ひれを支える骨は、両生類のものに似ていた。水中ではえらを使って呼吸していたが、頭の上部にある穴が肺のような空気室につながっていて、陸上でも呼吸ができたと考えられている。

▲水を出た魚
パンデリクティスは、いくつかの点で両生類と似ていた。胴体は細長かったが、頭は幅が広く平らで、上部に大きな眼があり、まるでカエルの顔のようだった。

ティクタアリク
Tiktaalik

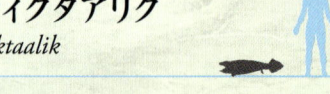

- 生息年代　約3億8000万年前（デボン紀後期）
- 化石発見地　カナダ
- 生息環境　浅い海
- 全長　約1m

この奇妙な生きもの（右）は、魚とサンショウウオの中間のような姿をしていた。平らな頭の上側についた眼で、水の上をのぞいていたのだろう。また、頸の関節もあり、頭を回すことができた。「ひれ」には手クビと肩の関節があり、単純な指までついていた。しっかりと歩くことはできなかったが、水からはいだして、ひれを使って体を支えることはできたと考えられている。

ディプテルス
Dipterus

- 生息年代　3億7000万年前（デボン紀後期）
- 化石発見地　スコットランド（イギリス）、北アメリカ
- 生息環境　川や湖
- 全長　35cm

肺魚のなかまで、現生の肺魚（空気呼吸ができ、穴のなかで夏眠して、水のない時期も生きのびられる奇妙な魚類）に近い魚だ。鰓室が大きな板でおおわれていることから、肺よりもえらに頼って呼吸をしていたと考えられている。甲殻類も噛みくだけたであろう丈夫な歯と、骨でできた頭甲をもっていた。

オステオレピス
Osteolepis

- 生息年代　3億9000万年前（デボン紀）
- 化石発見地　スコットランド（イギリス）、ラトビア、リトアニア、エストニア
- 生息環境　浅い湖
- 全長　50cm

オステオレピス（「骨のうろこ」の意）という名は、大きな四角いうろこからつけられた。このうろこと頭骨は、ヒトの歯のエナメル質に似た光沢のある物質でおおわれていた。デボン紀のスコットランド北部の湖に生息していた。

マクロポマ
Macropoma

- 生息年代　7000万年前（白亜紀後期）
- 化石発見地　イングランド（イギリス）、チェコ
- 生息環境　海
- 全長　55cm

マクロポマは、シーラカンスという古代魚のなかまで、ヒトの腕や脚のように動かせる肉質のひれをもっていた。シーラカンスのなかまは、かつては魚類から陸生動物への進化のすきまをつなぐ生きものと思われていた。だが現在では、陸生動物の直接の祖先ではないと考えられている。

初期の脊椎動物

現生のなかま

1938年、南アフリカの漁師がサメの網のなかで奇妙な魚を見つけ、地元の科学者にもちこんだ。だれもが驚いたことに、この魚は、恐竜の時代を最後に絶滅したと思われていたシーラカンスだと判明した。この「生きた化石」は、動物学上の世紀の大発見となった。

陸への進出

現在の陸生動物は、何億年も前に海で暮らしていた生きものから進化したことがわかっている。陸に進出するためには、いくつかの障害を乗りこえなければならなかった。なにしろ、ひれやひれ足は、陸上ではあまり役に立たないからだ。ここでは、陸への進出の過程で生じた変化のいくつかを見てみよう。

▶プロテロギリヌス
この両生類は魚をえさにしていたが、水中にもぐったまま暮らすことはしなかった。プロテロギリヌスは、肺を使って呼吸をした最初の動物のひとつだ。

初期の脊椎動物

ひれから肢へ

肢は魚のひれから進化した。肢を発達させた最初の動物（四肢動物）は、先端に指がある4本足で、なかには8本の指をもつものもいた。

エウステノプテロン — 3億8500万年前 — 胸びれ

ティクタアリク — 3億7500万年前 — 肢のような構造への移行形

イクティオステガ — 3億6500万年前 — 後肢

陸でも産める卵

水から離れて暮らすための重要な一歩は、卵を進化させて陸で産めるようにすることだった。ほとんどの両生類は、卵を産むために水に戻らなくてはならないが、初期の爬虫類の卵は、何層もの膜でつつまれていて、乾燥した条件にも耐えられた。この膜がのちに殻へと進化したのである。

▲水は不要
陸ガメの卵は、殻と内膜でおおわれているため、乾燥しない。

▲命をつなぐ
海ガメや陸ガメの子どもは、6〜8週間を卵のなかですごす。子どもに必要な水分は、すべて卵のなかにふくまれている。

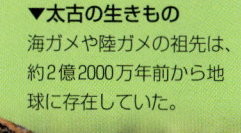

▼太古の生きもの
海ガメや陸ガメの祖先は、約2億2000万年前から地球に存在していた。

5本指のひみつ

陸で暮らす脊椎動物のほとんどは、それぞれの肢の先端が5本指で、4本の肢は骨の構造がすべて同じである。これは、現在の陸生脊椎動物が共通の祖先から進化したためだ。最初に陸にあがった開拓者のひとつが、たまたま5本指の肢だったのである。

初期の脊椎動物

空気呼吸

陸生動物は空気から酸素をとりこんでいるので、魚が水から酸素をとりこむのに使うえらを必要としない。空気呼吸に使う肺は、初期の魚類の一部が、水面で空気を吸いこむのを助けるために進化させたものだ。そのうちのひとつの魚類グループが肺を使いつづけ、その肺こそが、陸への進出をはじめる決定的な役割を果たしたのだ。陸にあがり、水の外で呼吸をした最初の魚類のひとつが、4億年ほど前の肺魚だった。

先史時代の肺魚の化石は、4億年ほど前のデボン紀の地層から、世界中で発見されている。

▲最初の足跡
この足跡の化石は、2010年にカナダで見つかったもの。約3億1800万年前のもので、最古の爬虫類の証拠と考えられている。

両生類

両生類とは、陸上と水中の両方で生活する動物のことで、約3億7000万年前に魚類から進化した。その進化の過程で、ひれが少しずつ完全な肢へと変化していき、陸上で歩くことができるようになった。両生類は最古の四肢動物（4本の肢をもつ動物）で、カエルやネズミからゾウ、そしてヒトまで、現代に生きるすべての四肢動物の祖先でもある。

イクティオステガ
Ichthyostega

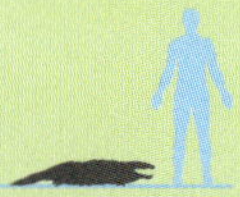

- 生息年代　3億7000万年前（デボン紀後期）
- 化石発見地　グリーンランド
- 生息環境　河口
- 全長　約1.5m

頭と体と尾びれは魚に似ているが、肢にはカエルのような水かきがあった。肺を使って陸上で呼吸し、強力な肩の筋肉のおかげで、水の外で体を支えたり、地面をはったりすることができた。浅瀬で魚などの獲物をつかまえていた。

肢の化石

セイモウリア
Seymouria

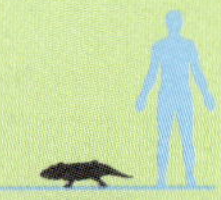

- 生息年代　2億9000万年前（ペルム紀前期）
- 化石発見地　アメリカ合衆国、ドイツ
- 生息環境　北アメリカや西ヨーロッパの沼地
- 全長　約60cm

セイモウリアは長いあいだ、初期の爬虫類だと思われていた。がっしりした肢で、陸上生活によく適応していたからだ。だが、セイモウリアの近縁種の幼生に、オタマジャクシのような外鰓があったことがわかった。このことから、セイモウリアの幼生も同じだったと考えられる。成体は陸で暮らしていたが、子どもはおそらく、完全に水のなかで暮らしていたのだろう。大人のオスには厚みのある頭骨があり、メスへの求愛のときにライバルが現れたら、頭つきをしていたのかもしれない。

フレゲトンティア
Phlegethontia

- 生息年代　3億年前（石炭紀後期～ペルム紀前期）
- 化石発見地　アメリカ合衆国、チェコ
- 生息環境　北アメリカや西ヨーロッパの沼地
- 全長　約0.9m

フレゲトンティアは、肢をすててヘビのような体に進化した両生類のグループに属している。毒のないヘビ類に似た、スパイクを打ちつけたような小さな歯がずらりと並んでいた。

ミクロブラキス
Microbrachis

- 生息年代　3億年前（ペルム紀前期）
- 化石発見地　チェコ
- 生息環境　東ヨーロッパの沼地
- 全長　約15cm

ミクロブラキス（下）は、かよわい肢のある小さなサンショウウオのような姿をしていた。水中で呼吸するためのえらがあった。平らな尾を左右にふって、魚のように水中を泳いでいたのだろう。ほとんどの時間を沼地や川、湖、池ですごし、小さな魚やエビなどの獲物をとっていたようだ。

ミクロブラキス

初期の脊椎動物

エリオプス
Eryops

- 生息年代　2億9500万年前（ペルム紀前期）
- 化石発見地　北アメリカ
- 生息環境　北アメリカや西ヨーロッパの沼地
- 全長　約1.8m

当時の最大級の陸生動物で、太ったワニのような姿をしていた。吻部は長く（エリオプスは「ひきのばされた顔」という意味）、あごは大きくて力強く、鋭い歯が並んでいた。食べものを噛むことはできなかったので、現生のワニがするように、頭を勢いよくもちあげて後ろに傾け、獲物を口の奥に押しこんでいたのだろう。がっしりとした四肢だが、ずんぐりした体と短い脚のせいで、陸上での動きはゆっくりとしたものだった。

クラッシギリヌス
Crassigyrinus

- 生息年代　3億5000万年前（石炭紀前期）
- 化石発見地　スコットランド（イギリス）、アメリカ合衆国
- 生息環境　北ヨーロッパの浅い海
- 全長　約1.5m

この奇妙な生きものは、おそらく水のなかで暮らしていたのだろう。これほど小さな四肢では、陸上を歩くのは不可能だったはずだ。大きくて強力な捕食者でもあり、鋭い歯が2列に並ぶ巨大な口で、すばやくパクリと獲物に食いついた。眼が大きいことから、濁った水のなかや夜間でも狩りができたと考えられる。

アカントステガ
Acanthostega

- 生息年代　3億6500万年前（デボン紀後期）
- 化石発見地　グリーンランド
- 生息環境　北方の川や沼地
- 全長　約0.6m

アカントステガは、短時間なら水の外に出ることができた最初の四肢動物と考えられている。肺のほかにえらもあり、おもに浅い沼のなかで暮らしていたようだ。類縁の魚類とは異なり、前肢には水かきのついた8本の指があった。

初期の脊椎動物

種族データファイル

おもな特徴
- 手クビと肘に関節がある四肢
- はっきりとわかれた手足の指趾
- 水中で卵を産む
- 幼生（子ども）は魚に似ている

生息年代
両生類は、約4億〜3億7000万年前のデボン紀に魚類から進化した。

83

アムフィバムス

石炭紀後期には、豊かな熱帯雨林と湿地が陸地をおおっていた。巨大な昆虫が飛びまわり、進化したばかりの両生類がそれを追いまわしていた（p82〜83参照）。両生類のなかにはワニほどの大きさのものもいたが、小型のアムフィバムスはイモリくらいの大きさだった。現生のカエルやサンショウオと共通する多くの特徴をもつことから、アムフィバムスはそれらの祖先だったかもしれない。

▲骨格
3億5000万年以上前のこのアムフィバムスの化石は、アメリカのオハイオ州で見つかったもの。幅の広い頭と大きな眼窩がはっきりとわかる。

初期の脊椎動物

アムフィバムス
Amphibamus

- 生息年代　3億年前（石炭紀後期）
- 化石発見地　アメリカ合衆国
- 生息環境　北アメリカや西ヨーロッパの沼地
- 全長　15cm
- 食べもの　おそらく昆虫

アムフィバムスの眼は、獲物を見のがさないほど大きい。おそらくカエルのように、動かずに獲物をじっと待ち、近くに来た昆虫をすばやくつかまえていたのだろう。ほとんどの現生の両生類と同じく、繁殖や産卵のときには水に戻らなければならなかったかもしれない。

皮ふ呼吸

アムフィバムスの化石は、石炭紀の三角州だった場所で見つかっている。おそらく、川のそばの入り江や沼地に住んでいたのだろう。多くの両生類と同じように、湿った皮ふで呼吸することができた可能性もあるが、皮ふが乾燥しないように、湿気の多い場所にとどまる必要があったはずだ。

46億年前	5億4200万年前	4億8800万年前	4億4400万年前	4億1600万年前
先カンブリア時代	カンブリア紀	オルドビス紀	シルル紀	デボン紀

初期の脊椎動物

現生のなかま

サンショウウオはカエルの近縁だが、体はカエルよりも細くて長い。湿気の多い場所に住み、湿った皮ふで呼吸することができる。一部の種は水のなかで卵を産み、卵からかえった幼生は、えらで呼吸をする。陸上だけで繁殖する種もいる。

3億5900万年前	2億9900万年前	2億5100万年前	2億年前	1億4500万年前	6500万年前	2300万年前	現在
石炭紀	ペルム紀	三畳紀	ジュラ紀	白亜紀	"パレオジン"	"ネオジン"	

初期の植物

植物は、コケやシダなどの胞子をつくる植物（胞子植物）と、顕花植物などの種子をつくる植物（種子植物）にわけられる。現生の植物種は、確認されているものだけでも40万種を超えている。では、最初の植物はどこから来たのだろうか？

4億2000万～3億7000万年前には、植物に似た生物が栄えていた。恐竜の時代よりはるか昔に生息していたプロトタクシテスは、この絵のように、高さ8mにも達することがあった。プロトタクシテスは、植物ではなく菌類だった可能性もある

はじまり
植物の起源は藻類だ。藻類とは、水中に生息し、太陽光から栄養をつくる単純な生物のこと。最初の藻類は海に生息していた。長い年月のあいだに、その生息場所は淡水や陸上の湿地へと広がっていった。

アグラオフィトンは、表面全体で光を集めていた。先端には、胞子をつくる卵形の胞子のうがついていた

陸への進出
4億年以上前に、植物が陸上で育ちはじめた。最初の陸生植物はコケのような小さな生物で、真の葉や根や花はなかった。

変わった「種」
コケやシダなどの植物は、胞子の入ったのう（袋）をもっている。胞子は種子に似ているが、肉眼で見えないほど小さく、種子ほどかたくない。1つの個体が無数の胞子をつくれるため、初期の植物にとって、胞子は効率的な繁殖手段だった。

胞子植物は、湿った環境でなければ繁殖できない

植物の広がりとともに、大気中に放出される酸素が増えていった。植物が地球を変えつつあったのだ。

初期の脊椎動物

最古の直立した植物のひとつであるコオクソニアは、4億2500万年前に登場した。高さはわずか10cmで、枝わかれした茎で支えていた。

陸生植物の広がり

コオクソニアのような植物が丈夫な茎を進化させると、植物は以前よりも高く成長するようになり、陸のいたるところでさらに広がっていった。その後、植物は種子をつくる能力を進化させた。種子は胞子よりずっと乾燥した場所でも発芽できる。やがて、うっそうとした森林が出現し、陸地を緑に変えていった。

初期の種子

左は、約3億5000万年前に登場したメドゥッロサという植物である。小さな木くらいの大きさの植物で、果実のように見えるものは、じつは鶏卵ほどの大きさの種子だ。

もっと高く

森が大きく育つと、植物は光を求めて争うようになった。木質の幹が進化し、植物はさらに高く成長できるようになった。わたしたちの知る現在の植物に似たものも現れはじめた。そのひとつの木生シダ類は、恐竜にはなじみのある植物だっただろう。

針葉樹の森

恐竜の時代の森林は、高くそびえる針葉樹に支配されていた。細い針のような葉をつける針葉樹は、暑く乾燥した気候にも耐えられる。この写真のチリマツは、恐竜の時代から生きのびている針葉樹だ。

▼ウィリアムソニア
このずんぐりとした植物は、ジュラ紀や白亜紀に世界中の恐竜たちには、なじみがあっただろう。ウィリアムソニアは、花に似た構造をもっていた（花の出現についてはp224〜225の「顕花植物」を参照）。

初期の脊椎動物

ポストスクス

恐竜が世界中に広がる以前は、別の巨大な爬虫類が地上を支配していた。三畳紀の北アメリカで最強の捕食者のひとつに数えられるポストスクスは、ワニに近い動物だ。このおそろしい動物は、初期の小型恐竜と同じ時期に生息し、それらも食べていたかもしれない。

初期の脊椎動物

炎の終末
ポストスクスは、三畳紀末に絶滅した爬虫類グループに属していた。絶滅の原因は、火山噴火がひきおこした気候変動と考えられている。これにより、恐竜がジュラ紀最強の捕食者となった。

46億年前	5億4200万年前	4億8800万年前	4億4400万年前	4億1600万年前	3億5900万年前
先カンブリア時代	カンブリア紀	オルドビス紀	シルル紀	デボン紀	石炭紀

ポストスクス
Postosuchus

- 生息年代　2億3000万〜2億年前（三畳紀中期〜後期）
- 化石発見地　アメリカ合衆国
- 生息環境　北アメリカの林地
- 全長　4.5m
- 食べもの　肉、小型の爬虫類

ポストスクスは、ラウイスクス類と呼ばれる爬虫類のグループに属している。脚が体の横にのびているトカゲと違って、ラウイスクス類の脚は、柱のように腰からまっすぐのびていた――のちに進化する巨大な肉食恐竜のように、すばやく活発に動きまわる捕食者だったというあかしだ。だが、股関節は恐竜とは大きく異なり、足クビはワニのものに似ていた。おそろしげに湾曲した短剣のような歯で、獲物をばらばらにひきさいていた。腹のなかに4種類の動物の遺物が入ったままの化石も見つかっている。

▲ 鼻がいい怪物
ポストスクスは、巨大な頭骨と大きな鼻孔が特徴だ。おそらく、鋭い嗅覚で獲物のにおいをかぎとっていたのだろう。

初期の脊椎動物

2足歩行、それとも4足歩行？
ポストスクスは、後肢が大きく前肢が小さいことから、恐竜のように2本の後肢で歩いていたと考えられる。だが、つねに4本足で歩いていたと考える科学者もいる。走るときだけ2本の後肢を使ったとする説もある。

2億9900万年前	2億5100万年前	2億年前	1億4500万年前	6500万年前	2300万年前	現在
ペルム紀	三畳紀	ジュラ紀	白亜紀	"パレオジン"	"ネオジン"	

エッフィギア

エッフィギアは恐竜のような姿をしていて、恐竜のように走り、おそらく恐竜のようにえさを食べていたが、じつは恐竜ではない。この三畳紀の爬虫類は、ワニ類と同じ系統に属しているが、8000万年後に登場するダチョウ型恐竜（オルニトミムス類）に驚くほどよく似た体形に進化した。

初期の脊椎動物

エッフィギア
Effigia

- 生息年代　2億1000万年前（三畳紀後期）
- 化石発見地　アメリカ合衆国
- 生息環境　北アメリカ西部の林地
- 全長　1.5〜3m
- 食べもの　不明だが、おそらく雑食性

長い尾でバランスをとりながら、2本の後肢で歩いていた。前肢はとても小さく、眼は大きく、頭骨は鳥のように小さかった。エッフィギアのような爬虫類は、三畳紀後期にはありふれた存在だったが、火山噴火がひきおこした気候変動により絶滅したと考えられている。

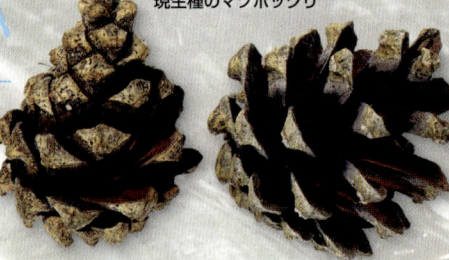

現生種のマツボックリ

▲歯は必要ない？
エッフィギアには、くちばしはあったが歯はなかった。そのせいで、なにを食べていたか推測するのは難しい。おそらく、くちばしでマツの実や卵を割っていたのだろう。小動物を食べていた可能性もある。

46億年前	5億4200万年前	4億8800万年前	4億4400万年前	4億1600万年前	3億5900万年前
先カンブリア時代	カンブリア紀	オルドビス紀	シルル紀	デボン紀	石炭紀

長い尾　　　　　　　　　　　　　長い頸

歯のないくちばし

長い後肢

小さな前肢

ワニに似た足クビ

◀ 恐竜そっくり
エッフィギアには、大きな眼や小さな前肢、歯のないくちばしなど、恐竜との共通点がたくさんある。だが、足クビはワニのものに近かった。

初期の脊椎動物

まめ知識

エッフィギア（ギリシャ語で「幽霊(ゴースト)」という意味）という名は、1947年に化石が発見されたアメリカ・ニューメキシコ州の化石発掘地、ゴースト・ランチ採石場に由来する。その名にふさわしく、エッフィギアの化石は、アメリカのある博物館で、石板のなかに60年近くも日の目を見ずにいた。2006年にようやく、石板が割り開かれ、エッフィギアが姿を現したのだ。

2億9900万年前	2億5100万年前	2億年前	1億4500万年前	6500万年前	2300万年前	現在
ペルム紀	三畳紀	ジュラ紀	白亜紀	"パレオジン"	"ネオジン"	

ワニ形類

ワニ形類は、恐竜や翼竜と同じ主竜類のなかまだ。小型のものもいれば巨大なものもいて、陸にも海にも生息していた。クロコダイルやアリゲーターといった現生の近縁種と同じく、ほとんどのワニ形類は活発なハンターで、つねに油断なく身がまえては、通りすぎる魚や陸生動物に奇襲をかけていた。

スフェノスクス
Sphenosuchus

- 生息年代　2億年前（ジュラ紀前期）
- 化石発見地　南アフリカ
- 生息環境　陸
- 全長　1〜1.5m
- 食べもの　小型の陸生動物

スフェノスクスは、初期のワニ形類のひとつだ。長くて細い脚は、速いスピードで走って獲物を追ったり捕食者から逃げたりできたことを示している。これまでに、頭骨がひとつと、脚の骨が数本しか見つかっていない。頭骨のところどころにある空気のつまったスペースは、鳥の頭骨で見られるものに似ている。このことは、ワニ形類と鳥に進化上のつながりがあることを示している。

ゲオサウルス
Geosaurus

- 生息年代　1億6500万〜1億4000万年前（ジュラ紀後期〜白亜紀前期）
- 化石発見地　ヨーロッパ、北アメリカ、カリブ海
- 生息環境　海
- 全長　3m
- 食べもの　魚

この動物の化石がはじめて見つかったとき、陸に生息していたと考えた科学者たちは、「地のトカゲ」を意味するゲオサウルスという名を与えた。だがいまでは、ゲオサウルスはほとんどの時間を水中ですごしていたことがわかっている。吻部（あご）は、一般的なワニ形類よりもずっと長くて細い。また、口のなかに、クロコダイルやガビアルのように、飲みこんだ海水から塩分をとりのぞく特別な腺があったかもしれない。

種族データファイル

おもな特徴
- 長い体
- 短くて力強い四肢
- 強力なあご
- 鋭い歯

生息年代
最初のワニ形類は、2億2500万年前の三畳紀後期に登場した。現生のクロコダイルやアリゲーターの祖先にあたる。

初期の脊椎動物

骨でできた板のようなうろこ

ダコサウルス
Dakosaurus

- 生息年代　1億6500万〜1億4000万年前（ジュラ紀後期〜白亜紀前期）
- 化石発見地　世界各地
- 生息環境　浅い海
- 全長　4〜5m
- 食べもの　魚、イカ、海生爬虫類

ダコサウルスは、凶暴な海の捕食者だった。肉食恐竜のような頭部と大きくて鋭い歯をもち、その強力なあごは、海生爬虫類の肉を切りさき、アンモナイトの殻をくだくことができた。魚のような尾で水中を泳ぎ、ひれ足に進化した脚で方向転換をしていた。自分よりもずっと大きな動物を追いまわし、しとめることができた。

シモスクス
Simosuchus

- 生息年代　7000万年前（白亜紀後期）
- 化石発見地　マダガスカル
- 生息環境　森林
- 全長　1.2m
- 食べもの　植物、ときには昆虫

一風かわったワニ形類で、短い頭のずんぐりとした顔だった。シモスクスという名も、まさに「しし鼻のワニ」という意味だ。さらにめずらしいことに、この爬虫類の歯の形は、ときには昆虫も食べる植物食だったかもしれないことを示している。最近の研究により、尾は下の絵よりもずっと短かった可能性が浮上している。

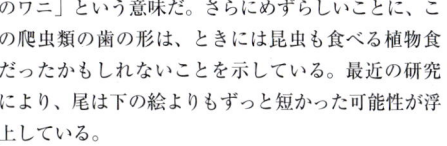

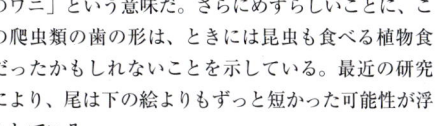

ステネオサウルス
Steneosaurus

- 生息年代　2億〜1億4500万年前（ジュラ紀前期〜白亜紀前期）
- 化石発見地　ヨーロッパ、アフリカ
- 生息環境　広い河口、沿岸部
- 全長　1〜4m
- 食べもの　魚

河口に生息していたと思われるワニ形類で、卵を産むときには、危険をおかして陸に上がっていたようだ。長い体は泳ぎに適応していたが、四肢はひれ足になっていなかった。細い鼻先には鋭い歯がずらりと並び、魚をつかまえて食べていた。体をおおうよろいのような頑丈な装甲で、捕食者から身を守っていた。

歯槽（歯が生えていた穴）

デイノスクス
Deinosuchus

- 生息年代　7000万〜6500万年前（白亜紀後期）
- 化石発見地　アメリカ合衆国、メキシコ
- 生息環境　沼地
- 全長　12m
- 食べもの　魚、中型から大型の恐竜

先史時代で最大級のワニのなかまで、その大きさと体重は現生のワニの5倍近かった。自分と同じくらいの大きさの恐竜も襲って食べていたようだ。一部のティランノサウルス類の化石には、デイノスクスの噛みあとが残されている。水辺で辛抱づよく獲物を待ち、近くを通る魚や海生爬虫類、陸生動物を急襲していたのだろう。小さい獲物は丸のみにし、大きい獲物は一口サイズに噛みさいた。

鋭くて大きな歯が並ぶ、強力な長いあご

▲水中の恐怖
デイノスクスは、現生のワニと同じ方法で獲物を殺していた。獲物を水中にひきずりこみ、おぼれさせていたのだ。

初期の脊椎動物

翼竜

恐竜の頭上の大空は、空飛ぶ爬虫類でにぎわっていた。翼竜と呼ばれる生きものだ。翼竜は恐竜ではないが、近縁関係にあたる。クエトゥザルコアトゥルスは最大級の翼竜だった。この巨大な動物は、成長したキリンに並ぶ背の高さで、翼を大きく広げると、テニスコートの端から端まで届いてしまうほどだった。

初期の脊椎動物

クエトゥザルコアトゥルス
（ケツァルコアトルス）
Quetzalcoatlus

- 生息年代　7000万～6500万年前（白亜紀）
- 化石発見地　アメリカ合衆国
- 生息環境　平原や林地
- 翼開長　10～11m

翼開長（翼を広げた長さ）は小型飛行機よりも大きかったが、骨が軽かったので、体重は250kgほどしかなかった。昼のあいだに長い距離を滑空し、小型恐竜や恐竜の赤ちゃんを見つけては、歯のない巨大なあごでくわえてさらっていた。クエトゥザルコアトゥルスは、史上最大級の空を飛ぶ動物だ。

種族データファイル

おもな特徴
- 翼は皮ふでできていて、とても長い1本の指と脚のあいだに広がっている
- とさかをもつものもいる
- 大きな眼
- 細長いあご
- 中空の骨
- 翼を使って空を飛ぶ

生息年代
翼竜が最初に登場したのは、約2億1500万年前の三畳紀の終わりころ。6500万年前の白亜紀末まで生息していた。

プテロダクティルス
Pterodactylus

- 生息年代　1億5000万〜1億4400万年前（ジュラ紀）
- 化石発見地　ドイツ
- 生息環境　沿岸部
- 翼開長　約1m

完全骨格が数多く発見されているため、もっとも有名な翼竜のひとつ。尾がきわめて短く、頭は初期の翼竜に比べて長かったため、よりたくみに空を飛ぶことができた。

▲プテロダクティルス
ドイツで見つかったこの化石は、これまででもっとも完全で保存状態の良い翼竜化石のひとつだ。

プテラノドン
Pteranodon

- 生息年代　8800万〜8000万年前（白亜紀）
- 化石発見地　北アメリカ
- 生息環境　沿岸部
- 翼開長　7〜9m

プテラノドンという名は「歯をもたず、翼をもつ生物」という意味だ。最大級の翼竜で、大きな群れで生活していた。海上を飛びまわって魚を探し、先端のとがった細いくちばしですくいあげていた。大きなとさかは、ディスプレイ（繁殖期などの示威行動）に使われていたのかもしれない。

▶プテラノドンは、アホウドリのように空を飛んでいたと考えられている。巨大な翼を広げて滑空し、翼をはばたかせるのは、ほんのときどきだった。

ディモルフォドン
Dimorphodon

- 生息年代　2億〜1億8000万年前（ジュラ紀）
- 化石発見地　ブリテン諸島
- 生息環境　沿岸部の林地
- 翼開長　1.4m

頭だけで全長の3分の1近い大きさがあり、翼竜にはめずらしく、2種類の歯が生えていた（ディモルフォドンという名は「2種類の歯」という意味）。おそらく、トカゲに似た爬虫類などの小型の脊椎動物を襲い、猛スピードであごを閉じて、獲物を口のなかに閉じこめていたのだろう。

ラムフォリンクス
Rhamphorhynchus

- 生息年代　1億5000万年前（ジュラ紀）
- 化石発見地　ヨーロッパ、アフリカ
- 生息環境　沿岸部や川岸
- 翼開長　0.4〜1m

細くとがった歯、のどぶくろ、細長いあごをもつラムフォリンクスは、生息地である沿岸の環境に完璧に適応していた。長い尾の先端には、ひし形の皮ふのフラップがついていた。おそらく、方向転換するときに使っていたのだろう。

▼翼
翼竜の翼は皮ふでできていて、極端に長い1本の指の骨と脚のあいだに広がっていた。

初期の脊椎動物

エウディモルフォドン

なめし革のような翼ですべるように空を飛んでいたエウディモルフォドンは、空へ進出した最初の翼竜のひとつだ。前肢がきわめて長くのび、第4指がほかよりも長くつきでていた。この前肢と指が、翼の先端の前縁を形成していた。皮ふと筋肉の膜でできた翼は、後肢までのびていた。エウディモルフォドンは胸と腕の強力な筋肉によって、空を自由に飛行していた。

初期の脊椎動物

たくさんの歯をもった魚食者

エウディモルフォドンのあごには、ヒトの指くらいの短い歯が100本以上も生えていた。前のほうの歯は牙のようになっていて、ぬるぬるした魚をつかまえやすいように外側を向いていた。奥のほうの歯には、ヒトの臼歯のように、えさを嚙むのに役だつ小さな突起がたくさんついていた。

46億年前	5億4200万年前	4億8800万年前	4億4400万年前	4億1600万年前	3億5900万年前
先カンブリア時代	カンブリア紀	オルドビス紀	シルル紀	デボン紀	石炭紀

エウディモルフォドン
Eudimorphodon

- 生息年代　2億1000万年前（三畳紀後期）
- 化石発見地　イタリア、グリーンランド
- 生息環境　沿岸部
- 翼開長　1m
- 食べもの　魚

この小型の爬虫類は、最古の翼竜のひとつで、長い尾と短い頸は、のちの翼竜では見られなくなる特徴だ。空をすべるように飛び、水面近くを泳ぐ魚をつかまえていた。おそらく、昆虫もとっていたのだろう。骨質の尾の先端にはひし形のフラップがついていて、飛行中に方向を変えるのに役だった。

体と翼をおおう綿毛のような毛が、体の熱を保っていた

先端が鋭くとがった歯は、魚をつきさすのにぴったりだった

初期の脊椎動物

2億9900万年前	2億5100万年前	2億年前	1億4500万年前	6500万年前	2300万年前	現在
ペルム紀	三畳紀	ジュラ紀	白亜紀	"パレオジン"	"ネオジン"	

97

ノトサウルス類

最初の恐竜が陸を歩きはじめた三畳紀の中ごろ、海はノトサウルス類と呼ばれる爬虫類グループのすみかだった。現生のアザラシやアシカに少し似たノトサウルス類は、陸生動物から進化した魚ハンターだ。水中生活に完全に適応していたわけではなく、足にかぎづめのあるものもいた——まだ陸を歩くことができた証拠だ。

初期の脊椎動物

水かきのある足

パキプレウロサウルス
Pachypleurosaurus

- 生息年代　2億2500万年前（三畳紀中期）
- 化石発見地　イタリア、スイス
- 生息環境　海
- 全長　30～40cm
- 食べもの　魚

ノトサウルス類に分類されることもあれば、別の近縁グループ（パキプレウロサウルス類）に分類されることもある。小型の動物で、細長い胴体から長い頸と尾がのびていた。体を波うたせるように動かして泳ぎ、櫂のような四肢でバランスをとり、方向転換していた。化石のほとんどは、海成堆積物でできた岩のなかから見つかっている。

▲流線形の体
パキプレウロサウルスの脚は胴体にぴったりとくっついていて、体形はヘビのような流線形だった。筋肉質の長い尾のおかげで、水のなかを矢のように進むことができたのだろう。

5億4200万年前	4億8800万年前	4億4400万年前	4億1600万年前	3億5900万年前	2億9900万年前
カンブリア紀	オルドビス紀	シルル紀	デボン紀	石炭紀	ペルム紀

◀ 海を泳ぐ
ノトサウルスは、カワウソのように泳いでいたのだろう。長くて力強い尾を波うたせて、水のなかを進んでいた。水かきのある四肢は、泳ぎよりも陸上での歩行に適していたが、獲物を追いながらすばやく体の向きを変えるのには役だっていたはずだ。

初期の脊椎動物

ノトサウルス
Nothosaurus

- 生息年代　2億4000万〜2億1000万年前（三畳紀前期〜後期）
- 化石発見地　ヨーロッパ、北アメリカ、ロシア、中国
- 生息環境　海
- 全長　1.2〜4m
- 食べもの　魚

ノトサウルスはアザラシと同じように、水のなかで狩りをしたが、休むときには岸に上がっていたようだ。驚くほど長い、針のように鋭い歯は、魚をとらえるのに適していた。上下の歯を檻のように噛みあわせて、獲物を口のなかに囲いこんでいた。頭は長くて筋肉質だった。ワニのように頭を横にひねって、通りすぎる魚をパクリとつかまえることができた、と考える専門家もいる。

2億5100万年前	2億年前	1億4500万年前	6500万年前	2300万年前	現在
三畳紀	ジュラ紀	白亜紀	"パレオジン"	"ネオジン"	

99

長頸竜

恐竜が陸上を支配していたジュラ紀と白亜紀に、海を支配していたのは、長頸竜類と呼ばれる巨大な肉食爬虫類だった。長頸竜はおもに2つのグループにわけられる。長いヘビのような頸と小さくてきゃしゃな頭をもつプレシオサウルス類と、大きな頭と鋭い歯の並ぶ巨大なあごをもつ頸の短いプリオサウルス類だ。

エラスモサウルス
Elasmosaurus

- 生息年代　9900万～6500万年前（白亜紀後期）
- 化石発見地　アメリカ合衆国
- 生息環境　海
- 全長　14m
- 食べもの　魚、イカ、甲殻類

エラスモサウルスの頸の長さは、全長の半分以上もあった。1868年に化石が発見されたときに、はじめてこの生物を調べた科学者は、長い頸を尾とかんちがいし、頭を反対の端につけてしまったほどだ。長い頸は便利で、ゆっくりと海底近くを泳ぎながら、頭を下げて海底にいる獲物をひろいあげることができた。

▲エラスモサウルスの長い頸の柔軟性については、専門家のあいだで意見がわかれている。ヘビの体のように柔軟で、ぐるると巻いたり、水面の上にもちあげたりすることができた、という説もあれば、それよりもかたく、下に曲げたり左右に動かしたりする程度の柔軟性だった、と考える人もいる。

初期の脊椎動物

種族データファイル

おもな特徴
- プレシオサウルス類は、頸が長く、頭骨が小さい。プリオサウルス類は、頸が短く、頭骨が大きい
- 4本の大きなひれ足
- たくさんの鋭い歯

生息年代
長頸竜類は、2億年前のジュラ紀前期に登場し、6500万年前の白亜紀末に絶滅した。

プレシオサウルス
Plesiosaurus

- 生息年代　2億年前（ジュラ紀初期）
- 化石発見地　ブリテン諸島、ドイツ
- 生息環境　海
- 全長　3～5m
- 食べもの　魚、イカのような軟体動物

頸の長い海生爬虫類で、カメのような幅の広い胴体だった。尾が短すぎて役に立たないため、海ガメと同じように、ひれ足を使って水をかいて泳いでいた。魚の群れのなかを泳いで狩りをし、長い頸を左右にふって獲物をとらえた。U字形のあごを大きく開いて、円錐形の歯で獲物を囲いこんでいた。

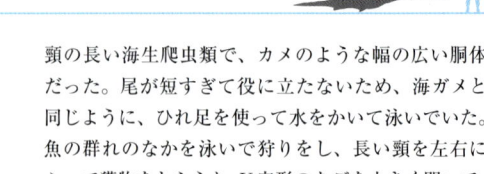

リオプレウロドン
Liopleurodon

- 生息年代　1億6500万〜1億5000万年前（ジュラ紀中期〜後期）
- 化石発見地　ブリテン諸島、フランス、ロシア、ドイツ
- 生息環境　海
- 全長　5〜7m
- 食べもの　大型のイカ、魚竜

史上最強の肉食動物のひとつに数えられるリオプレウロドンは、あごが巨大で、噛む力はおそらくティラノサウルスよりも強かった。現代なら、中型乗用車を楽々と口のなかにおさめ、まっぷたつに噛みきることもできただろう。優れた嗅覚をもっていたとも考えられる。獲物を眼で見つけにくい深海では、嗅覚が狩りに役だっていた。

リオプレウロドンの背骨は、ひとつひとつが大皿ほどの大きさだった

クロノサウルス
Kronosaurus

- 生息年代　6500万年前（白亜紀後期）
- 化石発見地　オーストラリア、コロンビア
- 生息環境　海
- 全長　10m
- 食べもの　海生爬虫類、魚、軟体動物

クロノサウルスは、史上最大級の海生爬虫類だ。頭だけで3mもあり、ヒトよりもはるかに大きかった。この怪物は、ワニのように口を大きく開け、バナナほどもある歯で獲物をがっちりくわえることができた。胃のあたりに残された化石から、ほかの長頸竜をふくむ海生爬虫類を食べていたことがわかっている。長頸竜の例にもれず、クロノサウルスも海面に出て呼吸をしていた。

初期の脊椎動物

ネス湖の怪物

プレシオサウルスは現在まで生きのびているのだろうか？ イギリス・スコットランドにある大きな湖、ネス湖では、謎めいた先史時代の怪物が暮らしているという噂が、ずっと昔からささやかれている。この怪物は「ネッシー」という名で知られている。ネッシーが実在するという科学的な証拠は見つかっていないが、その姿を目にしたと信じる人は多く、なかには写真に収めたと主張する人もいる。ネッシーの噂は、どこまで本当なのだろうか？

初期の脊椎動物

独占レポート！

下の有名な写真は、1934年にイギリスの新聞に最初に発表されたもの。「ネス湖の怪物をはじめてとらえた！」と大きな興奮をまきおこしたが、この怪物はにせものだったことが1994年に明らかになった。木でつくった頸(くび)と頭部の模型を、おもちゃの潜水艦につけたものだったのだ。

▲この「ネッシー」の有名な写真は、ロンドンの医師ロバート・K・ウィルソンが撮影したとされることから、「外科医の写真」と呼ばれている。

▲ネス湖は、スコットランドにある長さ37kmの湖だ。たしかに大きいが、この湖にはネッシーほどの大きさの捕食者が生きていけるだけの魚はいない、と科学者たちは考えている。

初期の脊椎動物

コンピューターで描いたネッシーのイラスト

なぜプレシオサウルスなの？

「外科医の写真」をはじめとするネッシーの写真には、プレシオサウルスに似た頸の長い生きものが写っている。ネス湖の隠れた深みに、恐竜時代から生きのびた生物がひそんでいるのではないかという説は、それらの写真が根拠になっている。だが、ネス湖の水温は、巨大な爬虫類が生息するには冷たすぎると考えられる。しかも、ネス湖は最後の氷河時代には凍りついていたのだ。

プレシオサウルスの化石

◀プレシオサウルスの骨格化石
プレシオサウルスは、ちょうどネッシーのイラストのように、頸が長く頭が小さかった。だが、プレシオサウルスの頸は弱く、おそらく水面から頭を高く出すことはできなかっただろう。

初期の脊椎動物

ロマレオサウルス

1848年、イギリスのヨークシャーにある採石場の鉱夫たちに驚きが広がった。岩のなかから、巨大な生物の骨格が姿を現したからだ。その骨格は、ジュラ紀の海でもっともおそれられていた捕食者のひとつ、ロマレオサウルスのものだった。ジュラ紀の海は、2種類の海生爬虫類が支配していた。イルカのような魚竜と、長い頸をもつトカゲのような長頸竜だ。ロマレオサウルスは、長頸竜類に属していた。

46億年前	5億4200万年前	4億8800万年前	4億4400万年前	4億1600万年前	3億5900万年前	2億9900万年前	2億5100万年前
先カンブリア時代	カンブリア紀	オルドビス紀	シルル紀	デボン紀	石炭紀	ペルム紀	

殺し屋のひと嚙み

ロマレオサウルスは、円錐形の歯で大型の獲物を襲っていた。ワニがするように、獲物を乱暴にぐるぐるとふりまわし、飲みこみやすいようにばらばらにしていたのかもしれない。

カムフラージュ

現生の大型の海生動物と同じく、ロマレオサウルスの体色も、腹が白く、背中が黒かった可能性がある。「カウンターシェイディング」と呼ばれるこの体色パターンは、一種のカムフラージュ(擬態)だ。この体色のおかげで、上からも下からも海生動物から見えにくくなる。

ロマレオサウルス
Rhomaleosaurus

- 生息年代　2億〜1億9500万年前（ジュラ紀前期）
- 化石発見地　イギリス、ドイツ
- 生息環境　沿岸海域
- 全長　5〜7m
- 食べもの　魚、イカ、海生爬虫類

ロマレオサウルスはプリオサウルス類（頸の短い長頸竜）に属する海生爬虫類で、視覚と嗅覚に頼って狩りをしていた。口に流しこんだ海水を鼻孔から出して、獲物のにおいをかぎとることができたかもしれない。プリオサウルス類の腹のなかに残されていた食べものの化石から、イカや魚、ほかの長頸竜などを食べていたことがわかっている。

初期の脊椎動物

▶ひれ足

ロマレオサウルスは、4本の強力なひれ足で水をたたいて泳いでいた。ひれ足を翼さながらに動かして水中を「飛ぶ」ようなその泳ぎは、現在のペンギンの泳ぎかたに似ている。

2億年前	1億4500万年前	6500万年前	2300万年前	現在
三畳紀	ジュラ紀	白亜紀	"パレオジン"	"ネオジン"

魚竜

魚竜類は史上最大級の海生爬虫類だ。陸生の爬虫類から進化し、海での生活にうまく適応して、イルカそっくりの姿になった種もいる。イルカと同じように、海中でえさを食べ、子どもを産んでいたが、海面から顔を出して呼吸をする必要があった。

種族データファイル

おもな特徴
- 水中でもよく見える大きな眼
- バランスをとり、方向を転換するためのひれ足
- 体に対して垂直な尾びれ
- 卵ではなく、赤ちゃんを産む
- 空気呼吸のための肺

生息年代
魚竜類は、約2億4500万年前（三畳紀）から9000万年前（白亜紀）まで生息していた。

初期の脊椎動物

ソニサウルス（ショニサウルス）
Shonisaurus

- 生息年代　2億2500万～2億800万年前（三畳紀後期）
- 化石発見地　北アメリカ
- 生息環境　海
- 全長　最大20m
- 食べもの　魚、イカ

クジラとイルカの中間のような姿をしていて、体は巨大だったが、吻部は長くて細かった。成体は眼がきわめて大きく、歯がなかったことから、深海にもぐってやわらかいイカをとらえるハンターだったと考えられている。カナダで見つかった巨大な化石は、全長が20mにもなる——これまでに発見された最大の海生爬虫類だ。

オフタルモサウルス
Ophthalmosaurus

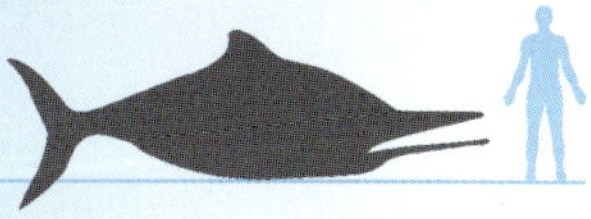

- 生息年代　1億6500万～1億5000万年前（ジュラ紀後期）
- 化石発見地　ヨーロッパ、北アメリカ、アルゼンチン
- 生息環境　海
- 全長　約5m
- 食べもの　魚、イカ、軟体動物

丸みのある流線形の体形
眼窩（がんか）
平らで幅の広いひれ足

オフタルモサウルスという名は、「眼のトカゲ」という意味だ。体のサイズに対する眼の割合は、先史時代のどんな動物よりも大きい。その眼はグレープフルーツほどの大きさで、頭骨のほとんどすべてをうめつくしていた。暗闇のなかでもよく見えたことだろう。その優れた視力をいかして、深海にいる獲物を襲っていたのかもしれない。もしそうなら、深海までもぐるために、長いあいだ息を止める能力も優れていたにちがいない。

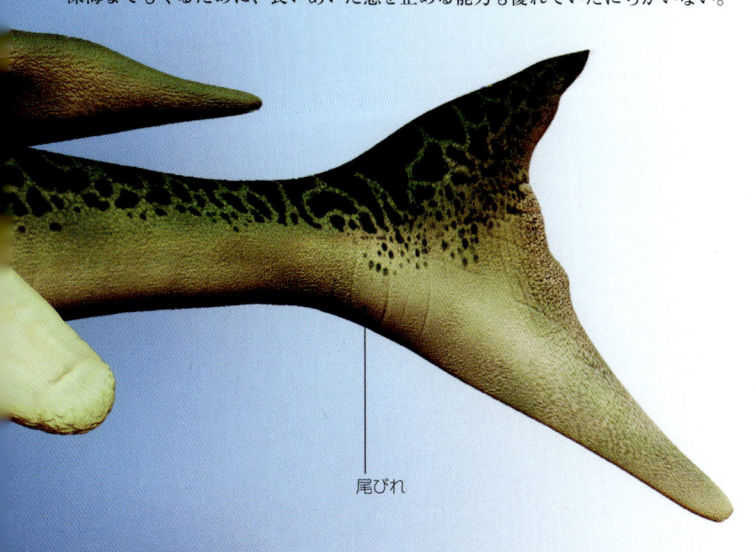

尾びれ

ミクソサウルス
Mixosaurus

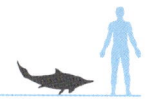

- 生息年代　2億3000万年前（三畳紀中期）
- 化石発見地　北アメリカ、ヨーロッパ、アジア
- 生息環境　海
- 全長　最大1m
- 食べもの　魚

ミクソサウルスは、もっとも小さい魚竜のひとつだ。尾を左右にふって泳ぎ、その猛烈なスピードをいかして、魚の群れを急襲していたのだろう。鋭い歯の並ぶ細長い吻部で獲物をとらえていた。ミクソサウルスの化石は世界中で見つかっているため、世界各地の海に広く生息していたと考えられている。

イクティオサウルス
Ichthyosaurus

- 生息年代　1億9000万年前（ジュラ紀前期）
- 化石発見地　ブリテン諸島、ベルギー、ドイツ
- 生息環境　海
- 全長　1.8m
- 食べもの　魚

イクティオサウルスは、細い吻部をもつ小型の魚竜だ。針のような鋭い歯が何十本も生えていて、その歯でイカなどの軟体動物をつかまえていた。耳の骨を調べた結果、イクティオサウルスの聴覚はイルカのように鋭いものではなく、音の反響を利用して水中の物体の位置を知る（エコーロケーション）能力はなかったことがわかっている。

初期の脊椎動物

ステノプテリギウス

最初のイルカが登場するよりもはるか昔のジュラ紀の海は、イルカに驚くほどよく似た体形と生活スタイルを進化させた爬虫類のすみかだった。魚竜類と呼ばれる爬虫類だ。魚竜の一種であるステノプテリギウスは、広い海で一生を送り、魚や、イカ、タコなどの頭足類、その他の海生動物をとらえて食べていた。

背びれ

大型の化石の場合、たいていは骨しか残されていないが、この驚くべきステノプテリギウスの化石では、ひれや尾などのやわらかい部分が認識できる

背骨が下方に曲がり、尾を支えていた

短い後肢

初期の脊椎動物

ステノプテリギウス
Stenopterygius

- 生息年代　ジュラ紀前期〜中期
- 化石発見地　アルゼンチン、イギリス、フランス、ドイツ
- 生息環境　浅い海
- 全長　4m

近縁のイクティオサウルスと同じく、ステノプテリギウスもイルカに似た海生爬虫類で、魚をうまくつかまえられるよう、吻部にずらりと歯が並んでいた。流線形の体と筋肉質のひれから考えて、最高時速100kmものスピードで泳ぐことができたはずだ。そのスピードをいかして、魚雷のように魚の群れに突入し、あわてる群れのなかで獲物をとらえていたのだろう。

108

保存状態の良いステノプテリギウスの化石の研究から、この魚竜が高速の泳ぎ手だったことがわかった。少なくとも、最速の現生魚類に負けないスピードで泳ぐことができた。

獲物をとらえる歯の生えた吻部

あご

鼻孔

大きな眼窩

初期の脊椎動物

2億5100万年前	2億年前	1億4500万年前	6500万年前
三畳紀	ジュラ紀		白亜紀

赤ちゃんの誕生

魚竜類が生きていたのは数億年も昔のことだが、この海生動物は卵ではなく赤ちゃんを産んでいたことがわかっている。どうしてわかったのだろうか？ 出産中のメスの化石が見つかったからだ（子どもはかならず尾を先にして生まれる）。ただし、出産後に親が子どもの世話をした可能性は低いと考えられている。

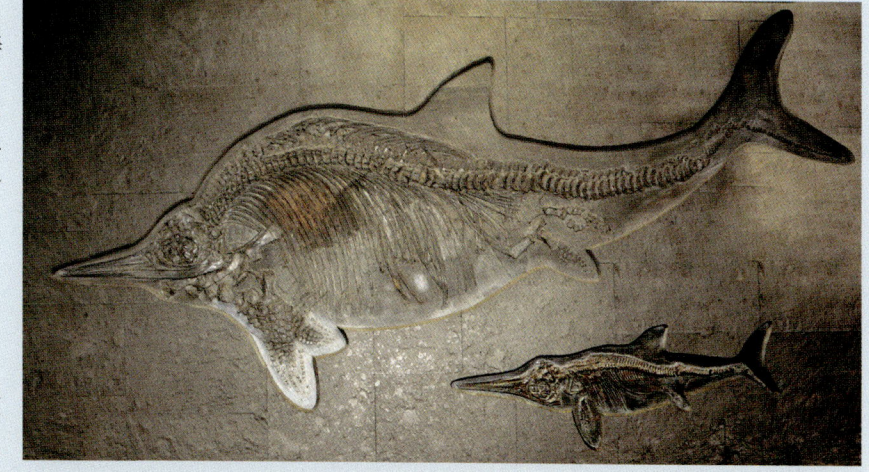

▶このステノプテリギウスなどの魚竜類の子どもは、おそらく誕生後すぐに、ひとりだちしていたのだろう。

若き化石ハンター

1830年、イギリスの地質学者ヘンリー・デ・ラ・ビーチが、奇妙な水彩画を描いた。複製画を売って、友人のためにお金を集めることが目的だった。友人の名は、メアリー・アニング。そして、この水彩画こそ、先史時代の生きものたちをリアルな姿で描いたはじめての試みだった。なによりも驚くのは、そこに描かれた動物たちは、すべてメアリーが発見したという事実だ。

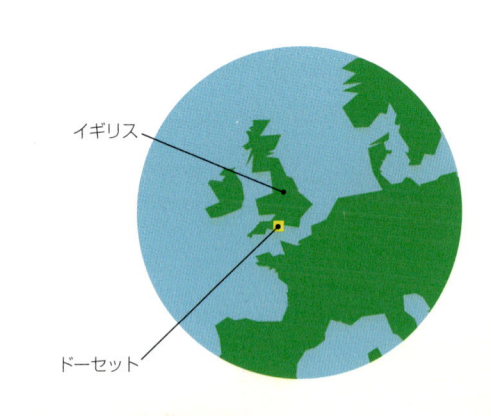

イギリス
ドーセット

太古の世界を描く
デ・ラ・ビーチはこの水彩画を「太古の昔のドーセット」と呼んでいた。この絵に描かれた動物たちは、イギリスのドーセットの沿岸地域で、メアリーが化石として発見したものだ。この絵の複製画は、1800年代に科学界に広く出まわり、先史時代の生物の考え方に影響を与えた。

水彩画には、長頸竜をとらえる魚竜が描かれている

初期の脊椎動物

これはなんだろう？

メアリーは何か月もかけて、最初の化石を掘りだした。その生物はのちに、「魚のトカゲ」を意味するイクティオサウルスと名づけられることになる。この海生爬虫類は、恐竜時代の海に生息していた。

▲なんて大きな眼！
巨大な眼窩は、魚竜が視覚に頼って狩りをしていたことを示している。夜や深海の暗がりでも狩りができたのかもしれない。

◀隠れた宝物
メアリーが化石を探したライム・リージス湾の断崖は、いまでも化石ハンターたちを興奮させる場所だ。

メアリー・アニングとは？

兄が海岸で大きな頭の化石を見つけたとき、メアリー・アニング（1799～1847年）はまだ11歳だった。メアリーはのちに、史上もっとも有名な化石ハンターのひとりとなる。だが、メアリーがその功績にふさわしい評価を得ることはなかった。当時の科学者は、ほとんどが裕福な家庭出身の男性だったが、メアリーは女性で、貧しい家の出だったからだ。

驚くべき発見

メアリーの家の近くの断崖には、ジュラ紀の化石が数多く埋もれている。メアリーはこの場所で、1823年に最初の長頸竜を、1828年に最初の翼竜を発見した。メアリーは見つけた化石を売るまえに、ひとつひとつを注意ぶかく記録していた。

貴重なノート

メアリーの生活は楽ではなく、人生のほとんどを貧困のなかですごした。10人のきょうだいのうち、生き残ったのはメアリーと兄ひとりだけで、メアリーは教育も受けられなかった。だが、メアリーは発見した化石のことを独学で学び、それぞれの化石の細部を丹念にメモし、スケッチを描いた。やがて、その化石発掘の成功により、メアリーの名は有名になっていった。

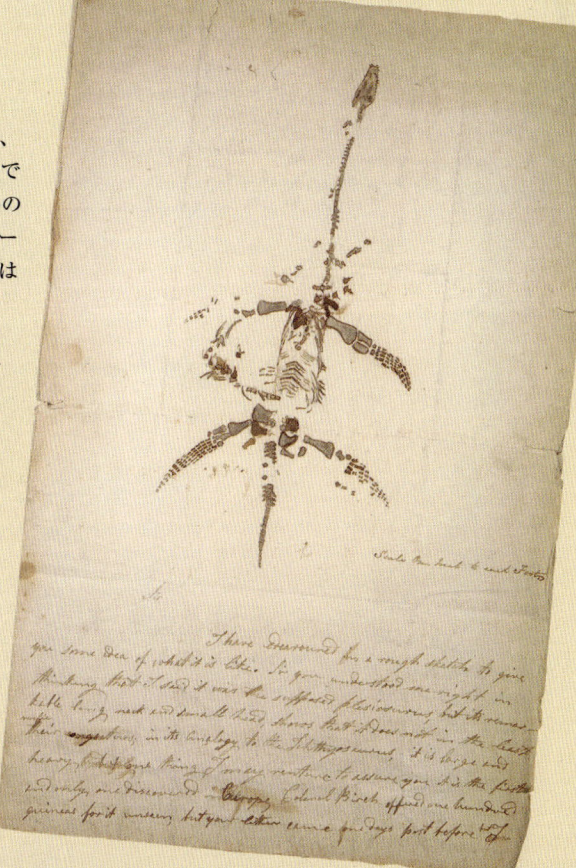

メアリー・アニングが描いた長頸竜のスケッチ

初期の脊椎動物

初期の脊椎動物

モササウルス類

白亜紀が終わる直前の海は、神話に出てくる海ヘビに劣らず巨大でおそろしいトカゲたちのすみかだった。モササウルス類と呼ばれるこのモンスターは、現生のトカゲやヘビに近い動物で、小型の陸生トカゲが食べものを求めて海へ進出し、進化したものだ。海での生活に適応するにつれて、四肢はひれ足に変化し、水の浮力に支えられた体は巨大化していった。

モササウルス
Mosasaurus

- 生息年代　7000万～6500万年前（白亜紀後期）
- 化石発見地　アメリカ合衆国、ベルギー、日本、オランダ、ニュージーランド、モロッコ、トルコ
- 生息環境　海
- 全長　約15m
- 食べもの　魚、イカ、甲殻類

モササウルスは最大級のモササウルス類だ。ひれ足のついたワニのような姿をしていて、長い体をゆったりと波うたせて泳いでいた。そのため、長い距離を速く泳ぐことはできなかった。ただし、猛スピードで急発進することはできたかもしれない。光のさしこむ海面付近に生息し、動きの遅い獲物を襲っていたと考えられている。モササウルスの巨大な円錐形の歯のあとは、カメの甲羅やアンモナイトなどに残されている。モササウルスは白亜紀末まで生息していたが、恐竜とともに絶滅した。

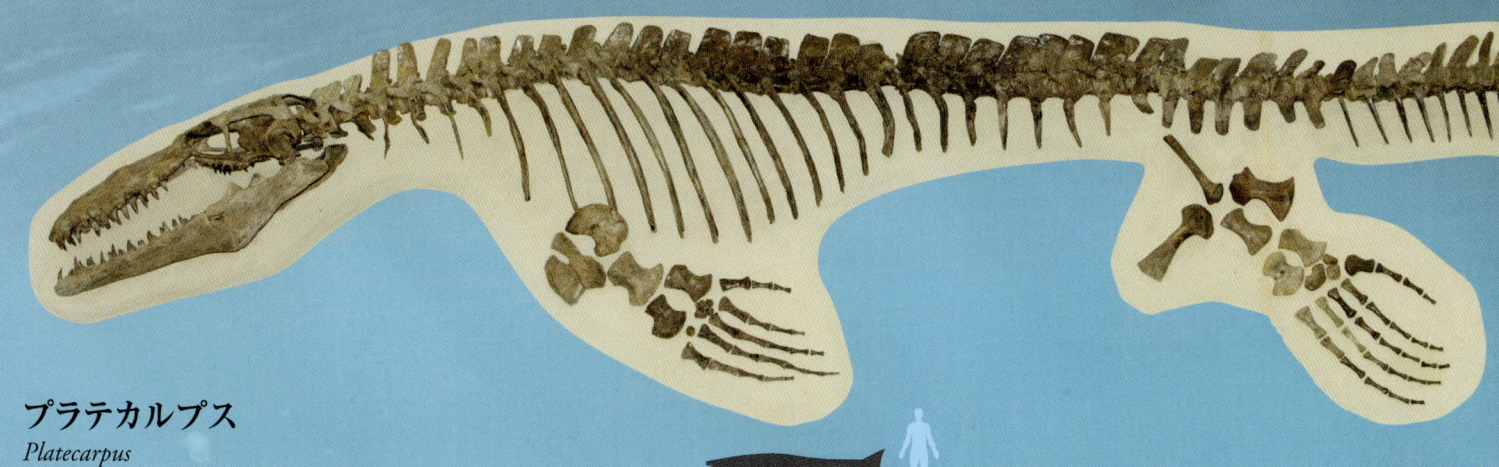

プラテカルプス
Platecarpus

- 生息年代　8500万〜8000万年前（白亜紀後期）
- 化石発見地　世界各地
- 生息環境　海
- 全長　4.2m

プラテカルプスは最大のモササウルス類ではなかったが、もっとも数多く生息していたことはまちがいない。プラテカルプスの化石は世界中で見つかっていて、とくに北アメリカにあるニオブララ・チョーク層で数多く発見されている。ほかのモササウルス類と同じく、長くて力強い尾を使って、ヘビのようにジグザグに泳いでいた。モササウルス類としては歯が少なくて小さいことから、魚やイカなどのやわらかい獲物を食べていたと考えられる。おなかのなかに魚のうろこや骨が残された化石も見つかっている——最後の晩餐の化石だろう。

種族データファイル

おもな特徴
- ひれ足のあるトカゲのような体
- 円錐形の歯の並ぶ強力なあご
- 海面に出て空気呼吸をする

生息年代
モササウルス類は、8500万〜6500万年前の白亜紀に生息していた。白亜紀末の大量絶滅により、恐竜やほとんどの大型爬虫類とともに姿を消した。

初期の脊椎動物

白亜紀には、北アメリカの中央に海が入りこみ、大陸を2つにわけていた。当時の泥の層は、いまではかたい岩に変わり、北アメリカのニオブララ・チョーク層を形成している。ニオブララ・チョーク層には、モササウルス類や長頸竜類をふくむ、数多くの驚くべき化石が眠っている。

恐竜と鳥類
DINOSAURS and BIRDS

▲採石場での大発見
恐竜の痕跡（こんせき）の化石は、世界中で見つかっている。採石場では、信じられないような化石が発見されることもある。ボリビアのスクレにある採石場では、写真のように岩の表面を横ぎる恐竜の歩行跡の化石が見つかった。

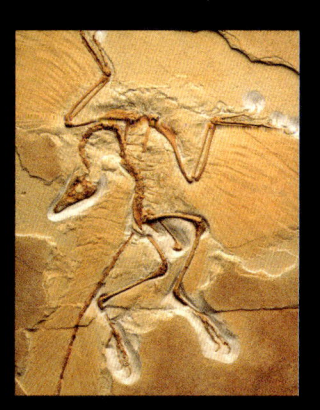

1億6000万年という想像もつかない長いあいだ、恐竜は地球の陸地を支配していた。恐竜は残らず絶滅してしまったわけではなく、子孫にあたる鳥類がいまでも生きのびている

恐竜と鳥類

恐竜と鳥類

おそろしいあご

ティランノサウルスの噛む力は、巨大なあごの筋肉のおかげで、おそらく歴史上のどんな陸生動物よりも強かっただろう。エナメル質でおおわれた、かたいスパイクのような歯は、骨や皮や筋肉に穴をうがつことができた。すぐに息の根を止められなかった獲物にも、おそろしい傷を負わせたことだろう。

恐竜と鳥類

恐竜ってなに?

恐竜は、1億6000万年という驚くほど長い期間にわたって生息していた。大きさはさまざまで、ハトほどのものもいれば、トラックに劣らぬ巨体の恐竜もいた。恐竜は爬虫類だが、現生の爬虫類とはまったく違う姿をしていた。

◀いまでもいるよ!
鳥類は小型の肉食恐竜から進化した、恐竜の生きた子孫だと考えられている。

データファイル

おもな特徴
- 陸上で生活する
- 巣をつくり、卵を産む
- ほとんどの恐竜は、皮ふがうろこでおおわれている（羽毛をもつものもいる）
- 長い尾は、地面から浮いた状態に保たれている
- 腰からまっすぐのびた、柱のような脚で歩く
- 大型恐竜の頭骨には、軽くするための穴（「窓」）がある（装盾類には、窓のないものもいる）
- つま先に体重をかけて歩く
- 手足の指趾にかぎづめがある

恐竜と現生の爬虫類との違いのひとつは、恐竜が哺乳類と同じように、脚を腰からまっすぐのばして立つことができたという点だ。2本足で歩く恐竜もいれば、4本足で歩く恐竜もいた。なかには、2本足と4本足を使いわける恐竜もいたようだ。

▲恐竜
腰からまっすぐのびた、柱のような脚で歩く。

▲ワニ
膝と肘を曲げて歩く。

▲トカゲ
脚を体に対して直角に保つ。

恐竜と鳥類

系統樹

恐竜は竜盤類（トカゲの腰をした恐竜）と鳥盤類（鳥の腰をした恐竜）の2グループにわけられる。この2つのグループは、さらに下の図のように分類される。

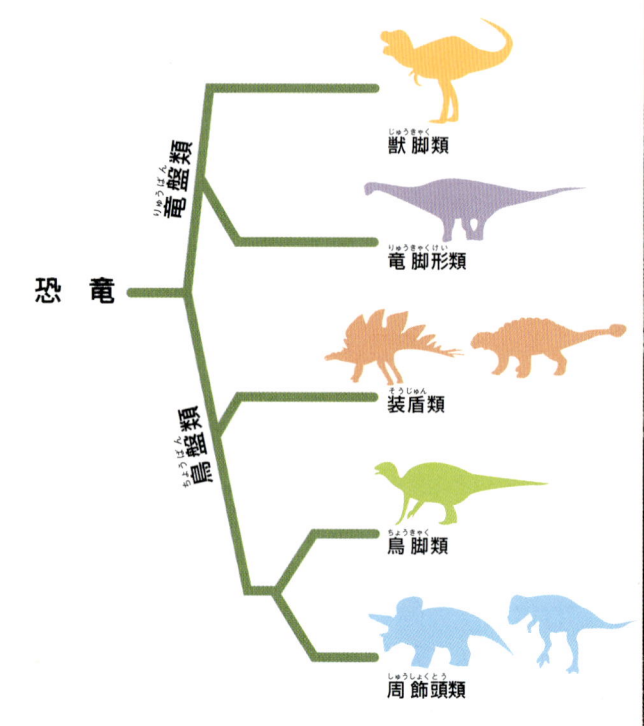

恐竜
- 竜盤類
  - 獣脚類
  - 竜脚形類
- 鳥盤類
  - 装盾類
  - 鳥脚類
  - 周飾頭類

装盾類

よろい竜類とも呼ばれる装盾類は、4本足で歩く大型の植物食恐竜だ。よろいのような装甲板やスパイクで攻撃から身を守っていた。なかには、まぶたまでよろいでおおわれた恐竜もいた！

◀ケントゥロサウルスの背中の中央には、鋭い骨板が2列に並んでいた。

獣脚類

肉食恐竜はすべて竜盤類のなかまで、獣脚類というグループに属している。このグループから、鳥類が進化した。ニワトリサイズのコムプソグナトゥスから、スピノサウルスのような巨大恐竜まで、大きさはさまざまだった。

◀スピノサウルスの背中には、全長にわたって走る、皮ふでできた巨大な「帆」があった。

竜脚形類

このグループには、陸生動物としては史上最重量で最長の恐竜たちが属している。竜脚形類は植物食恐竜だが、体を維持するのに必要なエネルギーを得るためには、ひっきりなしに植物を食べていなくてはならなかったはずだ。

▲ブラキオサウルス
竜脚類の頭は、体の大きさのわりに小さかった。

鳥脚類

鳥脚類は植物食恐竜のなかまで、2本足で歩くものが多かった。そのため、あいた前肢を使って、えさの植物をつかむことができた。おおいに繁栄し、いたるところに生息していたグループだ。鳥脚類の化石は世界中で見つかっている。

▲鳥脚類のイグアノドンは、2番目に名前がついた恐竜だ。

周飾頭類

このグループの植物食恐竜は、頭部に骨でできたえり飾りがついていた（周飾頭類とは、「頭のまわりに飾りがある恐竜」という意味）。2本足で歩くものもいれば、4本足で歩くものもいた。白亜紀に数多く生息していた恐竜で、有名なトゥリケラトプスもこのグループに属している。

▲エイニオサウルスは、前方に向かってカーブした角をもっていた。

恐竜と鳥類

小型の鳥盤類

恐竜の系統樹は、竜盤類と鳥盤類の2つにわかれている。鳥盤類は植物食恐竜で、あごには葉をむしるためのくちばしがあり、大きな腹で植物を消化していた。なかには4本足で歩く巨大なものもいたが、多くは2本足で歩く小型の植物食恐竜だった。森や低木地を早足で注意ぶかく歩きまわり、捕食者から身を隠しながら食べものを探していた。

種族データファイル

おもな特徴
- 植物食
- くちばしのあるあご
- 後ろ向きの恥骨
- 植物を消化するための大きな腹

生息年代
鳥盤類は、ジュラ紀が始まる2億年前から、白亜紀末の6500万年前まで生息していた。

ヘテロドントサウルス
Heterodontosaurus

- 生息年代　2億〜1億9000万年前（ジュラ紀前期）
- 化石発見地　南アフリカ
- 生息環境　低木地
- 全長　1m
- 食べもの　植物、塊茎、おそらく昆虫も

1種類の歯しかもたないほとんどの恐竜と異なり、ヘテロドントサウルス（「異なる歯をもつトカゲ」の意）は3種類の歯をもっていた。鋭い前歯で噛みきったかたい植物を、頬歯で細かくすりつぶしていた。敵から身を守るための、大きな牙のような歯もあった。あごの先端には角質のくちばしがあり、おそらく、これで葉をむしりとっていたのだろう。

◀化石
1976年に、すべての骨がきちんと並んだ状態で、ヘテロドントサウルスの完全骨格が発見された。

恐竜と鳥類

ヒプシロフォドン
Hypsilophodon

- ■ 生息年代　1億2500万～1億2000万年前（白亜紀前期）
- ■ 化石発見地　イングランド（イギリス）、スペイン
- ■ 生息環境　森林
- ■ 全長　2m
- ■ 食べもの　植物

現生のシカと同じように、葉っぱの形をした小さな歯でやわらかい植物を食べていた。多くの足跡の化石が1か所で見つかっていることから、シカのように群れで行動していたとも考えられている。がっしりした尾と長い脚は、足の速い恐竜だったことを示すものだ。尾でバランスをとりながら、2本の後肢ですばやく走って、捕食者の攻撃をかわすことができた。

レアエッリナサウラ
Leaellynasaura

- ■ 生息年代　1億500万年前（白亜紀前期）
- ■ 化石発見地　オーストラリア
- ■ 生息環境　森林
- ■ 全長　2m
- ■ 食べもの　植物

レアエッリナサウラは、南極点の近くに生息していた。白亜紀の南極は、いまほどは寒くなかったが、極地の長い冬のあいだは、何か月も太陽の光をあびずに生活しなければならなかったはずだ。大きな眼は暗闇でもよく見え、捕食者から逃げるのに役だった。恒温動物だった可能性もある。

レソトサウルス
Lesothosaurus

- ■ 生息年代　2億～1億9000万年前（ジュラ紀前期）
- ■ 化石発見地　アフリカ南部
- ■ 生息環境　砂漠の平野
- ■ 全長　1m
- ■ 食べもの　木の葉、おそらくは死骸や昆虫

1978年に最初の化石が見つかったアフリカ南部の国、レソトにちなんで名づけられた。現生のガゼルのように、背の低い植物を食べ、捕食者の姿を目にするや、大急ぎで逃げていたと考えられている。あごの上下の歯は小さく、矢じりのような形をしていた。

オトゥニエロサウルス
Othnielosaurus

- ■ 生息年代　1億5500万～1億4500万年前（ジュラ紀後期）
- ■ 化石発見地　アメリカ合衆国
- ■ 生息環境　平野
- ■ 全長　2m
- ■ 食べもの　植物

走るのにはぴったりのがっしりした後肢をいかして、すばやく動きまわっていた。前肢は短くて弱く、手と指は小さかった。歯の化石を見ると、縁に多くの小さい隆起があり、葉を細かく刻むのに適していたことがわかる。脊柱（背骨）は、頸が短かったことを示している。

恐竜と鳥類

パキケファロサウルス

植物食恐竜パキケファロサウルスの頭骨のてっぺんには、なかまでかたい骨でできた不思議なドームがついていた。いったい、なんのためのものなのだろうか？　古くからある説は、牡ヒツジのように、オスがこのドームをぶつけあって、メスをめぐって争ったというものだ。だが、パキケファロサウルスの湾曲した頭(くび)は、そんな衝撃には耐えられなかった可能性もある。別の説としては、キリンのように、重い頭を左右にふってぶつけあっていたというものもある。あるいは、この奇妙な頭は、単にメスの気をひき、ライバルを威嚇(いかく)するためのものだったのかもしれない。

最後の恐竜

白亜紀(はくあき)末に生息していたパキケファロサウルスは、恐竜の大量絶滅により姿を消した種のひとつだ。

まめ知識

パキケファロサウルスの化石は、完全な状態の頭骨（下の写真はそのレプリカ）が1つと、断片的な頭骨がいくつか見つかっているだけだ。頭頂部にある厚い骨のドームは、骨でできたこぶやとげにふちどられていた。このこぶやとげで、力を誇示していたのかもしれない。歯は小さく、眼は大きかった。

- ドーム
- 大きな眼窩(がんか)
- 小さな歯

恐竜と鳥類

2億5100万年前	2億年前	1億4500万年前	6500万年前
三畳紀	ジュラ紀		白亜紀

122

パキケファロサウルス
Pachycephalosaurus

- 生息年代　6500万年前（白亜紀後期）
- 化石発見地　北アメリカ
- 生息環境　北アメリカの森林
- 全長　5m
- 食べもの　植物、やわらかい果実、種子

数少ない化石と近縁種の化石との比較から、パキケファロサウルスの全長は、ステーションワゴン車と同じくらいだったと考えられている。どうやら、胴体はずんぐりとしていたが、後肢は高速ランナーらしく長くて細かったようだ。小さな歯は、簡単に消化できる植物を食べていたことを示している。植物のほかに、卵などの動物性のえさも食べていたという説もある。

恐竜と鳥類

角竜類

角竜類は植物食の恐竜で、ヒツジくらいのものからゾウよりも大きなたくましい巨大なものまで、その大きさはさまざまだった。北アメリカやアジアの森林や平原で、群れをつくってえさを食べていたようだ。オウムのような巨大なくちばしを使って、植物をくわえてむしりとっていた。高くそびえる角と巨大なえり飾りは、見るものを圧倒したにちがいない。

恐竜と鳥類

種族データファイル

おもな特徴
- 植物をむしりとるための、鉤型の巨大なくちばし
- はさみのように葉を切る、縁がのみの刃のようになった多数の歯
- 大きな角とえり飾り。おもにディスプレイ（力を誇示するための行動）に使う
- 短い四肢
- ひづめに似た手足の指趾の骨

生息年代
角竜類は、約8000万年前の白亜紀に栄えた。最後の角竜類は、6500万年前の白亜紀末の大量絶滅で姿を消した。

エイニオサウルス
Einiosaurus

- 生息年代　7400万～6500万年前（白亜紀後期）
- 化石発見地　アメリカ合衆国
- 生息環境　林地
- 全長　6m
- 食べもの　植物

1985年、アメリカ合衆国の同じ場所から、15体のエイニオサウルスの化石が発見された。おそらく、同じ群れで暮らしていたものが、洪水か土砂くずれで一緒に死んだのだろう。エイニオサウルスは、縁が波状のえり飾りが特徴だ。えり飾りには、上を向いた2本の長い角がついていて、ディスプレイにも闘いにも使われていたと思われる。

カスモサウルス
Chasmosaurus

- 生息年代　7400万～6500万年前（白亜紀後期）
- 化石発見地　北アメリカ
- 生息環境　林地
- 全長　5m
- 食べもの　ヤシやソテツ

カスモサウルスの化石のえり飾りには、おそらく皮ふでおおわれていたと思われる大きな窓があいている。このえり飾りをぴんと立てて、相手の注意をひきつけたり、敵を驚かせたりしていたのかもしれない。えり飾りはあざやかな色をしていた可能性もある。

えり飾りの窓

オウムのようなくちばし

スティラコサウルス
Styracosaurus

- 生息年代　7400万～6500万年前（白亜紀後期）
- 化石発見地　北アメリカ
- 生息環境　開けた林地
- 全長　5.2m
- 食べもの　シダやソテツ

スティラコサウルスの見事なえり飾りには、最長で60cmもある6本のスパイクがついていた。このスパイクは、メスをひきつけるための飾りだったのかもしれない。吻部は大きくて厚みがあり、鼻孔は大きく、短くて刃先の鈍い角がついていた。鋭い歯は、太い植物でも噛みきることができ、つねに生えかわっていた。

ペンタケラトプス
Pentaceratops

- 生息年代　7400万～6500万年前（白亜紀後期）
- 化石発見地　アメリカ合衆国
- 生息環境　木の生えた平原
- 全長　5～8m
- 食べもの　植物

この恐竜のもっとも目をひく特徴は、巨大な頭だ。化石の断片をつなぎあわせて復元された頭骨は、長さが3mを超える。陸生動物としては、史上もっとも長い頭骨だ。ペンタケラトプスとは「5つの角がある顔」という意味で、その名のとおり、鼻先に1本、両眼の上に湾曲した角が1本ずつ、両頬に小さな角が1本ずつの、合計5本の角があった。

がっしりとした四肢

プロトケラトプス
Protoceratops

- 生息年代　7400万～6500万年前（白亜紀後期）
- 化石発見地　モンゴル
- 生息環境　砂漠
- 全長　1.8m
- 食べもの　砂漠の植物

プロトケラトプスは小型の角竜類で、モンゴルのゴビ砂漠で保存状態の良い化石が数多く見つかっている。頭骨の後部に幅の広いえり飾りがあった。えり飾りはオスのほうが大きく、成長とともに大きくなったようだ。幅の広い鍬のような爪ももっていた。おそらく、穴を掘るのに使っていたのだろう。

眼のあいだにある小さな角

恐竜と鳥類

トゥリケラトプス

10トントラック級の重量をほこるトゥリケラトプスは、巨大なサイのような体つきをしていた。「3本の角のある顔」を意味する名前のとおり、鼻先からは短い角が1本、両眼の上からは長い角が1本ずつのびていた。この角とえり飾りは、ちょうどシカの枝角のように、メスをひきつけるためのものだった。

闘いの傷跡

トゥリケラトプスの頭骨のなかには、凶暴なティランノサウルスの歯形が残されているものもある。この歯形は、数千万年前に、両者のあいだで壮絶な闘いがあったことを示すものだ。眼の上の角を噛みとられたと思われるトゥリケラトプスもいた。

2億5100万年前	2億年前	1億4500万年前	6500万年前
三畳紀	ジュラ紀		白亜紀

1mを超える眼の上の角

下あごの両側に一列に並ぶ歯

トゥリケラトプス
Triceratops

- 生息年代　7000万～6500万年前（白亜紀後期）
- 化石発見地　北アメリカ
- 生息環境　林地
- 全長　9m
- 食べもの　森林の植物

トゥリケラトプスの頸は、とても柔軟だっただろう。この柔軟性は、木の葉だけでなく、低い位置にある若い植物を食べるのに役だったはずだ。オウムのように強力なくちばしのおかげで、ヤシやシダ、ソテツなどの森林に生える背の低い丈夫な植物もむしりとることができた。はさみのような歯で、植物を細かく切りきざんでいた。

恐竜と鳥類

恐竜と鳥類

トロサウルスの頭骨

えり飾りの窓

▶えり飾り
トゥリケラトプスの頭骨の後部には、骨でできた巨大なえり飾りがついていた。角とえり飾りは、以前は身を守るためのものと考えられていたが、いまでは繁殖期にメスをひきつけるためのものという説が有力になっている。

▶トロサウルス
トロサウルスはトゥリケラトプスによく似ているが、えり飾りがトゥリケラトプスよりも大きく、「窓」と呼ばれる穴があいていた。トロサウルスは独立した「属」ではなく、じつは成熟したトゥリケラトプスで、成長とともにえり飾りに窓ができたという説もある。

イグアノドン類

イグアノドン類は、ジュラ紀後期から白亜紀にかけてもっとも繁栄し、世界各地に生息していた恐竜のひとつだ。小さくて、これといった特徴のないものもいれば、ウマのような顔をして、背中に大きな帆がある巨大なものもいたが、どの恐竜も例外なく、植物を食べるのに適した、くちばしのある口をもっていた。イグアノドン類には、カモハシ竜とも呼ばれる大型のハドゥロサウルス類（p130～131）もふくまれる。

種族データファイル

おもな特徴
- 植物を刈りとるための、歯のないくちばし
- ひづめのような長い爪
- 植物を噛むことのできる可動性のあご
- かたい尾

生息年代
イグアノドン類は、1億5600万年前のジュラ紀後期に登場し、6500万年前の白亜紀末に絶滅した。

恐竜と鳥類

イグアノドン
Iguanodon

- 生息年代　1億3500万～1億2500万年前（白亜紀前期）
- 化石発見地　ベルギー、ドイツ、フランス、スペイン、イングランド（イギリス）
- 生息環境　森林
- 全長　9m
- 食べもの　植物

1820年代に発見されたイグアノドンは、正式に認定された2番目の恐竜だ。イグアノドンという名は「イグアナの歯」を意味する。その名のとおり、イグアノドンの歯はイグアナの歯に似ていたが、大きさは20倍もあった。体はゾウと同じくらい大きく、たいていは4本足で歩き、背の低い植物を食べていた。後肢は前肢よりも大きくて強力だったので、2本足で立ったり走ったりすることもできただろう。

▶イグアノドンの手にある中央の3本の指は、互いにくっついてひづめのようになっていた。第5指を手のひらのほうに折って、ものをつかむことができた。第1指の先にある、おそろしげなスパイクは、おそらく身を守るためのものだろう。

第5指
第1指のスパイク

ドゥリオサウルス
Dryosaurus

- 生息年代　1億5500万～1億4500万年前（ジュラ紀後期）
- 化石発見地　アメリカ合衆国
- 生息環境　森林
- 全長　3m
- 食べもの　木の葉や若枝

小型で軽量級の植物食恐竜で、高速ランナーの特徴である長くて力強い脚をもっていた。がっしりとした尾は、走るときにバランスをとるのに役だった。尾を左右にふって急旋回して、障害物をよけたり、追跡者の裏をかいたりしていたのかもしれない。

前肢が短いため、4本足で歩くことはできなかったかもしれない

ウマのような長い顔

カムプトサウルス
Camptosaurus

- 生息年代　1億5500万～1億4500万年前（ジュラ紀後期）
- 化石発見地　アメリカ合衆国
- 生息環境　開けた林地
- 全長　5m
- 食べもの　背の低い植物や低木

カムプトサウルスは、もっともありふれたイグアノドン類のひとつだ。見た目はイグアノドンを小さくしたようで、やはりウマのように長い顔の先端にくちばしがあった。手もイグアノドンと同じく、中央の指がひづめのようになり、第1指にはスパイクがついていた。

ムッタブッラサウルス
Muttaburrasaurus

- 生息年代　1億～9800万年前（白亜紀前期）
- 化石発見地　オーストラリア
- 生息環境　森林
- 全長　7m
- 食べもの　植物

吻部のてっぺんを形成する骨が上につきだし、鼻がアーチのようになっていた。この大きな鼻腔を利用して、クラクションのような音を鳴らしたり、吸いこんだ冷たい空気を温めたりしていたのかもしれない。吻部の大きさや形は、それぞれの個体で異なっている。おそらく、性別や年齢によって違ったのだろう。

テノントサウルス
Tenontosaurus

- 生息年代　1億1500万～1億800万年前（白亜紀前期）
- 化石発見地　アメリカ合衆国
- 生息環境　森林
- 全長　7m
- 食べもの　植物

恐竜のなかには、ほかの恐竜のえさとして有名になったものもいる。テノントサウルスも、そんな不運な恐竜のひとつだ。テノントサウルスの化石は、小型だが凶暴な肉食恐竜デイノニクスの歯と一緒に発見された。デイノニクスは、群れで狩りをして、自分より大きなテノントサウルスを倒していたのかもしれない。両者の骨が一緒に見つかった例もあるため、デイノニクスがつねに勝ち残れるとは限らなかったようだ。

恐竜と鳥類

ハドゥロサウルス類

カモハシ竜とも呼ばれるハドゥロサウルス類は、カモのようなくちばしをもつ大型の植物食恐竜だ。独特な形をしたくちばしで、植物の葉を噛みきっていた。大きな群れで暮らしていたとも考えられている。なかには、集団で巣をつくり、親が卵からかえった子どもを育てる恐竜もいたようだ。

マイアサウラ
Maiasaura

- 生息年代　8000万～7400万年前（白亜紀後期）
- 化石発見地　アメリカ合衆国
- 生息環境　沿岸部の平野
- 全長　9m
- 食べもの　葉

マイアサウラという名は、「良き母トカゲ」という意味だ。アメリカのモンタナ州では、ボウル形をしたマイアサウラの巣が、いくつもまとまって発見されている。その場所はマイアサウラの群れの営巣地で、現生の海鳥の営巣地のように、親たちが子どもを育てていたのかもしれない。

恐竜と鳥類

▲家族生活
アメリカ・モンタナ州の巣からは、卵の殻や子どものマイアサウラの化石が発見されている。子どもの化石が見つかっていることから、カメやワニのように卵からかえってすぐにひとりだちするのではなく、多くの鳥と同じように、生まれたばかりの子どもが巣にとどまり、親に育てられていたと考えられている。

種族データファイル

おもな特徴
- カモのようなくちばし
- 口の奥には、葉をすりつぶすための歯がずらりと並んでいる
- 前肢の長さは後肢の半分ほどしかない
- 多くは頭部に奇妙な形のとさかをもつ

生息年代
ハドゥロサウルス類は、1億～6500万年前の白亜紀に生息していた。

ハドゥロサウルス
Hadrosaurus

- 生息年代　8000万〜7400万年前（白亜紀後期）
- 化石発見地　北アメリカ
- 生息環境　森林
- 全長　9m
- 食べもの　葉や枝

ハドゥロサウルスは、北アメリカで発見された最初の恐竜のひとつだ。歯のないくちばしで枝や葉を食いちぎってから、口の奥にあるたくさんの小さな歯で細かくしていた。

ブラキロフォサウルス
Brachylophosaurus

- 生息年代　7500万〜6500万年前（白亜紀後期）
- 化石発見地　北アメリカ
- 生息環境　森林
- 全長　9m
- 食べもの　シダ、モクレンのなかま、針葉樹

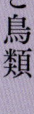

吻部には厚みがあり、長方形の頭骨のてっぺんには、櫂のような形の平らなとさかがついていた。オスはメスよりもとさかの幅が広く、体もがっしりとしていた。ほぼ完全な骨格化石が、2000年にアメリカのモンタナ州で発見された。その体の広い部分は、うろこのある皮ふの印象でおおわれていた。

ぶ厚い吻部

あごの幅の広い先端

パラサウロロフス
Parasaurolophus

- 生息年代　7600万〜7400万年前（白亜紀後期）
- 化石発見地　北アメリカ
- 生息環境　森林
- 全長　9m
- 食べもの　葉、種子、マツ葉

パラサウロロフスの頭部には、内部が空洞になったチューブ状の長いとさかがついていた。このとさかから空気を出してトランペットのような音を鳴らし、群れのなかまとコミュニケーションをとっていたのだろう。がっしりとした筋肉質の体と広い肩幅は、森林のうっそうとした下生えを押しわけて進むのに役だったはずだ。

ラムベオサウルス
Lambeosaurus

- 生息年代　7600万〜7400万年前（白亜紀後期）
- 化石発見地　カナダ
- 生息環境　森林
- 全長　9m
- 食べもの　低いところにある葉、果実、種子

ラムベオサウルスのとさかは内側が空洞になっていて、手斧のような形をしていた。この特徴的なとさかは、なかまを見わけるのに役だっただろう。とさかの形はオスとメスで異なるため、オスがメスの気をひくためのものだったとも考えられる。

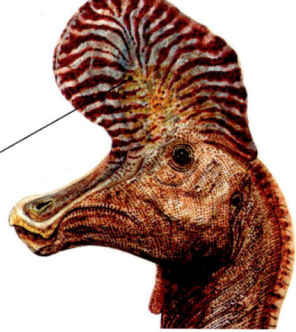

長くて細い大腿骨

▲頑丈な尾
ハドゥロサウルス類の恐竜には、水平にのびた頑丈な尾があった。尾の骨は互いにかみあうように連なり、尾が垂れさがらないようになっていた。

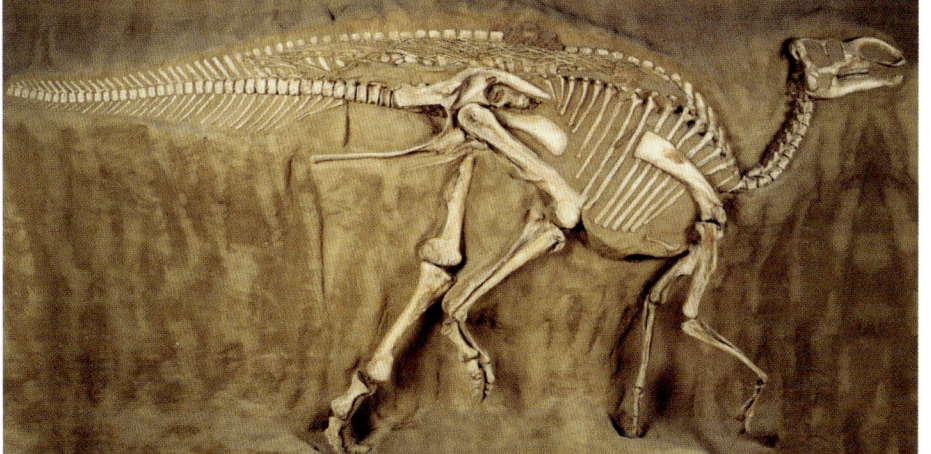

とさかの形は、大人になるにつれて変化した

グリポサウルス
Gryposaurus

- 生息年代　8500万〜6500万年前（白亜紀後期）
- 化石発見地　北アメリカ
- 生息環境　森林
- 全長　9m
- 食べもの　植物

グリポサウルスの大きなかぎ形の鼻は、丸いくちばしのように見えた。ライバルどうしが鼻をぶつけて押しあって、優劣を競っていたのかもしれない。前肢は、ハドゥロサウルス類にしてはきわめて長い。これはおそらく、高いところにある葉を食べるのに役だっただろう。皮ふの印象の化石は、背中にピラミッド形のうろこがあったことを示している。

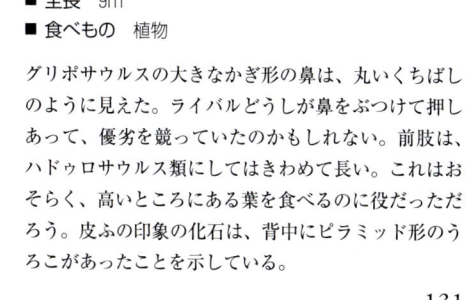

恐竜と鳥類

恐竜の落としもの

恐竜の化石のなかでも、ひときわ驚きに満ちているのが、糞石（糞の化石）だろう。1830年代にその正体が判明して以来、糞石は世界中で発見されている。糞石を調べれば、恐竜に関するさまざまなことがわかる。とくに重要な情報は、恐竜がなにを食べていたかだ。

変わったコレクション

恐竜の糞石の世界的な専門家カレン・チンは、膨大な数の糞石を集めている。糞石を薄く切って顕微鏡で見て、小さな骨や葉や種子など、糞にふくまれるものを調べるのだ。

恐竜と鳥類

糞石の有効利用

19世紀、イギリスの一部の地域では、実際に糞石が採掘され、肥料として使われていた。穀物の成長を促進させるのに欠かせない、リン酸塩と呼ばれる物質が豊富にふくまれているためだ。急速に増加した人口の食糧をまかなうために、大量の穀物を育てる必要があったのだ。

データファイル

カレン・チンは、植物食恐竜の糞石で、化石化した小さな穴があいているのを見つけた。この穴が証拠となって、恐竜の時代にも現在と同じように、フンコロガシのなかまが糞をそうじしていたことがわかった。

▲糞のボールを転がすフンコロガシ

最大の糞石

下の写真の巨大な糞石からは、ウシくらいの大きさだった肉食恐竜の骨が、細かく噛みくだかれた状態で見つかった。この糞はティラノサウルスのものと見られ、長さは38cmにもなる。ただし、近くでも糞石のかけらが見つかっていることから、はじめはもっと大きかったようだ。出てきたときのままの形で保存された糞石はほとんどないため、糞のぬしである恐竜を特定するのは難しい。

▲この糞石から見つかった骨の断片は、ティラノサウルスが肉だけでなく骨も飲みこんでいたことを示している。

糞だった!

化石ハンターのメアリー・アニング（p110〜111参照）は、発見した化石の腹にあたる部分でいくつかの石を見つけ、そのなかに化石化した魚の骨がふくまれていたと記載していた。この発見をもとにして、科学者のウィリアム・バックランドは、ギリシャ語で「糞の石」を意味する「コプロライト（糞石）」という名前をこの石につけた。

恐竜と鳥類

コリトサウルス

北アメリカでいくつかの完全骨格の化石が見つかっているコリトサウルスは、ハドゥロサウルス類のなかでもとくに有名な恐竜だ。とさかとカモのようなくちばしが特徴で、7500万年前の北アメリカの沼地や森林を、おそらくは群れで歩きまわっていた。とさかで音を鳴らし、群れのなかで情報をやりとりしていたのかもしれない。

恐竜と鳥類

森林で暮らす

ほとんどのハドゥロサウルス類と同じく、コリトサウルスは北アメリカのロッキー山脈近くの、暖かい地域に広がる森林で暮らしていた。ほかのハドゥロサウルス類よりも吻部が小さくて繊細だったが、これは、やわらかい葉や果汁たっぷりの果実を食べていたことを示している。

頭上注意

コリトサウルスとは『ヘルメットのトカゲ』という意味だ。頭のてっぺんのとさかが古代ギリシャ人（コリント人）の兵士のヘルメットを思いおこさせることから、この名がつけられた。

コリトサウルス
Corythosaurus

- 生息年代　7600〜7400万年前（白亜紀後期）
- 化石発見地　カナダ、北アメリカ
- 生息環境　森林や沼地
- 全長　9m
- 食べもの　葉、種子、マツ葉

コリトサウルスは最大級のハドゥロサウルス類だ。背中にある骨質の高い棘突起は皮ふのひだでおおわれ、背中に沿ってのびる隆起を形成していた。

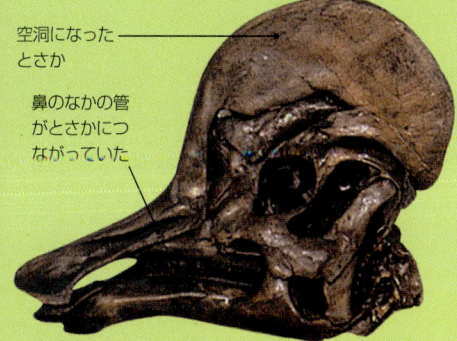

空洞になったとさか

鼻のなかの管がとさかにつながっていた

▲頭骨

コリトサウルスのとさかは、トロンボーンのように音を増幅して、遠くまでよく響く大きな鳴き声を生みだしていたかもしれない。おそらく、その鳴き声で警告を発し、近くに捕食者がひそんでいることを群れのなかまに伝えていたのだろう。

▲化石化した皮ふ

発見された骨格のなかには、保存状態の良い皮ふの印象が残されたものもある。これらの皮ふの化石は、コリトサウルスの腹部に奇妙なぼのようなこぶがあったことを示している。

恐竜と鳥類

2億5100万年前	2億年前	1億4500万年前	6500万年前
三畳紀	ジュラ紀	白亜紀	

エドゥモントサウルス

消防車の2倍もの大きさをほこるエドゥモントサウルスは、最大級のカモハシ竜（ハドゥロサウルス類）で、トゥリケラトプスやティランノサウルスなどの巨大恐竜たちとともに、6600万年前ころに生息していた。ほかのハドゥロサウルス類と同じく、カモのようなくちばしで葉をむしっていたが、頭のとさかはなかった。

恐竜と鳥類

エドゥモントサウルス
Edmontosaurus

- 生息年代　7500万〜6500万年前（白亜紀後期）
- 化石発見地　アメリカ合衆国、カナダ
- 生息環境　北アメリカの沼地
- 全長　13m
- 食べもの　植物

エドゥモントサウルスという名前は、1917年に最初の化石が発見されたカナダ・アルバータ州のエドモントンにちなんでいる。エドゥモントサウルスは最大級のハドゥロサウルス類で、体重は最大4トンもあった。鼻の空洞になった部分には、ふくらますことのできる袋があって、この袋を風船のようにふくらませ、音を鳴らしていたのかもしれない。

▲口
エドゥモントサウルスには、葉をむしるための幅の広いくちばしがあった。口の奥には、葉を細かくするための多数の小さな歯が並んでいた。これらの歯はつねに生えかわり、1年ほどで新しい歯が形成されていたようだ。

▶すっくと立つ
エドゥモントサウルスは4本足で歩き、身をかがめて地面に生える植物を食べることができた。後肢で立って、高いところにある木の葉を食べることもできたが、後肢だけで走ることはできなかった。

ミイラ化した
エドゥモントサウルス
保存された皮ふ

恐竜の「ミイラ」
エドゥモントサウルスの化石は、保存状態のきわめて良いものがいくつか発見されている。なかには、皮ふなどのやわらかい組織が残された、ミイラ化した体の化石もある。このミイラ化したエドゥモントサウルスは、おそらく暑くて乾燥した場所で死んだのだろう。死後、やわらかい組織が腐りはじめるよりも早く、体の水分がからからに干あがった。その後の年月のあいだに、ミイラはやわらかい泥か砂に埋もれ、皮ふの印象が保存されたというわけだ。

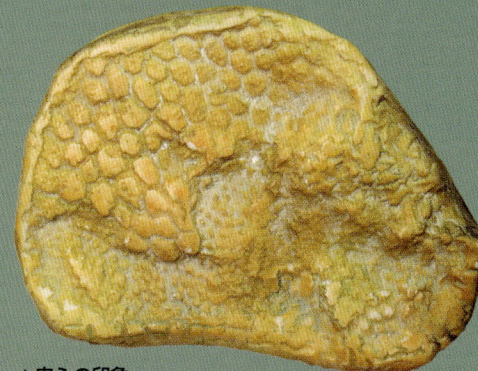

▲皮ふの印象
化石化した皮ふの印象から、エドゥモントサウルスの皮ふはうろこにおおわれていて、大きなこぶがあったことがわかる。

恐竜と鳥類

2億5100万年前	2億年前	1億4500万年前	6500万年前
三畳紀	ジュラ紀		白亜紀

スケリドサウルス

スケリドサウルスのもっとも目をひく特徴は、体をおおうよろいだ。ジュラ紀前期に生息したこの植物食恐竜には、大きなもので握りこぶしほどもある骨質の鋲（びょう）やスパイクが、頭から尾の先までずらりと並んでいた。この重装備のよろいのせいで、おそらく動きは遅く、2本足ではなく4本足で歩かなければならなかったのだろう。だが、スケリドサウルスは、スピードが防御のかなめではなかった。

まめ知識

スケリドサウルスの化石は、イギリスの採石場で働いていたジェームズ・ハリソンによって、1858年に発見された。この化石は、最初に見つかった恐竜骨格のひとつでもある。かたい石灰石に埋まっていてなかなか掘りだせず、大部分は100年以上も日の目を見ないままだった。1960年代に、石灰石を酸で溶かす方法が発明され、ようやく骨格全体が姿を現した。

恐竜と鳥類

2億5100万年前	2億年前	1億4500万年前	6500万年前
三畳紀	ジュラ紀		白亜紀

恐竜と鳥類

スケリドサウルス
Scelidosaurus

- 生息年代　2億800万～1億9500万年前（ジュラ紀前期）
- 化石発見地　イングランド（イギリス）、アメリカ合衆国
- 生息環境　西ヨーロッパと北アメリカの森林
- 全長　4m
- 食べもの　植物

スケリドサウルスの化石は、どれも海底で形成された岩のなかで見つかっているが、この恐竜は海生動物ではなかった。おそらく、海岸近くに住んでいたか、内陸の洪水で大量に死んで、海に流されたのだろう。スケリドサウルスは植物食恐竜で、背の低い植物をむしりとり、先のとがった歯で細かく切りきざんでいたようだ。生息時期はジュラ紀前期で、装盾類（「盾をもつ者」という意味で、よろいをもつことから名づけられた）と呼ばれる恐竜グループの初期のメンバーだ。

剣竜類

ジュラ紀の森林には、剣竜類（ステゴサウルス類）と呼ばれる4本足の巨大な植物食恐竜がたくさんいた。剣竜類のなかまの多くは、尾や肩に身を守るためのスパイクがあり、背中には骨質の板がずらりと並んでいた。この板がなんのためのものだったのかは謎だが、繁殖期のディスプレイに使っていたという説や、温度調節の機能があったとする説がある。

▼スパイク
両肩に大きなスパイクがあった。尾にも、小さめのスパイクが対で並んでいた。このスパイクは、攻撃者を追いはらうのに役だったことだろう。

恐竜と鳥類

種族データファイル

おもな特徴
- 頸から背中、尾にかけて2列に並んだ板やスパイク
- 小さい頭
- くちばしのような口先
- ひづめのような指趾
- 4本足で歩く

生息年代
剣竜類は、1億7600万年前（ジュラ紀中期）から1億年前（白亜紀前期）にかけて生息していた。

ステゴサウルス
Stegosaurus

- **生息年代** 1億5000万〜1億4500万年前（ジュラ紀後期）
- **化石発見地** アメリカ合衆国、ポルトガル
- **生息環境** 森林
- **全長** 9m
- **食べもの** 植物

この有名な恐竜の背中には、大きなひし形の板がずらりと並んでいた。この骨板は、ステゴサウルスを実際よりも大きく、おそろしげに見せていたが、よろいとしてはあまり役に立たなかった。むしろ、社会生活や求愛のためのディスプレイの道具として進化した可能性が高い。あごの正面に歯はなく、角質のくちばしがあった。口の奥には何列もの歯が並び、この歯を使って、簡単な上下運動により植物を噛みくだいていた。

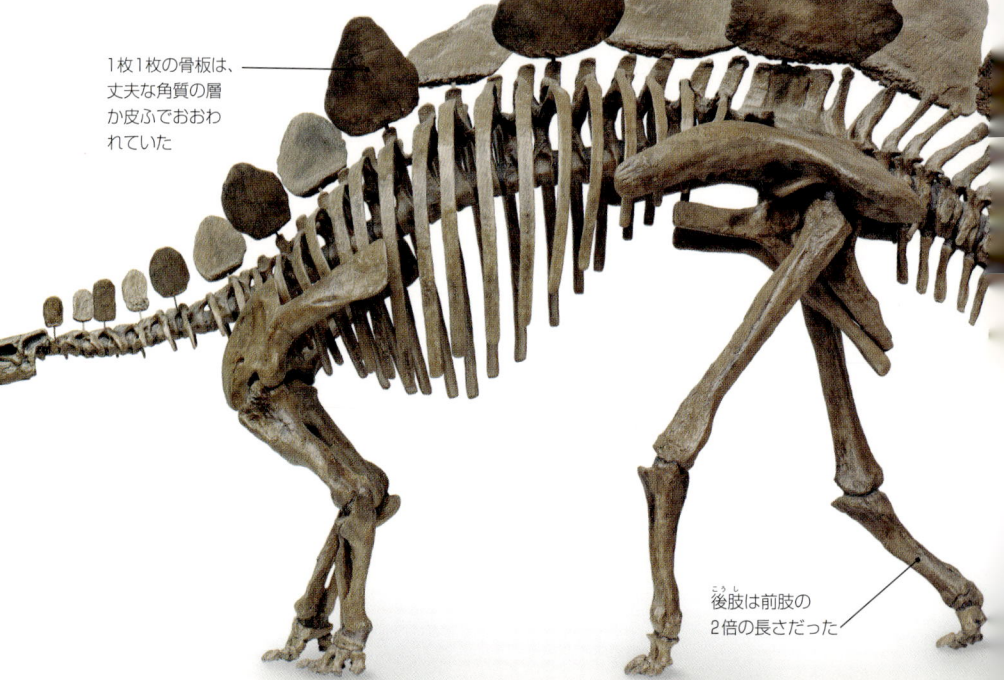

1枚1枚の骨板は、丈夫な角質の層か皮ふでおおわれていた

後肢は前肢の2倍の長さだった

フアヤンゴサウルス
Huayangosaurus

- 生息年代　1億6500万年前（ジュラ紀中期）
- 化石発見地　中国
- 生息環境　河川流域
- 全長　4m
- 食べもの　シダ、葉、ソテツの実

初期の剣竜類のひとつであるフアヤンゴサウルスは、吻部が短く幅広で、上あごの正面に歯があるという点で、あとの時代の剣竜類とは異なっていた。ほかの剣竜類は後肢が長く前肢が短いが、フアヤンゴサウルスの四肢は、4本すべてがほぼ同じ長さだった。

◀ どんな姿勢？
このステゴサウルスの骨格では、背骨がアーチ状になっているが、実際には頭と尾をまっすぐに保ち、より水平な姿勢だっただろう。

身を守るための尾のスパイク

トゥオジアンゴサウルス
Tuojiangosaurus

- 生息年代　1億6000万〜1億5000万年前（ジュラ紀後期）
- 化石発見地　中国
- 生息環境　森林
- 全長　7m
- 食べもの　植物

中国に生息していたトゥオジアンゴサウルスは、ステゴサウルスに近いなかまで、驚くほど完璧な化石が見つかっている。背中と腰の骨板は大きな三角形だったが、頸の骨板はずっと小さかった。ほかの剣竜類と同じく、尾の先端におそろしげなスパイクがあった。尾を激しく振って、敵やライバルにつきさすこともできただろう。

長いあごには、葉を噛む小さな歯があった

恐竜と鳥類

ケントゥロサウルス

ケントゥロサウルスは、現在の中央アフリカにあたる地域に生息していた剣竜類のなかまだ。ケントゥロサウルスという名は、「鋭いとげをもつトカゲ」を意味する。肩と背中、尾に並ぶおそろしげなスパイクのおかげで、肉食恐竜もなかなか攻撃できなかったにちがいない。

アフリカの化石

アフリカ・タンザニアの乾燥した森林地帯にあるテンダグルは、恐竜化石の産地として有名だ。ここで見つかった約900の骨から、ケントゥロサウルスの2体の完全骨格が組み立てられた。

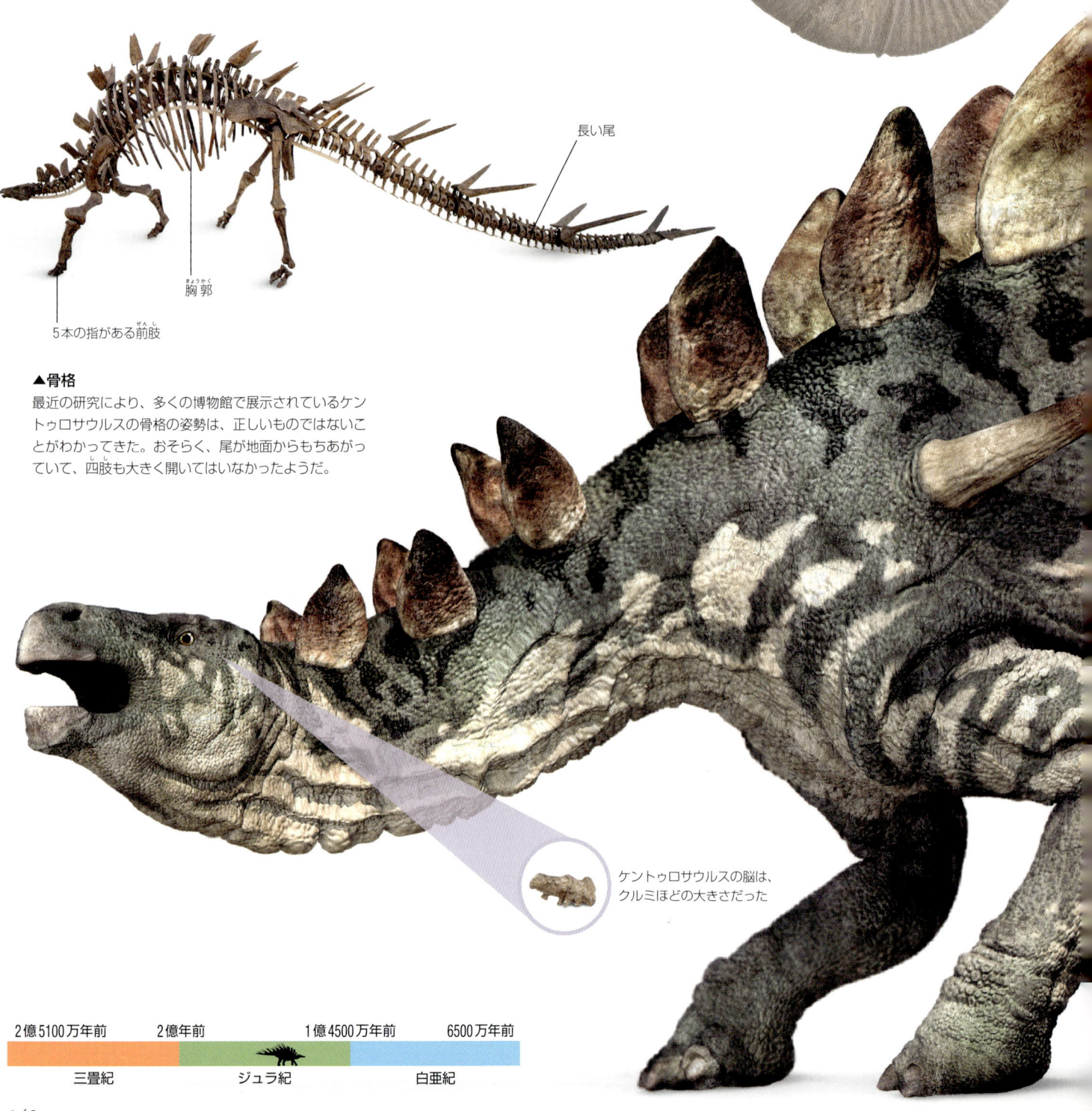

長い尾

胸郭

5本の指がある前肢

▲骨格
最近の研究により、多くの博物館で展示されているケントゥロサウルスの骨格の姿勢は、正しいものではないことがわかってきた。おそらく、尾が地面からもちあがっていて、四肢も大きく開いてはいなかったようだ。

ケントゥロサウルスの脳は、クルミほどの大きさだった

恐竜と鳥類

2億5100万年前	2億年前	1億4500万年前	6500万年前
三畳紀	ジュラ紀	白亜紀	

背中の骨板は、ディスプレイに使われていたのかもしれない

▼とげだらけの尾
ケントゥロサウルスにとびかかる肉食恐竜は、尾で打ちつけられ、スパイクに貫かれて致命傷を負うリスクをおかさなければならなかっただろう。

尾の長いスパイク

脳は1つ、それとも2つ？
かつては、ケントゥロサウルスには脳が2つあると考えられていた。頭にある小さい脳と、腰にある大きめの脳だ。だがいまでは、この「腰の脳」は、脳ではなかったことがわかっている。

恐竜と鳥類

ケントゥロサウルス
Kentrosaurus

- 生息年代　1億5600万〜1億5000万年前（ジュラ紀後期）
- 化石発見地　タンザニア
- 生息環境　森林
- 全長　5m
- 食べもの　植物

ケントゥロサウルスの頸と背中には、7対の骨板が並んでいた。肩にある1対の長いスパイクで横からの攻撃から身を守り、尾に並んだスパイクで後ろからの攻撃をしりぞけていた。頭骨全体の化石は見つかっていないが、ほかの剣竜類と同じく、おそらく吻部は細く、小さい歯が並んでいたのだろう。

アンキロサウルス類

「よろい竜」や「曲竜」とも呼ばれるアンキロサウルス類は、まるで戦車のような姿をしていた。低くてずんぐりした体は、身を守る骨質の板やスパイクでおおわれていた。この装甲板やスパイクは、皮ふから発達した骨でできていた。このよろいがなければ、アンキロサウルス類の恐竜たちは、自分よりもはるかに敏捷で、ずっと大きい肉食恐竜に太刀打ちできなかっただろう。

種族データファイル

おもな特徴
- 重装甲の体
- 4本足で歩く
- 角質のくちばしをもち、たいていは下あごに歯が並ぶ
- 尾にハンマーがある恐竜や、頭の後ろに角が生えた恐竜もいる
- 肩に大きなスパイクがある恐竜（ノドサウルス類）もいる

生息年代
アンキロサウルス類は、ジュラ紀から白亜紀にかけて生息していた。

エドゥモントニア
Edmontonia

- 生息年代　7500万～6500万年前（白亜紀後期）
- 化石発見地　北アメリカ
- 生息環境　森林
- 全長　7m
- 食べもの　背の低い植物

サイの2倍の体重があり、肩からつきでた大きなスパイクで武装していた。攻撃者に突進し、スパイクを槍のようにして、追いはらっていたのだろう。この肩のスパイクは、テリトリーやメスをめぐるなかまどうしの闘いで使われていたという説もある。

肩のスパイク

アンキロサウルス
Ankylosaurus

- 生息年代　7000万～6500万年前（白亜紀後期）
- 化石発見地　北アメリカ
- 生息環境　森林
- 全長　6m
- 食べもの　背の低い植物

アンキロサウルスは、史上最大のアンキロサウルス類だ。ぶ厚い皮ふには何百もの装甲板が並び、まぶたまで小さな装甲板でおおわれていた。この装甲板は、皮ふのなかで発達した皮骨と呼ばれる骨板でできている。ちょうど、ワニの皮ふをおおう装甲板と同じだ。アンキロサウルスは、尾の巨大なハンマーも備えていた。骨をもくだくほどの勢いで、攻撃者に向かってふりまわすことができた。

背中をおおう骨板

先端に骨質のハンマーがついた長い尾

やわらかい腹部

恐竜と鳥類

ミンミ
Minmi

- 生息年代　1億2000万～1億1500万年前（白亜紀前期）
- 化石発見地　オーストラリア
- 生息環境　低木林、木の生えた平野
- 全長　3m
- 食べもの　葉、種子、小さい果実

ミンミはもっとも小さいアンキロサウルス類のひとつだ。小さな丸い装甲板で、腹部までびっしりとおおわれていた。背中に特別な骨が並んでいたが、これは背筋を支えるためのものかもしれない。くちばしは鋭く、葉の形をした小さな歯は、縁がぎざぎざになっていた。腹に入っていた食べものの化石から、葉や種子、小さい果実を食べていたことがわかっている。

尾骨
肋骨
がっしりした短い脚

ガストニア
Gastonia

- 生息年代　1億2500万年前（白亜紀前期）
- 化石発見地　アメリカ合衆国
- 生息環境　森林
- 全長　4m
- 食べもの　植物

ガストニアを攻撃するのは、勇敢で命しらずの恐竜だけだっただろう。歩く要塞さながらのガストニアは、巨大な剣のような骨質のスパイクで頭から尾までをおおわれていた。尾のハンマーはなかったが、とげのついた尾を左右にふれば、相手におそろしいけがを負わせることができた。頭骨のてっぺんはドーム型で、特別な厚かった。おそらく、オスはテリトリーやメスをめぐって、頭をぶつけあって闘っていたのだろう。

ガルゴイレオサウルス
Gargoyleosaurus

- 生息年代　1億5500万～1億4500万年前（ジュラ紀後期）
- 化石発見地　アメリカ合衆国
- 生息環境　森林
- 全長　4m
- 食べもの　低いところにある植物

ガルゴイレオサウルスには、アンキロサウルス類としてはめずらしい特徴がたくさんある。ほかのアンキロサウルス類とは異なり、上あごの正面に歯があり、装甲板は内部が空洞になっていた。アンキロサウルス類の鼻孔は奇妙な形に曲がっているが、ガルゴイレオサウルスの鼻孔はまっすぐだった。

体の両側のスパイク

サウロペルタ
Sauropelta

- 生息年代　1億2000万～1億1000万年前（白亜紀前期）
- 化石発見地　アメリカ合衆国
- 生息環境　森林
- 全長　5m
- 食べもの　植物

サウロペルタの頸に噛みつこうとする捕食者は、致命傷を負うのを覚悟しなければならなかっただろう。そこには、おそろしげな角質の危険なスパイクがつきでていたからだ。サウロペルタ（「盾のトカゲ」の意）の名前の由来は、背中と尾をおおう盾のような厚い装甲板だ。この盾は、小さな骨板がタイルのように組みあわさってできていた。

背中と尾をおおう盾のようなよろい
頸のスパイク

恐竜と鳥類

エウオプロケファルス

最大級のよろい竜(アンキロサウルス類)であるエウオプロケファルスは、サイの2倍もの大きさがあり、頑丈なよろいでおおわれていた。ずんぐりとした体つきとその体重にもかかわらず、力強い四肢のおかげで、とてもすばやく動くことができたようだ。脚力やよろいだけでは身を守れないときは、破壊力満点の尾のハンマーも、防御のための武器になった。

エウオプロケファルス
Euoplocephalus

- 生息年代　7000万～6500万年前(白亜紀後期)
- 化石発見地　北アメリカ
- 生息環境　北アメリカの森林
- 全長　6m

▲身を守る尾
エウオプロケファルスの尾には、重いハンマーが装備されていて、骨をくだくほどの勢いで、攻撃者に向けてふりまわすことができた。だが、弱点もあった。やわらかい腹部には、よろいがなかったのだ。

1902年にカナダで発見されて以来、エウオプロケファルスの化石は40体以上も見つかっている。ほぼ完璧な骨格もあったおかげで、エウオプロケファルスは、アンキロサウルス類としてはもっともよく知られた恐竜となっている。この恐竜のよろいは、皮ふが発達した骨板でできていた。生きているときには、骨板は角質の組織でおおわれていた。骨板のなかには、中央が隆起してスパイクのようになっているものもあった。

頭骨の装甲板

◀敷石のようなよろい
エウオプロケファルスの頭骨は、敷石のように並ぶ装甲板でおおわれていた。装甲板はまぶたにもあり、下におろして眼を守ることができた。

よろいでおおわれたまぶた

▼力強い体、低い姿勢、重装備の装甲板をあわせもつエウオプロケファルスは、さながらバットモービルのようだった。

恐竜と鳥類

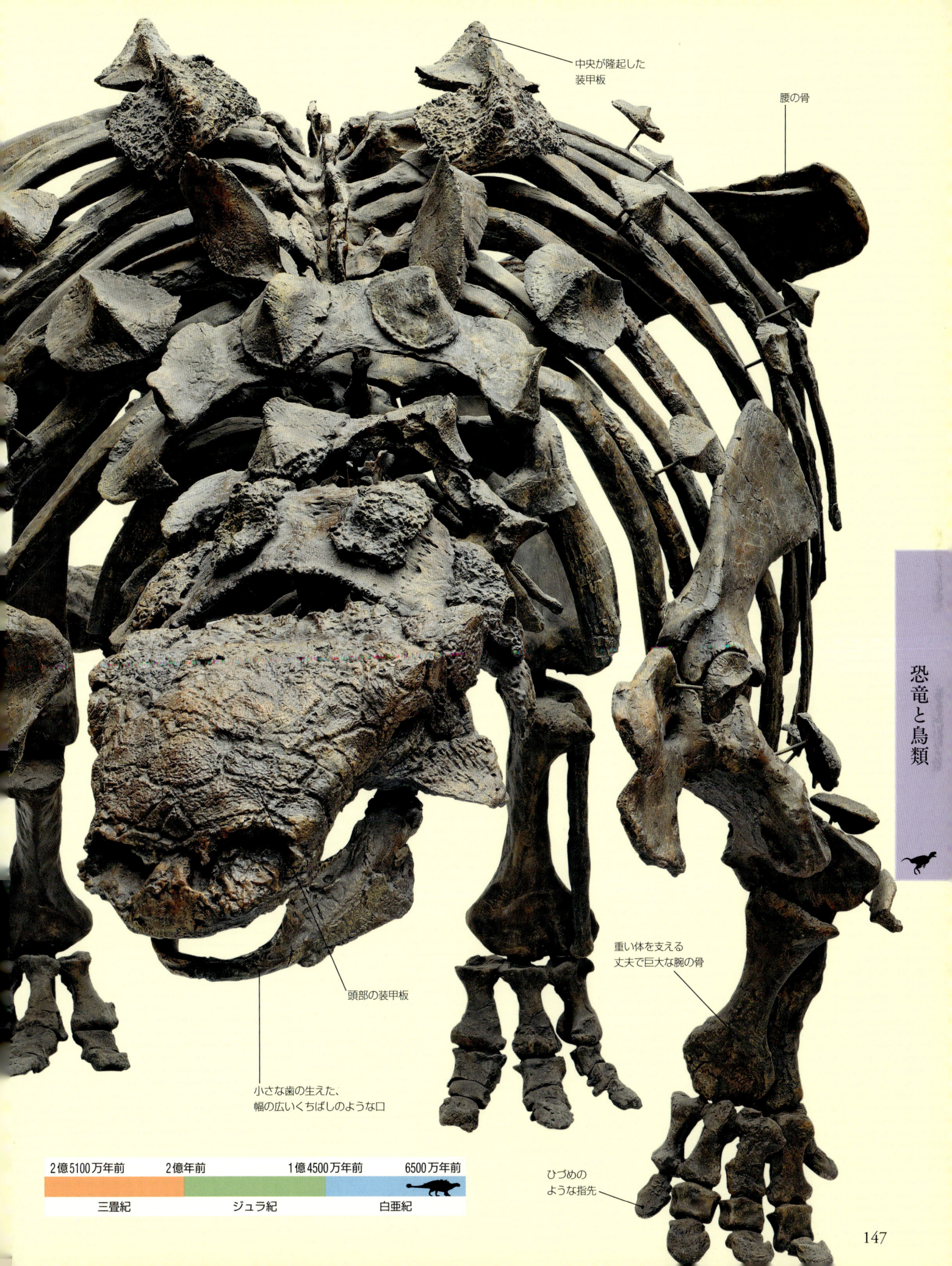

中央が隆起した装甲板

腰の骨

恐竜と鳥類

頭部の装甲板

重い体を支える丈夫で巨大な腕の骨

小さな歯の生えた、幅の広いくちばしのような口

ひづめのような指先

2億5100万年前	2億年前	1億4500万年前	6500万年前
三畳紀	ジュラ紀		白亜紀

147

原竜脚類

三畳紀のはじめには、どの恐竜も小さく、低く地面をはうように歩いていた。やがて、原竜脚類と呼ばれる、おもに植物を食べる恐竜のグループが、ほかの恐竜よりも大きく、重く進化していった。その進化の過程で、長い頸と尾、そして力強い後肢を手に入れた。そのおかげで、2本足で立ちあがり、高い枝の葉も食べることができるようになった。

▲はさみのようなあご
鋭い歯は丈夫な葉の茎でも噛みきることができた。

プラテオサウルス
Plateosaurus

- 生息年代　2億2000万〜2億1000万年前（三畳紀後期）
- 化石発見地　ドイツ、スイス、ノルウェー、グリーンランド
- 生息環境　西ヨーロッパの平野
- 全長　8m
- 食べもの　植物

プラテオサウルスは最大級の原竜脚類だ。2本足で歩き、おもに地面に生えた植物を食べていた。カンガルーのように後肢で立ちあがり、長い頸をのばして木の葉を食べることもできた。プラテオサウルスの完全骨格は、50体以上も見つかっている。

湾曲した長い第1指のかぎづめは、身を守るときや枝をつかむときに使った

種族データファイル

おもな特徴
- 小さな頭
- 長くて柔軟性のある頸
- きわめて長い第1指のかぎづめ
- 前肢より後肢が長い

生息年代
原竜脚類は、2億1700万年前の三畳紀後期に登場し、1億8400万年前のジュラ紀中期に絶滅した。

恐竜と鳥類

マッソスポンディルス
Massospondylus

- 生息年代　2億〜1億8300万年前（ジュラ紀前期）
- 化石発見地　南アフリカ
- 生息環境　アフリカ南部の森林
- 全長　4〜6m
- 食べもの　植物

マッソスポンディルスは5本指の手を使って、枝をつかんでひきおろすことができた。第1指の長いかぎづめで、植物を細かくひきさいたりもしていた。小さくてざらざらした歯は、植物と肉の両方を嚙めたことを示している。骨の化石のあいだから多くの「胃石」が見つかっていることから、消化を助けるために小さな石を飲みこんでいたのかもしれない。南アフリカでは、マッソスポンディルスの完全骨格と頭骨がいくつか発見されている。胚（卵からかえる前の子ども）の入った卵も見つかっている。

長い尾をのばしてバランスをとっていた

◀たくましい体
筋力の強い後肢のおかげで、立ちあがって葉を食べることができた。

テコドントサウルス
Thecodontosaurus

- 生息年代　2億2500万〜2億800万年前（三畳紀後期）
- 化石発見地　ブリテン諸島
- 生息環境　西ヨーロッパの沖あいの島の森林
- 全長　2m
- 食べもの　植物

テコドントサウルスは最初に発見された原竜脚類で、葉っぱの形をしたのこぎりのような奇妙な歯をもつことから、「槽歯のトカゲ」を意味する名がつけられた。歯があごにくっついているだけの現生のトカゲと違って、テコドントサウルスの歯は、あごの骨にある個別の歯槽から生えていた。近縁種よりも小さいことから、島に生息していたと考えられている。島の動物は、体が小さくなることが多いからだ。テコドントサウルスの化石の多くは、洞穴のなかで見つかっている。海水面の上昇により、流されて運ばれたのかもしれない。

まめ知識
第二次世界大戦中、イギリスのブリストル市立博物館が爆撃により炎上し、収蔵品の貴重な化石が破壊された。壊れた化石は、イギリスで発見された最古の恐竜であるテコドントサウルスのものだった。さいわい、無事だった一部の骨は、いまでも博物館で見ることができる。

ルフェンゴサウルス
Lufengosaurus

- 生息年代　2億〜1億8000万年前（ジュラ紀前期）
- 化石発見地　中国
- 生息環境　アジアの森林
- 全長　6m
- 食べもの　ソテツや針葉樹の葉などの植物

ルフェンゴサウルスは、たくましい脚をもつ重量級の恐竜だ。頭部は厚みがあるが幅は狭く、吻部とあごのまわりに、骨でできたこぶがあった。すきまの広い刃物のような歯で、かたい植物を食べたり、葉をむしりとったりしていた。小動物を食べていた可能性もある。ほとんどの時間を2本足で歩きまわっていたようだ。後肢で立ちあがって、高い枝の葉を食べることもできただろう。幅広の手には長い指があり、両手の第1指には巨大なかぎづめがついていた。

広いすきまのある歯は、熊手のように枝から葉をこすりとるのに役だった

恐竜と鳥類

竜脚類と
その近縁種

大木のような巨体の竜脚類(りゅうきゃく)は、地球史上最大の陸生動物だ。驚くほど長い頸(くび)のおかげで、ほかの植物食動物よりもはるかに高い枝まで届いたので、現生のキリンのように、木のてっぺんの葉でも食べることができた。だが、おそろしく重い体を支えるためには、柱のような四肢(しし)が必要だった。ほとんどの恐竜とは違い、竜脚類はたいてい4本足で歩行せざるをえなかった。

▲ブラキオサウルスはスプーンの形をした歯を使って、針葉樹や木生(き)シダなどのてっぺんの葉を噛(か)みきっていた。1日に約200kgもの葉や小枝を食べた。

恐竜と鳥類

ブラキオサウルス
Brachiosaurus

- 生息年代　1億5000万～1億4500万年前（ジュラ紀後期）
- 化石発見地　アメリカ合衆国
- 生息環境　平野
- 全長　23m
- 食べもの　針葉樹のてっぺんの葉や小枝

ブラキオサウルスは最大級の竜脚類で、その体重は30～50トンにものぼった。これはアフリカゾウの約12倍の重さだ。長い頸をいかして、15m以上もの高さにある葉を食べていた。この高さは、キリンが届く高さの2倍である。

種族データファイル

おもな特徴
- 小さい頭と大きな体
- 長くて柔軟性のある頸
- 長いむちのような尾

生息年代
竜脚類は約2億2700万年前の三畳紀(さんじょう)後期に登場し、6500万年前の白亜紀(はくあ)末に絶滅した。

バラパサウルス
Barapasaurus

- 生息年代　1億8900万〜1億7600万年前（ジュラ紀前期）
- 化石発見地　インド
- 生息環境　開けた林地
- 全長　18m
- 食べもの　植物

バラパサウルスの頭は短かかったようだ。首はひとつながりの長い骨に支えられ、四肢はほっそりとしていた。歯の化石から、竜脚類としてはめずらしく、のこぎりのような縁の鋭い歯をもっていたことがわかっている。

強い頸

飲みこんだ葉を消化する大きな腹

カマラサウルス
Camarasaurus

- 生息年代　1億5000万〜1億4000万年前（ジュラ紀後期）
- 化石発見地　アメリカ合衆国
- 生息環境　開けた林地
- 全長　18m
- 食べもの　かたい木の葉

アメリカ合衆国で多くの化石が見つかっているカマラサウルスは、もっともよく知られている竜脚類だ。太くがっしりとした頸のおかげで、大型の竜脚類には届きにくい低いところの植物も食べることができた。一部の骨は空洞になっていて、大きな気室が肺につながっていた。この気室には、体重を減らす役割があった。「空洞のあるトカゲ」を意味するカマラサウルスという名は、この気室にちなんでいる。

▲大きな頭
カマラサウルスの頭は箱のような形をしていて、吻部は平らで鼻孔は大きかった。

マメンキサウルス
Mamenchisaurus

- 生息年代　1億5500万〜1億4500万年前（ジュラ紀中期〜後期）
- 化石発見地　中国
- 生息環境　三角州や樹木におおわれた平野
- 全長　26m
- 食べもの　植物

マメンキサウルスという名は、化石が発見された中国の村にちなんでいる。史上もっとも長い頸をもつ動物のひとつだ。ブラキオサウルスに比べると、頭骨は平らで、肩は低くて小さかった。

▲長い頸
マメンキサウルスの頭は、19個の長い骨に支えられていて、自由自在に左右に動かすことができた。そのおかげで、えさのそばまで簡単に口を近づけることができた。

ヴルカノドン
Vulcanodon

- 生息年代　ジュラ紀前期
- 化石発見地　ジンバブエ
- 生息環境　樹木におおわれた平野
- 全長　7m
- 食べもの　植物

ヴルカノドン（「火山の歯」の意）という名前は、最初の化石が火山に近い岩から見つかったことにちなんでいる。ほかの竜脚類と同じく、陸上をゆっくり歩いていた。ずんぐりとした柱のような四肢は、重い体を支えるのには役だったが、走るのには向いていなかった。

ゾウのような四肢

アンキサウルス
Anchisaurus

- 生息年代　1億9000万年前（ジュラ紀前期）
- 化石発見地　アメリカ合衆国
- 生息環境　森林
- 全長　2m
- 食べもの　葉

アンキサウルスは、竜脚類の遠い親戚だ。ほとんどの恐竜と同じく、後肢だけで歩いていた。吻部は幅が狭く、おもに植物をえさにしていたが、ときには小動物も食べていたようだ。

恐竜と鳥類

恐竜の体のなか

恐竜の体のなかはどうなっていたのだろうか？ 肉食恐竜と植物食恐竜では、消化器系に違いがあるのだろうか？ 驚いたことに、残された化石のおかげで、さまざまな恐竜の体内がどうなっていたのか、その一端を知ることができるのだ。ここでは、2つのモデルを紹介しよう。

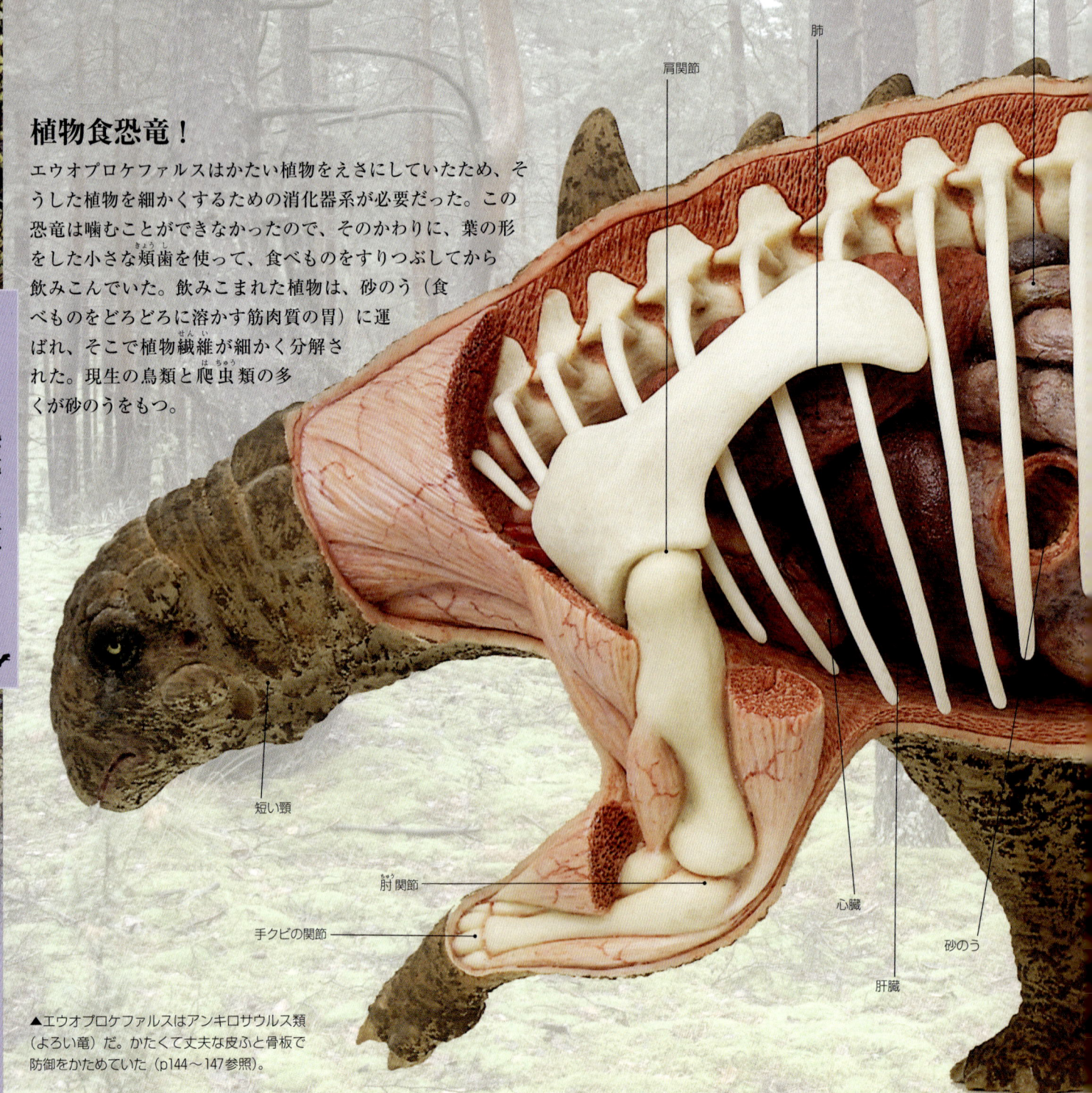

植物食恐竜！

エウオプロケファルスはかたい植物をえさにしていたため、そうした植物を細かくするための消化器系が必要だった。この恐竜は噛むことができなかったので、そのかわりに、葉の形をした小さな頬歯を使って、食べものをすりつぶしてから飲みこんでいた。飲みこまれた植物は、砂のう（食べものをどろどろに溶かす筋肉質の胃）に運ばれ、そこで植物繊維が細かく分解された。現生の鳥類と爬虫類の多くが砂のうをもつ。

恐竜と鳥類

小腸
肺
肩関節
短い頭
肘関節
手クビの関節
心臓
肝臓
砂のう

▲エウオプロケファルスはアンキロサウルス類（よろい竜）だ。かたくて丈夫な皮ふと骨板で防御をかためていた（p144〜147参照）。

肉食恐竜！

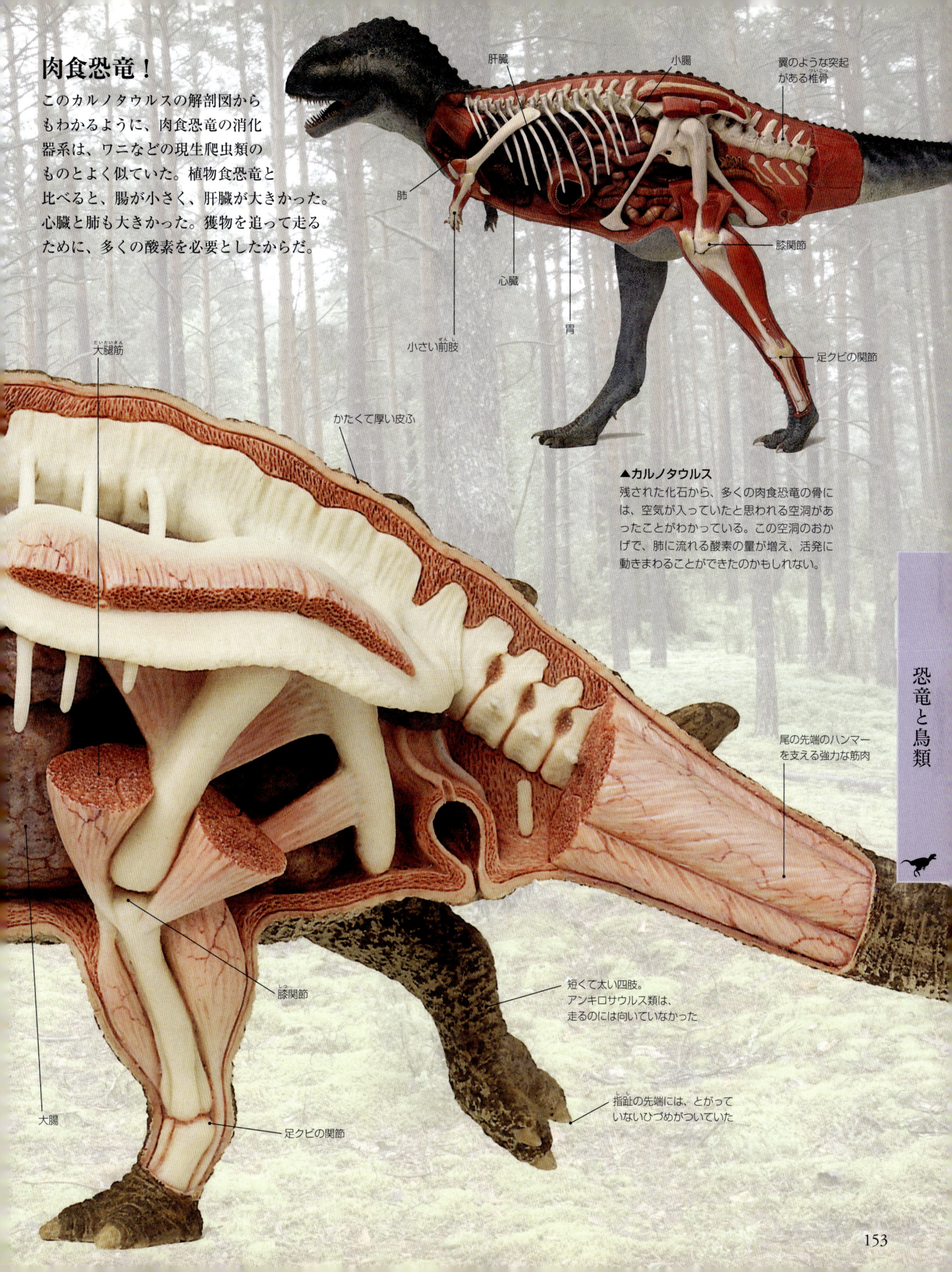

このカルノタウルスの解剖図からもわかるように、肉食恐竜の消化器系は、ワニなどの現生爬虫類のものとよく似ていた。植物食恐竜と比べると、腸が小さく、肝臓が大きかった。心臓と肺も大きかった。獲物を追って走るために、多くの酸素を必要としたからだ。

ラベル（上図・カルノタウルス）:
- 肝臓
- 小腸
- 翼のような突起がある椎骨
- 肺
- 心臓
- 胃
- 小さい前肢
- 膝関節
- 足クビの関節

▲カルノタウルス
残された化石から、多くの肉食恐竜の骨には、空気が入っていたと思われる空洞があったことがわかっている。この空洞のおかげで、肺に流れる酸素の量が増え、活発に動きまわることができたのかもしれない。

ラベル（下図）:
- 大腿筋
- かたくて厚い皮ふ
- 尾の先端のハンマーを支える強力な筋肉
- 大腸
- 膝関節
- 足クビの関節
- 短くて太い四肢。アンキロサウルス類は、走るのには向いていなかった
- 指趾の先端には、とがっていないひづめがついていた

恐竜と鳥類

153

恐竜と鳥類

2億5100万年前	2億年前	1億4500万年前	6500万年前
三畳紀		ジュラ紀	白亜紀

154

イサノサウルス

竜脚類は史上最大の恐竜だった。なかにはシロナガスクジラよりも長く、ゾウ12頭ぶんの体重がある恐竜もいた。そんな竜脚類のなかでは、イサノサウルスは小型の恐竜だ。連続歩行痕の化石から、竜脚類は群れをつくっていたことがわかっているが、イサノサウルスも家族や群れで生活して、身を守っていたのかもしれない。三畳紀後期に生息していたイサノサウルスは、これまでに知られているなかでもっとも古い竜脚類のひとつだ。

イサノサウルス
Isanosaurus

- 生息年代　2億1600万～1億9900万年前（三畳紀後期）
- 化石発見地　タイ
- 生息環境　森林や沼地
- 全長　6.5m
- 食べもの　植物

イサノサウルスは、タイのイサン地方で発見された。残念ながら、化石は不完全なもので、少数の椎骨と肋骨、長さ65cmの大腿骨1本しか見つからなかった。だが、その少ない化石だけでも、近縁の恐竜との比較により、多くのことがわかっている。イサノサウルスは、重い体を支えるために4本足で歩いていたが、後肢で立ちあがって、高い枝の葉を食べることもできたようだ。頭は小さく、葉をむしるためのスプーンのような歯があったと考えられている。

恐竜と鳥類

ディプロドクス類

ディプロドクス類は、4本足で歩いていた巨大な植物食恐竜だ。信じられないほど頸が長く、それよりもさらに長い尾でバランスをとっていた。このむちのような尾をふりまわし、敵を追いはらっていた。後肢が前肢よりも長かったので、尾を支えにして後肢で立ちあがることができたかもしれない。ディプロドクス類のなかでも最大級の恐竜が、アムフィコエリアスだ。この恐竜の全長はサッカー場と同じくらいで、体重はシロナガスクジラに匹敵するほどだった。

種族データファイル

おもな特徴
- 柔軟性のある長い頸
- 長くて細い尾
- 小さな頭と大きな体

生息年代
ディプロドクス類は、1億7000万年前のジュラ紀中期に登場し、9900万年前の白亜紀後期のはじめころに絶滅した。

恐竜と鳥類

ディクラエオサウルス
Dicraeosaurus

- 生息年代　1億5000万年前（ジュラ紀後期）
- 化石発見地　タンザニア
- 生息環境　森林
- 全長　12m
- 食べもの　植物

ディクラエオサウルスの頸は、ディプロドクス類としては短かったため、背の高い木ではなく低木をえさにしていたと考えられている。尾も短めだったので、むちのようには使っていなかったのだろう。頸と背中には、骨の突起が並んでいた。突起は1枚の皮ふの層でおおわれ、帆のようになっていたとも考えられる。この帆には、体温を調節する役割があったのかもしれないし、敵から身を守ったり、なかまどうしでコミュニケーションをとったりするのに使われていたのかもしれない。

ディプロドクス
Diplodocus

- 生息年代　1億5000万～1億4500万年前（ジュラ紀後期）
- 化石発見地　アメリカ合衆国
- 生息環境　平野
- 全長　25m
- 食べもの　葉

ディプロドクスは、完全骨格が見つかっているもののなかでは最長の恐竜だ。信じられないほど長い尾は、体全体の半分近くもあった。この尾を猛スピードでふりまわし、むちのような鋭い音をたてることができた。頸はキリンの頸のほぼ3倍もの長さがあり、高くもちあげっていたと考えられている。背骨は重い体を支えるのにじゅうぶんなくらい強かったが、骨は中空になっていた。あごの前方に並ぶ釘のような歯を使って、枝から若葉をむしりとって食べていたと考える科学者もいる。その一方で、頭を高くもちあげることができず、左右に動かして低木の葉を食べていたという説もある。ディプロドクスは成長のスピードがきわめて速く、10年ほどで成体になったかもしれない。

▲橋のような骨
ディプロドクスの背骨は、長い頸と尾を支えるために、つり橋のケーブルのような役割を果たしていた。ケーブルは道路（頸と尾）を支え、その重みを地面に固定された支柱（四肢）に伝えている。

アマルガサウルス
Amargasaurus

- 生息年代　1億3000万年前（白亜紀前期）
- 化石発見地　アルゼンチン
- 生息環境　森林
- 全長　11m
- 食べもの　植物

ディプロドクス類としては比較的小さく、頸も短かったアマルガサウルスは、頸と背中に2列の突起が並んでいるという点で、ほかのディプロドクス類とは異なっていた。この2列の突起は、尾のほうでは1列になっていた。突起が皮ふの膜でおおわれ、2枚の帆のようになっていたのかもしれない。背中の帆がなんのためのものかはわかっていないが、ディスプレイに使われたとする説もある。帆はなく、突起を動かして音を鳴らしていただけと考える科学者もいる。

▼アメリカ合衆国のモリソン層では、アパトサウルスやディプロドクスなどの巨大なディプロドクス類の骨や足跡が数多く見つかっている。えさになる木や植物の化石も発見されている。

アパトサウルス
Apatosaurus

- 生息年代　1億5000万年前（ジュラ紀後期）
- 化石発見地　アメリカ合衆国
- 生息環境　森林
- 全長　23m
- 食べもの　植物

ゾウ4頭ぶんの体重のアパトサウルス（ブロントサウルスとも呼ばれた）は、近縁のディプロドクス類よりも体は短いが、体重は重く、四肢も太かった。後肢で立ちあがって木の葉を食べるのではなく、現生のゾウがするように、力強い四肢と重い体をいかして、体あたりで木を倒していたという説もある。幅の広い吻部の前面には、鉛筆のような歯が並んでいた。

恐竜と鳥類

バロサウルス
Barosaurus

- 生息年代　1億5500万〜1億4500万年前（ジュラ紀後期）
- 化石発見地　アメリカ合衆国
- 生息環境　北アメリカの平野
- 体長　28m
- 食べもの　植物

バロサウルスの最初の化石が発見されたのは、1800年代後半の「ボーン・ウォーズ（骨戦争）」時代のことだ。当時、多くの化石ハンターたちが、新種の恐竜の化石を発見しようと競いあっていた。1922年、アメリカ・ユタ州のカーネギー発掘場で、3体のバロサウルスの骨格が発見された。このことは、バロサウルスが群れで暮らしていた可能性を示している。

石を丸のみ？

バロサウルスの太い釘のような歯は、木から葉をむしりとるにはうってつけだが、葉を細かく噛みくだくのには向いていない。胃のなかで食べものをすりつぶすために、石を飲みこんでいたと考える科学者もいた。だが、最近の研究により、腸内のバクテリアを利用して食べものを消化していたことがわかった。

頸をのばせる？

1993年、後肢で立ちあがったバロサウルスの骨格レプリカが公開された。科学者のなかには、この姿勢は正しくないと考える人もいる。はるか上にある脳に血液を届けられるほど、バロサウルスの心臓は強くなかったという理由からだ。最近の研究では、適度な大きさの心臓があれば、それは可能だと考えられている。

とげだらけの背中

バロサウルスの背中にとげが並んでいた理由はわかっていない。身を守るために使っていたのかもしれないし、ただの飾りだったのかもしれない。このとげは皮ふに固定された骨の板で、骨格にはつながっていなかった。うろこにおおわれたざらざらの皮ふは、ひっかき傷や噛み傷を防ぐ大切な役割を果たしていた。また、気候が乾燥したときに、体から水分が失われないようにする役目もあった。

恐竜と鳥類

バロサウルス

ジュラ紀の森林を歩きまわるバロサウルスは、ひときわ目をひく存在だったにちがいない。この恐竜は、巨大な体、小さな頭、短めの四肢といった一般的な竜脚類の特徴をすべて備えていた。体重はゾウ3頭ぶんよりも重く、全長はテニスコートよりも長かった。だが、ほかの植物食恐竜にまさるなによりの強みは、やはり9.5mもある長い頸だろう。この頸のおかげで、木のてっぺんの葉に届くことができた。

恐竜と鳥類

2億5100万年前	2億年前	1億4500万年前	6500万年前
三畳紀	ジュラ紀		白亜紀

恐竜の組みたて

ニューヨークにあるアメリカ自然史博物館では、後肢で立ちあがった姿勢のバロサウルスの骨格が展示されている。いままさに、捕食者のアッロサウルスを子どもから遠ざけようとしている母親の姿だ。この骨格化石は本物のように見えるかもしれないが、じつは軽量のレプリカである。博物館で展示する恐竜化石の再現は、難しいが興味をそそられる仕事で、さまざまな技術や慎重な下準備が求められる。

恐竜と鳥類

恐竜を組みたてる

▲骨格を組みたてる前に、慎重に計画を練らなければならない。すべての骨にラベルをはり、設計図に印をつけて、それぞれが配置される場所を確認する。

▲この写真では、バロサウルスの肋骨を背骨の一部につないでいる。背骨は金属の枠で支えられている。

▲小型のクレーンを使って、後肢と骨盤（腰の骨）を博物館の展示場所におろす。

▲攻撃をしかけるアッロサウルスの骨格も組みたてる。この恐竜は、バロサウルスと向きあう形で展示されることになる。

恐竜化石のレプリカをつくる

恐竜の骨格化石のレプリカをつくるには、さまざまな方法がある。そのひとつが、それぞれの骨の雌型(モールド)をとり、この型で雄型(キャスト)をつくる方法だ。

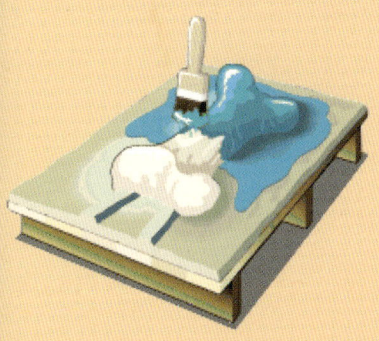

▲ステップ1
まず、粘土の基盤に化石を半分ほど押しこみ、液体ゴム(青い部分)を化石と基盤の両方に塗る。このゴムが、柔軟性のある層になる。

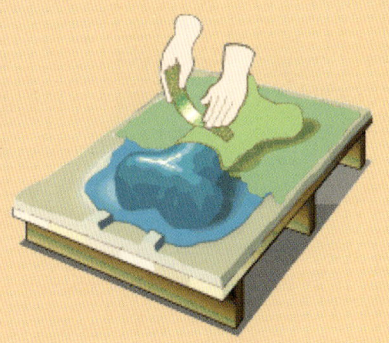

▲ステップ2
乾燥したら、ゴムをグラスファイバーのシートでおおう。このシートによりゴムの型が補強され、骨からとりはずしても形を維持できるようになる。

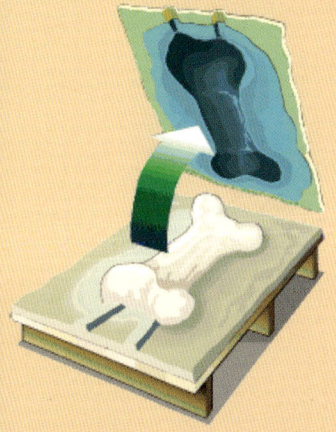

▲ステップ3
シートでおおったら、外側の型をはずす。同じ方法で、化石の反対側の型もとる。

▲ステップ4
ふたつの雌型をひとつに組みあわせる。

▲ステップ5
完成した雌型に、液体ポリエステルなどの軽い材料を流しこむ。これが雄型になる。

▲ステップ6
最後に、雌型をそっと開く。注意ぶかく作業すれば、完璧な雄型が姿を現すはずだ。

▲溶接によって、骨格に挿入された金属の枠に、バロサウルス骨格のあらゆる部分をつなぎとめる。

▲いよいよ最終段階。バロサウルスの頸の上部と頭を、頸の下部につなげる。

恐竜と鳥類

161

ティタノサウルス類

ギリシャ神話の巨人族ティーターンにちなんで命名されたティタノサウルス類は、史上最重量の陸生動物だ。最後まで生きのびていた恐竜のひとつでもある。ティタノサウルス類は植物食恐竜で、おそらくは群れをつくって捕食者から身を守っていた。アルゼンチンの広い範囲で、数千もの卵の化石が発見されていることから、集団で巣をつくっていたとも考えられている。

種族データファイル

おもな特徴
- 小さくて幅の広い頭と、柔軟性のある頸(くび)
- 小さな歯
- 長い尾。ただしディプロドクス類ほどではない
- 4本足で歩く
- 多くは骨質の丈夫な装甲板で体をおおわれている

生息年代
ティタノサウルス類は、1億6800万年前のジュラ紀中期に登場し、6500万年前の白亜紀後期(はくあき)に絶滅した。当初は南半球だけに生息していたと考えられていたが、いまではもっと広い地域にいたことがわかっている。

ネメグトサウルス
Nemegtosaurus

- 生息年代　8000万～6500万年前（白亜紀後期）
- 化石発見地　モンゴル
- 生息環境　森林
- 全長　15m
- 食べもの　植物

ネメグトサウルスは、化石が最初に発見されたモンゴル・ゴビ砂漠のネメグト盆地にちなんで名づけられた。見つかっているのは頭骨だけで、その唯一の化石から、頭部には傾斜があり、あごの前方に小さな釘のような歯が並んでいたらしいとわかっている。ほかのほとんどのティタノサウルス類と同じく、おそらく頸は長くて柔軟性があり、高い枝の葉を食べることができたのだろう。

恐竜と鳥類

アルゲンティノサウルス
Argentinosaurus

- 生息年代　1億1200万〜9500万年前（白亜紀後期）
- 化石発見地　アルゼンチン
- 生息環境　森林
- 全長　30m
- 食べもの　針葉樹

アルゲンティノサウルスは、史上最大級で最重量級の陸生動物だ。数個の化石が見つかっているだけだが、高さ1.8mにもなる巨大な椎骨が発見されている。この骨をほかの竜脚類のものと比べて計算すると、アルゲンティノサウルスの全長はテニスコートよりも長く、体重はゾウの20倍近かったということになる。

卵はラグビーボールほどの大きさだった。そのため、大人の大きさになるのに40年くらいかかったと考えられている。大きな体にもかかわらず、アルゲンティノサウルスは、巨大な肉食恐竜マプサウルスの狩りの獲物になっていた。

ゾウのような四肢。先端にはかぎづめがある

ティタノサウルス
Titanosaurus

- 生息年代　8000万〜6500万年前（白亜紀後期）
- 化石発見地　アジア、ヨーロッパ、アフリカ
- 生息環境　森林
- 食べもの　植物

この恐竜の尾骨が発見されたことから、ティタノサウルス類というグループ全体の名前がつけられたが、同定ミスの事例だろう。かつてはティタノサウルス独自のものとされていた特徴が、その後にほかのティタノサウルス類でも見つかったためだ。完全な頭骨や骨格なしでは、ティタノサウルスという属が実在したかどうかを判断するのは難しい。

サルタサウルス
Saltasaurus

- 生息年代　8000万〜6500万年前
- 化石発見地　アルゼンチン
- 生息環境　森林
- 全長　12m
- 食べもの　植物

ティタノサウルス類としては小型だが、攻撃に対する防御という点では優れていた。大型の肉食恐竜といえども、骨の板や鋲でおおわれた、よろいのような厚い皮ふを切りさくことはできなかっただろう。腰ががっしりとしていて、尾の上部の骨が幅広だったことから、尾を支えにして、後肢で立ちあがることができたと考えられている。ただし、前肢にはひづめやかぎづめはなかった。

イシサウルス
Isisaurus

- 生息年代　7000万〜6500万年前（白亜紀後期）
- 化石発見地　アジア
- 生息環境　森林
- 全長　18m
- 食べもの　植物

長い前肢と短めの頸をもつイシサウルスは、ハイエナのような体形をしていて、ほかのティタノサウルス類とは似ていなかった。糞の化石からは、多くの種類の葉に存在する真菌が見つかっている。これは、さまざまな木の葉を食べていたことを示している。

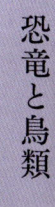

恐竜と鳥類

恐竜の足跡

1億9000万年ほど前、川岸を歩いていた1頭の大型肉食恐竜が、とつぜん、その足を止めた。恐竜はくるりと向きを変え、走りはじめた。おそらく、獲物を追いかけたのだろう。どうしてそれがわかったかって？　じつは、その歩行の足跡が化石になっていたのだ。恐竜の足跡は、動物たちの行動を垣間見せてくれる、驚くべき情報源だ。

恐竜と鳥類

▲この足跡は、アメリカ・コネチカット州の州立恐竜公園で見つかった約2000個の足跡のひとつだ。恐竜そのものの化石は見つかっていないが、この足跡は、ディロフォサウルスかそれに似たものだと考えられている。この恐竜は、太古の干潟をわたっていたようだ。

このひとつながりの足跡は、スペインで見つかったもの。歩幅が1m近くあることから、大型の恐竜のものと考えられる。足跡の形は獣脚類（肉食恐竜）のものだったことを示している。

凹型(ネガ)？ 凸型(ポジ)？

足跡の化石には凹型と凸型がある。凹型の足跡は、単純に岩についた跡で、ふつうの足跡と同じように見える。凸型の足跡は、恐竜の足の裏を下から見たような形をしている。これは、足跡が砂で埋まり、天然の雄型(キャスト)のようになってできたものだ。長い年月のあいだに、砂のキャストだけが残されたのである。

◀凹型(ネガ)
ふつうの足跡のように見える。

▶凸型(ポジ)
恐竜の足の裏のように見える。

足跡をたどる

長く連なる恐竜の足跡化石は、めったに見つからない。だが、見つかれば、恐竜の生活のようすを伝える興味ぶかい手がかりとなる。ほとんどの足跡では、尾をひきずった形跡は残されていない。このことは、恐竜が尾をもちあげていたことを物語っている。並行した足跡(左右に並んだ足跡)は、その恐竜が群れで行動していたことを示している。

▲竜脚類の足跡
この足跡は、5頭の竜脚類が残したもののようだ。左右の足跡の幅が狭いことは、ワニのように四肢を広げて歩くのではなく、四肢をまっすぐに保って歩いていたことを示している。

◀長く続く足跡
世界最長の恐竜の足跡は、南アメリカ・ボリビアの断崖の表面で見つかった。この足跡はティタノサウルス類のものだ。

まめ知識

下の写真は、ポルトガルの海岸で発見された1億年前の恐竜の足跡。植物食恐竜イグアノドン類のもので、1頭で歩いていたようだ。そして、その足跡は2頭の肉食恐竜の足跡と交差している。

▲この巨大なイグアノドン類の足跡は、ポルトガルのオルホス・デ・アグアで見つかった。

崖の表面にあるのはなぜ？

この足跡を残した恐竜は、砂の多い岸や干潟を歩いていた。やがて、足跡が埋まり、泥や砂が岩に変わった。その後の地殻変動により、岩の層が斜めに傾いた結果、現在では足跡が垂直に続いている。

恐竜と鳥類

獣脚類

獣脚類のなかまは、恐竜の時代のほぼ全体にわたって、世界最強の捕食者として君臨していた。この恐竜グループの系統樹からは、巨大な肉食恐竜たちが生まれている（ただし、すべてが肉食だったわけではない）。ここで紹介するのは、ひときわ大きな恐竜たちだ。興味ぶかいことに、獣脚類のなかの1グループが、いまも世界を飛びまわる鳥類へと進化した。

> **種族データファイル**
>
> おもな特徴
> - 長い頭骨に大きな眼窩があり、多くは頭頂に角やとさかがある
> - 空洞のある骨
> - 多くは又骨をもつ。現生鳥類にも同じ特徴がある
> - カーブする歯の生えた巨大なあご
> - 3本指の手がある強力な腕
> - 長い3本趾の足
>
> 生息年代
> 獣脚類は、三畳紀後期から白亜紀後期にかけて栄えた（2億3000万～6500万年前）。

恐竜と鳥類

▲獣脚類の恐竜は、たくましい2本の後肢で歩き、かたくて筋肉質の尾を使って、巨大な頭と鋭い歯の並ぶあごの重みとのバランスをとっていた。

ギガノトサウルス
Giganotosaurus

- 生息年代　白亜紀後期
- 化石発見地　アルゼンチン
- 生息環境　森林
- 全長　12m

ギガノトサウルスは、体重がヒトの大人125人ぶんもある、おそるべき捕食者だった。白亜紀後期の南アメリカにいた巨大な竜脚類でも、楽々と捕食することができた。

モノロフォサウルス
Monolophosaurus

- 生息年代　ジュラ紀中期
- 化石発見地　中国
- 生息環境　森林
- 全長　6m

モノロフォサウルスの頭には、こぶのようなぶ厚いとさかがあった。とさかの内部は空洞になっていた。このとさかで大きな音を出し、メスをひきつけたり、ライバルを追いはらったりしていたのかもしれない。下あごがきわめて細かったが、鼻孔は巨大だった。

▶モノロフォサウルスは、かなりすばやく動くことができたようだ。

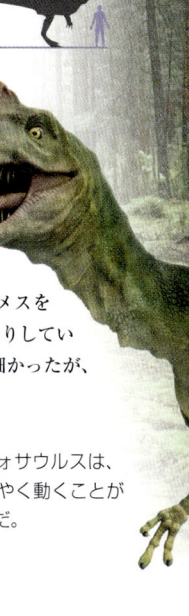

シンラプトル
Sinraptor

- 生息年代　ジュラ紀後期
- 化石発見地　中国
- 生息環境　森林
- 全長　7.5m

シンラプトルという名は、「中国のハンター」という意味だ。シンラプトルの頭骨の化石からは、別のシンラプトルのものらしき歯形が見つかっている。おそらく、なかまどうしで激しい闘いをくりひろげていたのだろう。

▲シンラプトルはアッロサウルス（p178～179参照）の近縁だった。

カルカロドントサウルス
Carcharodontosaurus

- 生息年代　白亜紀後期
- 化石発見地　北アフリカ
- 生息環境　川の氾濫する平野やマングローブ林
- 全長　12～13m

カルカロドントサウルスは、史上最大級の肉食恐竜だ。この怪物はゾウの2倍の体重があり、巨大なあごには長さ20cmの歯が並んでいた。カルカロドントサウルスという名は、「サメの歯をもつトカゲ」という意味。この恐竜の歯が、巨大ザメのカルカロドンのものと似ていたことにちなんでいる。

ガソサウルス
Gasosaurus

- 生息年代　ジュラ紀中期
- 化石発見地　中国
- 生息環境　森林
- 全長　3.5m

ガソサウルスの化石は、ごく一部しか見つかっていない。1985年、中国のガス採掘会社がダイナマイトで岩をくだいていたときに、偶然発見されたものだ。このめずらしい発見のいきさつから、「ガスのトカゲ」を意味する名がつけられた。頭骨は見つかっていないため、このイラストでは、近縁の恐竜をもとにした姿を描いている。

恐竜と鳥類

エオラプトル

エオラプトルはもっとも初期の恐竜のひとつだ。恐竜時代の夜明けに生息していたことから、「夜明けの略奪者」を意味する名がつけられた。キツネほどの大きさだったエオラプトルは、後肢で立ち、すばやく走ることができた。かぎづめと歯で獲物をひきさき、その息の根を止めていたのだろう。

月の爬虫類

エオラプトルの最初の化石は、1991年にアルゼンチン北西部の「月の谷」と呼ばれる地域で見つかった。そこは岩肌がむきだしになった荒野で、月の表面に似た場所だった。だが、エオラプトルが生きていた三畳紀後期には、緑ゆたかな渓谷だった。

エオラプトル
Eoraptor

- 生息年代　2億3000万〜2億2500万年前（三畳紀中期）
- 化石発見地　アルゼンチン
- 生息環境　渓谷
- 全長　1m
- 食べもの　トカゲ、小型の爬虫類、ときどき植物

エオラプトルの完全骨格の化石は、これまでに1体しか見つかっていないが、その唯一の化石は、初期の恐竜について多くのことを教えてくれている。エオラプトルは、前肢の5本の指、かほそいかぎづめ、トカゲに似た腰など、原始的な恐竜の特徴を備えていた。うろこや羽毛があったかどうかはわかっていない。凶暴で動きの速いハンターだったと考えられている。

強力な腿の骨と筋肉のおかげで、まっすぐに立つことができた

日本語版監修者注：エオラプトルは獣脚類に分類されることが多かったが、最近、基盤的な竜脚形類に入れるべきとの意見が出された。

恐竜と鳥類

▶エオラプトルの眼は頭の側面にあったため、真正面はあまりよく見えなかったが、周囲をぐるりと見わたすことができた。

口には、かみそりのような歯がずらりと並んでいた。肉を切りさくにはぴったりの歯だ。植物も食べていたかもしれないと考える科学者もいる

エオラプトルの顎は、のちの時代の肉食恐竜よりも短かったが、地面にいる獲物をサッととれるだけの柔軟性があった

▲あご　エオラプトルは、肉食動物特有のかみそりのような歯をもっていた。肉を切りさくのにぴったりの歯だ。おもに小動物を狙っていたが、肉を噛みちぎって相手が弱るのを待つという戦法で、大きめの獲物を襲っていた可能性もある。

かぎづめがあるのは、手の指の長い3本だけだった。残りの2本の指は短かったが、植物をかきわけて獲物を探すのには役だっただろう

恐竜と鳥類

2億5100万年前	2億年前	1億4500万年前	6500万年前
三畳紀	ジュラ紀		白亜紀

169

コエロフィシス

最初の獣脚類のひとつであるコエロフィシスは、小さくてすばしっこい、鳥に似た体形をした肉食恐竜だ。三畳紀の川ぞいの森林で矢のように獲物を追いまわし、小型のトカゲなどをつかまえていた。軽い体重と中空の骨、ほっそりとした体つきのおかげで、スピードを出すことができた。1998年、その頭骨がスペースシャトル・エンデバーにのせられ、コエロフィシスは宇宙へ行った2番目の恐竜となった（最初の恐竜はマイアサウラ）。

コエロフィシス
Coelophysis

- 生息年代　2億1500万年前（三畳紀後期）
- 化石発見地　北アメリカ、アフリカ南部、中国
- 生息環境　砂漠の平野
- 全長　3m
- 食べもの　トカゲ、魚

全長は小型車ほどもあったが、体重は8歳の子どもと同じくらい軽かった。頸が長く湾曲して脚は細く、姿は脚の長い鳥に似ている。1947年、アメリカ・ニューメキシコ州のゴースト・ランチで、驚くべき大発見があった。500体ものコエロフィシスの骨格が重なりあう、「恐竜墓場」が見つかったのだ。この化石の恐竜たちは、おそらく突然の洪水の犠牲になり、いっぺんに死んでしまったのだろう。この発見から、コエロフィシスは大型の獲物に対抗するために、大規模な群れをつくって狩りをしていたという説が生まれたが、それを裏づける証拠は見つかっていない。

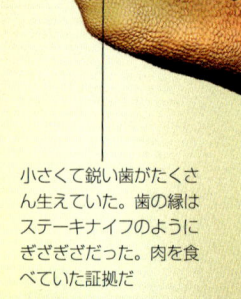

小さくて鋭い歯がたくさん生えていた。歯の縁はステーキナイフのようにぎざぎざだった。肉を食べていた証拠だ

顎は長くて柔軟性があり、リラックスしているときは、サギの頸のようなS字形になっていた。この顎をサッとのばして急発進し、地面を走るすばしっこい獲物を追いかけていたのだろう

恐竜と鳥類

▼共食い？
このコエロフィシスの化石の腹から見つかった小さな骨は、以前はコエロフィシスの赤ちゃんのものとされ、共食いをしていた証拠と考えられていた。だがいまでは、この骨はコエロフィシスの獲物となった別の爬虫類のものであることがわかっている。

長くてかたい尾は、かじのような役割を果たしていた。獲物を追って走ったり、大型の肉食恐竜から逃げたりするときにバランスをとるのに役だった

恐竜と鳥類

2億5100万年前	2億年前	1億4500万年前	6500万年前
三畳紀	ジュラ紀		白亜紀

ドゥブレウイッロサウルス

ジュラ紀の沿岸地域の沼地をうろついていたこの恐竜は、ドゥブレウイッロサウルスと呼ばれる肉食恐竜だ。あごには鋭い歯が並び、近縁(きんえん)のスピノサウルスと同じく、魚を狙うハンターとして、もっぱら浅い池にいるすべりやすい獲物をすばやくつかまえていたようだ。

恐竜と鳥類

ドゥブレウイッロサウルス
Dubreuillosaurus

- 生息年代　1億7000万年前（ジュラ紀中期）
- 化石発見地　フランス
- 生息環境　マングローブの生えた沼地
- 全長　6m
- 食べもの　魚などの海生動物

ドゥブレウイッロサウルスの化石は、部分的な骨格が1体しか見つかっていないため、ほとんどわかっていない。頭骨は異様に長くて平べったく、前後の長さは上下の高さの3倍もあった。この頭骨には、ほかの恐竜に見られるような目だったとさかや角(つの)はない。ただし、見つかっている唯一の化石は若い個体のものなので、大人になるにつれてそうした特徴が発達した可能性もある。

同定ミス

ドゥブレウイッロサウルスは2002年に命名されたが、それ以前は、アッロサウルスに近い大型獣脚類ポエキロプレウロンの新種と考えられていた。のちに、中空の頭骨を調べた結果、ドゥブレウイッロサウルスはメガロサウルス類に近いことがわかった。近縁の恐竜と同じように、3本指の手と短くて強力な腕、筋肉質の脚、宙に浮かせてバランスをとるためのかたい尾をもっていたようだ。

恐竜と鳥類

2億5100万年前 | 2億年前 | 1億4500万年前 | 6500万年前
三畳紀 | ジュラ紀 | 白亜紀

スピノサウルス類

スピノサウルス類は、背中に帆がある巨大な恐竜で、沼地や入り江に生息していた。ワニのような吻部とかぎづめのある強力な手は、当時の巨大な魚をとるにはうってつけだった。スピノサウルス類は、陸での狩りにも長けていた。

スピノサウルス
Spinosaurus

- 生息年代　9700万年前（白亜紀後期）
- 化石発見地　モロッコ、リビア、エジプト
- 生息環境　熱帯の沼地
- 全長　12〜16m
- 食べもの　魚、そのほかの動物

ティランノサウルスよりもさらに大きいスピノサウルスは、史上最大の陸生肉食動物だ。なによりも目をひくのは、背中を走る巨大な「帆」だ。骨でできたとげで支えられたこの帆だけでも、ヒトの大人と同じくらいの高さがあった。「とげをもつトカゲ」を意味するスピノサウルスの名は、この帆にちなんでいる。現生のワニのように、陸でも水中でも狩りをしていたようだ。おそらく、小型の恐竜やカメ、鳥、魚などを食べていたのだろう。

強力な後肢

地面から浮いた後方の短い指

▲長い歯
イッリタトルは長い歯を使って、魚をがっちりととらえていた。腐肉や陸生動物も食べていた可能性がある。

イッリタトル（イリテーター）
Irritator

- 生息年代　1億1000万年前（白亜紀前期）
- 化石発見地　ブラジル
- 生息環境　湖岸
- 全長　8m
- 食べもの　肉、魚

1996年、ワニのように長いスピノサウルス類の頭骨がブラジルで発見された。「いらだたせるもの」を意味するイッリタトルという名は、化石の吻部に石こうで不器用な細工が加えられ、のちにそのダメージを修復しようとした科学者をいらだたせたことからつけられた。背中の帆のほかに、頭の後部に小さなとさかがあったかもしれない。

便利な帆

スピノサウルスの帆には、さまざまな使いみちがあったかもしれない。ディスプレイに使ったという説もあれば、暑い場所で体温を低く保つために、ラジエーターの役割を果たしていたという説もある。現生のラクダにあるような、エネルギー源となる体脂肪をたくわえるこぶだったと考える科学者もいる。

種族データファイル

おもな特徴
- ワニのような頭と吻部
- 大きな円錐形の歯
- 背中の大きな帆
- かたい尾をのばしてバランスをとる

生息年代
スピノサウルス類は、1億5500万年前のジュラ紀後期に登場し、9300万年前の白亜紀後期に絶滅した。海水面が低下し、生息地である沼地が干あがった時代だ。

恐竜と鳥類

バリオニクス
Baryonyx

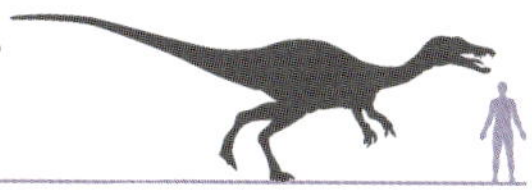

- **生息年代** 1億2500万年前（白亜紀前期）
- **化石発見地** ブリテン諸島、スペイン、ポルトガル
- **生息環境** 川岸
- **全長** 9m
- **食べもの** 魚、肉

バリオニクスの化石の腹の位置からは、半分消化された恐竜の一部が見つかっている。このことは、バリオニクスが魚のほかに陸生動物も食べていたことを物語っている。頭骨は平らできわめて長く、あごには96本もの鋭い歯が並んでいた——ほかのスピノサウルス類の2倍の数だ。背中に突起、吻部に小さなとさかがあったとも考えられている。

▲湾曲したかぎづめ
バリオニクスという名は「重いかぎづめ」という意味。フックのような巨大な第1指のかぎづめにちなんだものだ。現生のハイイログマのように、このかぎづめで魚をつきさしていたのかもしれない。

鼻孔は吻部の先端よりも少し後ろにあったので、水中で狩りをしながら息をすることができた

スコミムス

白亜紀の豊かな沼地で、獲物をあさっていたスピノサウルス類のひとつがスコミムスだ。スコミムスはティランノサウルスと同じくらい大きかったが、おもに魚をえさにしていた。おそらく、水のなかでじっと立ったまま魚が近づくのを待ち、巨大な口でパクリとくわえたり、第1指のかぎづめでつきさしたりしていたのだろう。長いあごと鋭い歯をもつスコミムスは、沼地での狩りに完璧に適応していた。

恐竜と鳥類

スコミムス
Suchomimus

- 生息年代　1億1200万年前（白亜紀前期）
- 化石発見地　アフリカ
- 生息環境　マングローブの生えた沼地
- 全長　9m
- 食べもの　魚、または肉

「ワニもどき」を意味するスコミムスという名は、ワニそっくりの吻部と鋭い歯からつけられた。この吻部と歯で、魚などのすべりやすい獲物をとらえていた。ほかの肉食動物と比べて、腕は長くて力強かった。水のなかで獲物をつかむのに使っていたのだろう。背中には剣のような帆があり、おそらく尾まで続いていたと考えられている。

◀ **たくさんの歯のある怪物**
スコミムスのあごには、100本を超える歯が並んでいた。歯は熊手のように後ろに曲がり、鋭くとがっていた。吻部の先端には、それよりも長い別の歯が密集していた。

呼吸も楽々

スコミムスの鼻孔は、吻部の先端よりもずっと後ろについていた。おかげで、水中でえさをとったり、恐竜の死体に顔をうずめて屍肉をあさったりするときにも、楽に呼吸できた。

2億5100万年前	2億年前	1億4500万年前	6500万年前
三畳紀	ジュラ紀		白亜紀

恐竜と鳥類

砂漠の発見

1997年、驚くほど完全なスコミムスの骨格が、サハラ砂漠で発見された。化石の一部は風に侵食されて地表に出ていたのに、骨格を掘りだすには、15トンもの岩と砂をとりのぞかなければならなかった。最初に見つかったのは、鎌のような形の巨大なかぎづめだった。

▲スコミムスはロッド・サドラーとポール・セレノがサハラ砂漠で発見した。

▲化石を掘りだすセレノ。

▲スコミムスの第1指のかぎづめはヒトの手よりも長い。

177

2億5100万年前	2億年前	1億4500万年前	6500万年前
三畳紀	ジュラ紀		白亜紀

恐竜と鳥類

アッロサウルス

ジュラ紀の巨大肉食恐竜のなかでも、ひときわ有名なのがアッロサウルスだ。この恐竜は、7000万年後に登場するモンスター恐竜、ティランノサウルスによく似ている。複数のアッロサウルスの足跡化石がまとまって発見されていることから、群れで狩りをして、自分よりもずっと大きな獲物を倒していたとも考えられている。ただしこれは、大型のアッロサウルスが、ディナーに割りこもうとした、自分よりも小さい個体を殺して食べたときの跡だという説もある。

おそろしい歯

アッロサウルスはおそろしい捕食者だったが、あごの力はそれほど強くなく、骨をくだくことはできなかったと考えられている。歯はステーキナイフのように鋭く、皮ふや筋肉を切りさいて、大きな肉をスライス状に噛みとることができた。攻撃を受け、命からがら逃げおおせた獲物も、おそらく出血多量で死んでしまっただろう。

アッロサウルス
Allosaurus

- 生息年代　1億5000万年前（ジュラ紀後期）
- 化石発見地　アメリカ合衆国、ポルトガル
- 生息環境　平野
- 全長　12m
- 食べもの　肉

若いアッロサウルスは高速ランナーで、長くて強力な後肢で獲物を機敏に追いかけていたようだ。成長して体が重くなったアッロサウルスは、獲物を走って追いまわすのではなく、待ちぶせして襲う戦法に頼ることが多かっただろう。湾曲した長い手のかぎづめを、食肉を運ぶフックのように使って獲物をとらえていた。狩りをするほかに、死んだ動物の肉をあさっていたとも考えられている。

▼穴だらけの頭骨
大きな穴があいた巨大な頭骨は、軽量だが丈夫だった。骨には小さめの穴もあいていた。おそらく、肺につながる気空がおさまっていたのだろう。

尾をぴんとのばしてバランスをとっていた

高さがあり、幅の狭いあご

両眼の前にある三角形の角は、おそらくディスプレイのためのものだろう

歯は縁がステーキナイフのようにぎざぎざだった

恐竜と鳥類

ティランノサウルス類

史上もっとも大きく、もっともおそろしい捕食者が、ティランノサウルス類(「暴君トカゲ」という意味)の恐竜たちだ。最初のティランノサウルス類は小型で、おそらくは羽毛をもつ恐竜だったが、数千万年のあいだに巨大な体に進化していき、ついには最大のティランノサウルス(p182〜183)が誕生した。巨大なティランノサウルス類のあごは、おそろしく強力で、骨をもくだく鋭い歯が並んでいた。たまたま出くわしたどんな動物でも、噛み殺して食べることができただろう。

種族データファイル

おもな特徴
- 体の大きさに比べて大きな頭骨とあご
- 小さいが強力な前肢。手には2本または3本の指しかない
- 走るのに適した長い後肢

生息年代
ティランノサウルス類は2億年前のジュラ紀に登場し、6500万年前の白亜紀末に絶滅した。

恐竜と鳥類

タルボサウルス
Tarbosaurus

- 生息年代　7000万〜6500万年前(白亜紀後期)
- 化石発見地　モンゴル、中国
- 生息環境　氾濫原
- 全長　12m
- 食べもの　肉

ティランノサウルスが北アメリカの生物界に君臨していたのに対し、中国で暴れまわっていたのが、近縁種のタルボサウルスだ。タルボサウルスはティランノサウルスに劣らず大きいが、頭骨の幅はティランノサウルスよりも細く、前肢はさらに小さかった。狩りのテクニックは、ティランノサウルスと同じだったようだ。あごで獲物を噛みくだき、足で死骸をふみつけながら、肉のかたまりをひきさいていたのだろう。

プロケラトサウルス
Proceratosaurus

- 生息年代　1億7500万年前（ジュラ紀中期）
- 化石発見地　ブリテン諸島
- 生息環境　開けた林地
- 全長　2m
- 食べもの　肉

プロケラトサウルスの唯一の化石は、1910年にイギリスで発見された、驚くほど保存状態の良い頭骨だ。プロケラトサウルスは初期の小型ティランノサウルス類で、グアンロング（右下参照）に近い恐竜と考えられている。もっとも目をひく特徴は、吻部のてっぺんに奇妙なとさかがあったことだ。この小さなとさかは、グアンロングのようなもっと長いとさかの一部だったのかもしれないが、頭骨の上部が失われているため、たしかなことはわかっていない。

▲タルボサウルスは後期の巨大ティランノサウルス類の典型で、大きな頭骨、強力なあご、バナナのような巨大な歯を備えていた。それに対して、前肢はぶかっこうなほど小さく、手の指は2本しかなかった。

アルベルトサウルス（アルバートサウルス）
Albertosaurus

- 生息年代　7500万年前（白亜紀後期）
- 化石発見地　カナダ
- 生息環境　森林
- 全長　9m
- 食べもの　肉

最大級のティランノサウルス類に比べて体重が軽かったことから、走るのが速かったと考えられている。頭部は巨大で、両眼の上に三角形の角があった。あごにはバナナのような60本の歯が並んでいた。アルベルトサウルスの化石は、30体以上見つかっている。そのうちの22体は1か所で発見されていて、若い個体と年とった個体がまとまって見つかっている。この「集団墓地」は、アルベルトサウルスが群れで暮らし、狩りをしていた証拠だと考える科学者もいる。アルベルトサウルスという名は、最初に化石が発見されたカナダのアルバータ州にちなんでいる。

グアンロング
Guanlong

- 生息年代　1億6000万年前（ジュラ紀後期）
- 化石発見地　中国
- 生息環境　森林
- 全長　2.5m
- 食べもの　肉

グアンロングは1996年に中国で発見された。その名は中国語で「冠をかぶった竜」という意味で、鼻から頭の後ろまでのびる中空のとさかにちなんでいる。このとさかは、おそらくディスプレイのためのもので、異性をひきつけるのに役だっていたのだろう。初期のティランノサウルス類であるグアンロングは、のちの巨大な同類よりもずっと小さく、それぞれの手には2本ではなく3本の指があった。初期の羽毛恐竜に近いなかまで、綿毛のような羽毛におおわれていたとも考えられている。

とさか

恐竜と鳥類

ティランノサウルス

ティランノサウルスは、史上もっともおそろしく、もっとも有名な恐竜だ。映画『ジュラシック・パーク』で主役を演じたほどである。史上最大の陸生肉食動物というわけではないが、白亜紀の肉食動物としては最大で、そのあごの力はどんな陸生動物よりも強かった。専門家のなかには、ティランノサウルスは狩りをするのと同時に腐肉食でもあり、巨大なあごと歯は骨を食べるのに適応したものだと考える研究者もいる。

▲骨をもくだく歯
ほとんどの肉食恐竜は、縁がぎざぎざになったステーキナイフのような歯をもっていたが、ティランノサウルスの歯は巨大で鋭くとがっていたため、皮ふや筋肉、そして骨までもつきとおすことができた。

▶小さな腕
ティランノサウルスの前肢は小さく、奇妙な形をした手には、かぎづめのついた指が2本あるだけだ。腕は口まで届かないどころか、もう片方の腕にも届かなかったが、力はとても強かった。おそらく、獲物を口でくわえながら、かぎづめを深くつきさし、逃げようとする獲物の動きを封じていたのだろう。

▲骨格
ティランノサウルスの化石は、いくつかの骨格をふくめて30体ほど見つかっているが、完全なものはひとつもない。皮ふの印象の化石から、大人の皮ふはうろこにおおわれていたが、赤ちゃんには小型のティランノサウルス類のようなやわらかい羽毛があったらしいことがわかっている。

ティランノサウルス
Tyrannosaurus

- 生息年代　7000万〜6500万年前（白亜紀後期）
- 化石発見地　北アメリカ
- 生息環境　森林や沼地
- 全長　12m
- 食べもの　肉

バスくらいの大きさで、体重はゾウの2倍もあるティランノサウルスは、まちがいなく白亜紀最強の捕食者だ。トゥリケラトプスやエドモントサウルスなどの獲物の骨に残された深い穴は、ティランノサウルスのおもな武器が、強力なあごと、骨をもつらぬく歯だったことを物語っている。小型の獲物はふりまわしてばらばらにひきさき、大型の獲物を相手にするときは、深い傷を負わせて弱らせていたのかもしれない。獲物を足でふみつけたまま、たくましい頸の筋肉を使って、口いっぱいの肉と骨を噛みちぎり、まるごと飲みこんでいたのだろう。

恐竜と鳥類

2億5100万年前	2億年前	1億4500万年前	6500万年前
三畳紀	ジュラ紀	白亜紀	

◀長い脚
後肢は長く、腿の筋肉は強力だったが、足クビと足はほっそりとしていた。そのアスリートのような体格は、きわめて速く走る能力があったことを示している。もっとも、全力で走ることはめったになかっただろう。というのも、これほど体重のある動物が猛スピードのときに転んだら、命とりになりかねないからだ。

恐竜と鳥類

コムプソグナトゥス類

たいていの人は、恐竜といえば、いまにも噛み殺さんばかりに歯をむきだした、ティランノサウルスのような巨大でおそろしげな生きものを思いうかべるはずだ。だが、コムプソグナトゥス類の恐竜のなかには、ニワトリと変わらない大きさのものもいた。コムプソグナトゥス類は動きのすばやい小さな捕食者で、小型の動物を狩りの獲物にしていた。鳥の祖先に近いなかまでもあり、綿毛のような単純な羽毛で、小さな体を温かく保っていたようだ。

恐竜と鳥類

種族データファイル

おもな特徴
- 小型で軽い体と、中空になった骨
- うろこやわらかい羽毛でおおわれた皮ふ
- バランスをとるのに使う長い尾

生息年代
コムプソグナトゥス類は、1億5100万年前のジュラ紀後期に登場し、1億800万年前の白亜紀前期に姿を消した。

コムプソグナトゥス
Compsognathus

- 生息年代　1億5000万年前（ジュラ紀後期）
- 化石発見地　ドイツ、フランス
- 生息環境　低木地や沼地
- 全長　1m
- 食べもの　トカゲ、小型の哺乳類、恐竜の赤ちゃん

大きな眼、かぎづめのある手、湾曲した鋭い歯をもつコムプソグナトゥスは、典型的な肉食恐竜だが、体の大きさはニワトリほどしかなかった。鳥と同じように、骨が中空になっていたので、体が軽かった。つま先ですばやく走りまわるこの軽量級の捕食者は、トカゲなどの動きの速い獲物にも追いつき、とびかかることができた。全長の半分以上を占める長い尾は、体のバランスをとるのに使われ、走りながら急旋回するときに役だった。背中を中心とする体の大部分が、やわらかい羽毛におおわれていたと考えられている。

コムプソグナトゥスの化石

▼小さいけれどハンターだった
肉食動物の例にもれず、コムプソグナトゥスも、偶然見つけた死骸をあさることもあっただろう。だが、すばやく動ける体つきと、小さくて鋭い歯から考えると、ハンターになることのほうが多かったようだ。この体つきなら、警戒心の強い小動物が岩の下に逃げこんだり、下草に姿を消したりするまえに、すばやくとらえることができただろう。

シノサウロプテリクス
Sinosauropteryx

- 生息年代　1億3000万〜1億2500万年前（白亜紀前期）
- 化石発見地　中国
- 生息環境　森林
- 全長　1m
- 食べもの　小動物

1996年、中国の遼寧省にある採掘場で、羽毛をもつ恐竜の化石がはじめて見つかった。それがシノサウロプテリクスだ。化石には、単純な綿毛のような羽毛の跡がはっきりと残されていた。背中と体の側面をおおっていたこの羽毛には、皮ふの上に空気の層をつくって体温を保つはたらきがあったようだ。シノサウロプテリクスの尾はきわめて長く、全長に占める尾の割合は、肉食恐竜のなかでもっとも大きかった。

恐竜と鳥類

オルニトミムス類

「ダチョウ型恐竜」とも呼ばれるオルニトミムス類の恐竜たちは、まさにダチョウと同じような体つきをしていて、同じくらい速く走っていた。恐竜のなかでもスピードがもっとも速く、全力で走れば時速80kmを出すこともできただろう。肉食恐竜から進化したが、鳥のようなくちばしをもち、大きな歯がなかったことから、肉以外のものも幅広く食べていたと考えられている。

種族データファイル

おもな特徴
- きわめて長い後肢
- 長い頸と、くちばしのある小さな頭
- 大きな眼
- 小さな歯をもつ、または歯をもたない

生息年代
オルニトミムス類は、1億3000万年前の白亜紀前期に登場し、6500万年前の白亜紀後期に絶滅した。

ガッリミムス
Gallimimus

- 生息年代　7500万〜6500万年前（白亜紀後期）
- 化石発見地　モンゴル
- 生息環境　砂漠の平野
- 全長　6m
- 食べもの　葉、種子、昆虫、小動物

オルニトミムス類のなかでもとくに有名なのが、ガッリミムス（「ニワトリもどき」の意）だ。オルニトミムス類最大の恐竜で、全高はヒトの3倍、体重はニワトリよりもずっと重く、450kgもあった。足の速さは恐竜のなかでも最速で、競走馬にもまさるスピードをほこっていた。頭骨は鳥に似ていて、脳はゴルフボールくらいの大きさだった（ダチョウの脳よりわずかに大きい）。歯のない長いくちばしを使って、葉や種子、昆虫、小動物をついばんでいた。

◀鳥なみの視力

ガッリミムスの眼窩は大きく、眼は横方向を向いていた。そのおかげで、ほぼあらゆる方向の敵を見つけることができた。眼球の内側には、強膜輪という小さな骨板があり、これが眼を支えていた。この特徴は、現生の鳥に共通するものだ。

現生のなかま

オルニトミムス類の走る姿は、現生のダチョウにそっくりだったかもしれない。ダチョウは尾を後ろにつきだしながら、強力な長い後肢をいかして大股で走る。現生の鳥のなかでもっとも速いダチョウは、時速72kmほどで走ることができる。ちなみに、人間の平均的な走る速さは、時速10〜18km程度にすぎない。

恐竜と鳥類

ストゥルティオミムス
Struthiomimus

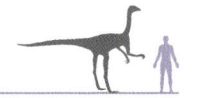

- ■ 生息年代　7500万年前（白亜紀後期）
- ■ 化石発見地　カナダ
- ■ 生息環境　開けた土地、川岸
- ■ 全長　4m
- ■ 食べもの　雑食性

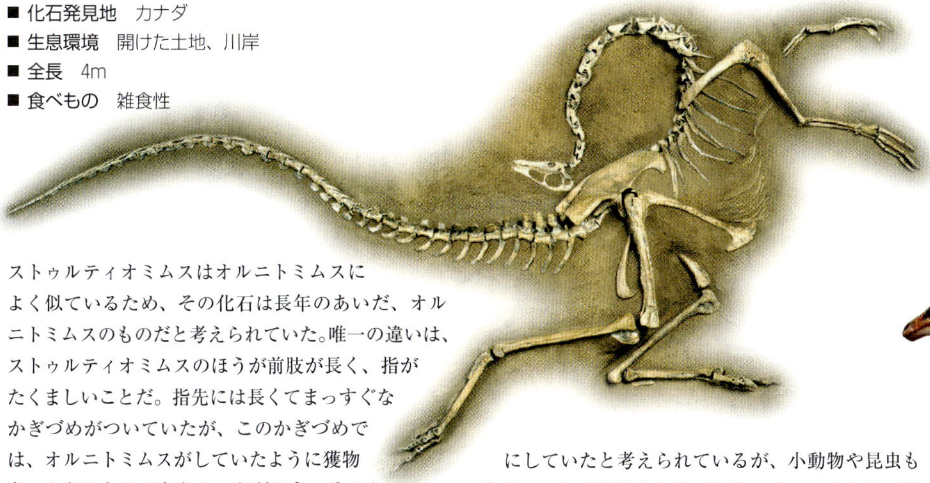

ストゥルティオミムスはオルニトミムスによく似ているため、その化石は長年のあいだ、オルニトミムスのものだと考えられていた。唯一の違いは、ストゥルティオミムスのほうが前肢が長く、指がたくましいことだ。指先には長くてまっすぐなかぎづめがついていたが、このかぎづめでは、オルニトミムスがしていたように獲物をつかむことはできなかっただろう。そのかわりに、現生のナマケモノがするように、腕と手を使って木の枝をひっぱり、くちばしの近くに運んでいたのかもしれない。木の若芽や若枝などの植物をえさにしていたと考えられているが、小動物や昆虫も食べていた可能性もある。ほかのオルニトミムス類と同じく、スピードを出すのに適した長くて力強い後肢をもち、柔軟性のある細い頸の上に小さな頭がのっていた。

▼羽毛か、うろこか？
オルニトミムス類の模型やイラストは、ほとんどがうろこにおおわれた姿をしている。だが、いまでは科学者の多くが、オルニトミムス類は近縁の恐竜グループと同じく、原始的な綿毛のような羽毛（原羽毛）をもっていたと考えるようになっている。

オルニトミムス
Ornithomimus

- ■ 生息年代　7500万〜6500万年前（白亜紀後期）
- ■ 化石発見地　アメリカ合衆国、カナダ
- ■ 生息環境　沼地、森林
- ■ 全長　3m
- ■ 食べもの　雑食性

オルニトミムスは、典型的なオルニトミムス類の特徴である、短い胴体と長い後肢のもちぬしだ。足の速いランナーで、全速で走っているときでも、尾を左右にふって急旋回することができた。生息していた時代や体の大きさの割には大きな脳をもっていたが、知能はダチョウよりもはるかに低かった。

長くてかたい尾

恐竜と鳥類

恐竜ロボット

きみたちはおそらく、映画のなかで生き生きとよみがえった恐竜を見たことがあるだろう。運のいい人なら、恐竜展などで、実際に動く恐竜も見たことがあるかもしれない。そうした恐竜の一部は、アニマトロニクス（動物と同じ動きをするロボットをつくる技術）でつくられたものだ。このロボット恐竜をつくるには、長い時間がかかる。本物そっくりに見えるが、じつは機械じかけの人形だ。

▼実物大
このティラノサウルスのロボットは、2007年の恐竜展のためにつくられた。

恐竜と鳥類

太り気味のティランノサウルス
アニマトロニクスでつくられた恐竜は、実物とまったく同じ姿をしているわけではない。このティラノサウルスは、実際よりもずっと太っている。というのも、体が細いと、ロボット内の機械を隠せないからだ。

アニマトロニクス恐竜のつくりかた

アニマトロニクス恐竜は、まずはスケッチからはじまり、何か月もかけて製作される。下の写真は、映画『ロスト・ワールド／ジュラシック・パーク』(1997年公開)で使われたティラノサウルスの製作現場を収めたものだ。『ジュラシック・パーク』シリーズの恐竜のすべてが、アニマトロニクスでつくられたわけではなく、「CG恐竜」(コンピューターでつくった3Dモデル)も数多く使われた。

▲**巨大なおおい** プラスチックと鋼鉄のフレームに恐竜の皮ふをかぶせる。フレームの大部分は、溶接で固定しなければならない。

▲**殺し屋のあご** 歯をあごにはりつける。口に肉の色をした合成ゴムをはめこみ、鋼鉄製の頭骨にのびちぢみする皮ふを巻きつける。

▲**人形つかい** 恐竜の動きは、「遠隔操作スーツ」を着たオペレーターが制御する。写真のスーツは腕を動かすためのもの。

クローズアップ

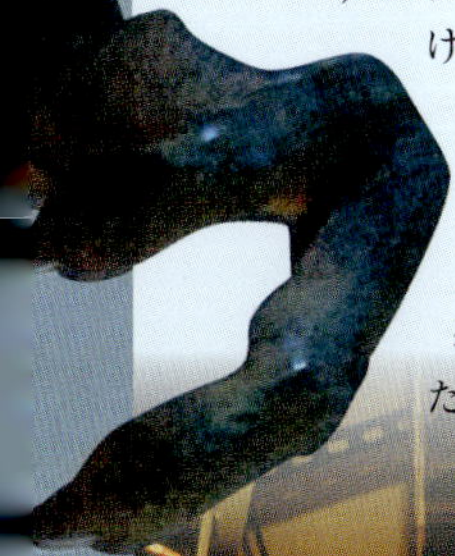

アニマトロニクスでつくった恐竜は、映画や展示に使われるだけではない。アメリカの科学者ピーター・ディルワースは、この技術がいつの日か、体の不自由な人々を助けるようになると信じている。ディルワースのつくったこの高さ45cmの恐竜ロボットは、白亜紀の肉食恐竜トゥロオドンの模型だ。ニックネームは「トゥルーディ」。開発に5年をかけたトゥルーディは、座った姿勢から立ちあがったり、支えなしで歩いたりすることができる。

恐竜と鳥類

オヴィラプトル類

オヴィラプトル類は、オウムのようなくちばしと羽毛をもつ、奇妙な姿をした恐竜グループだ。肉食恐竜（獣脚類）から進化したが、雑食または植物食だった。歯はまったくないか、あってもごくわずかで、吻部は短く、多くは頭部に派手なとさかがあった。鳥のように卵を抱いていたことが、化石からわかっている。一部のオヴィラプトル類は、あまりにも鳥そっくりで、発見した科学者が古代の飛べない鳥にちがいないと考えたほどだ。

キティパティ
Citipati

- 生息年代　7500万年前（白亜紀後期）
- 化石発見地　モンゴル
- 生息環境　中央アジアの平野
- 全長　3m

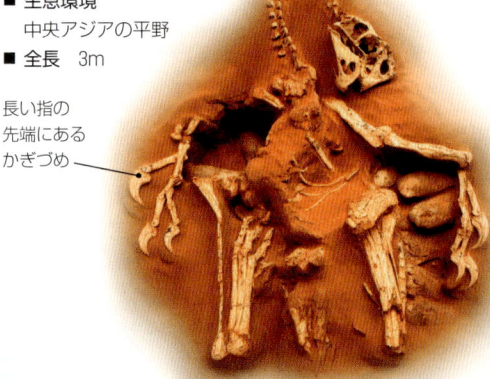

長い指の先端にあるかぎづめ

キティパティ（上と下）のもっとも目をひく特徴は、頭のとさかだ。キティパティの化石の多くは、巣で卵を抱いた状態で見つかっている。卵を守る腕には、現生の鳥と同じように、羽毛が生えていたのだろう。キティパティの卵は巨大な楕円形で、ヒトの手よりも大きかった。

種族データファイル

おもな特徴
- 頭骨は短く、とさかをもつものもいる
- オウムのようなくちばしで、歯はまったくないか、あっても小さい
- 羽毛
- 植物食

生息年代
オヴィラプトル類は8400万〜6500万年前の白亜紀に生息していた。

恐竜と鳥類

インゲニア
Ingenia

- 生息年代　7000万年前（白亜紀後期）
- 化石発見地　モンゴル
- 生息環境　森林
- 全長　1.5m

インゲニアは小型の羽毛恐竜で、大きさはヒトほどしかなかった。最初の化石が発見されたモンゴルのインゲニ地方にちなんで名づけられた。この恐竜の化石は、ごくわずかしか見つかっていないが、数少ない化石から、手がかっしりとしていて、異様に長い第1指にはかぎづめがあったことがわかっている。このかぎづめは、身を守るための武器だったのかもしれない。インゲニアは雑食性で、植物と動物の両方を食べていた可能性がある。

カウディプテリクス
Caudipteryx

尾の先端についた扇のような羽飾り

- 生息年代　1億3000万～1億2000万年前（白亜紀前期）
- 化石発見地　中国
- 生息環境　湖岸や川岸
- 全長　1m

カウディプテリクスはシチメンチョウくらいの大きさで、羽毛におおわれていた。短い翼のような前肢には、大きくて派手な羽がついていた。尾には扇のような羽飾りがあり、全身が短いダウンのような羽毛におおわれていた。羽はおそらく飛ぶためのものではなく、体温を保ったり、繁殖相手をひきつけたりするためのものだったのだろう。骨質の尾は、ほかの恐竜よりも短かった。このことは、尾でバランスをとることができなかったことを示している。そのため、太った飛べない鳥のように歩いていた可能性が高い。先端のとがったくちばしを使って、植物を細かくさいたり、種子を割ったりしていたのかもしれないが、肉も食べていた可能性もある。

恐竜と鳥類

恐竜の卵

1920年代、7500万年前の驚くべき巣が、モンゴルにあるゴビ砂漠の深い砂のなかから発見された。巣のなかには、いくつもの細長い卵が円を描くように並んでいた。これは、羽毛恐竜オヴィラプトルの巣の化石だ。巣の近くで母親の骨格も見つかったが、当初は母親と卵は別々の恐竜のものとかんちがいされていた。この母親恐竜には、「卵泥棒」を意味するオヴィラプトルという名がつけられた。卵を盗もうとする捕食者だと思われたからだ。結局、この名前が定着し、同じグループの恐竜たちはすべてオヴィラプトル類と呼ばれるようになった。

恐竜と鳥類

恐竜と鳥類

▲卵のなか
恐竜の卵はこれまでに数多く見つかっているが、そのすべてに赤ちゃん恐竜が入っているわけではない。なかになにかが入っているかどうかをたしかめるためには、卵を細かく調べてから、周囲をおおう殻などのかたい部分を小型ののみで慎重に削ったり、弱い酸で溶かしたりしなければならない。卵のなかに隠された赤ちゃんの小さな骨や組織が姿を現すまでに、1年もの時間がかかることもある。

テリズィノサウルス類

テリズィノサウルス類の化石の断片を、科学者たちがひとつひとつ組みあわせていったところ、この恐竜のなかまたちがひときわ奇妙な姿をしていたことがわかった。背が高く、頭が小さく、後肢(こうし)がずんぐりとしていて、腹は丸くでっぱっていた。骨の特徴は、テリズィノサウルス類が肉食恐竜の類縁(るいえん)であることを示しているが、どうやらその歯と消化器系は、肉ではなく植物を食べるために進化したようだ。

テリズィノサウルス
Therizinosaurus

- 生息年代　8000万～7000万年前（白亜紀(はくあき)後期）
- 化石発見地　モンゴル
- 生息環境　森林
- 全長　8～11m
- 食べもの　植物

テリズィノサウルスは大型のテリズィノサウルス類だ。化石が発見されたゴビ砂漠は、現在では荒れ果てた寒い土地だが、白亜紀後期には現在より温暖で雨も多く、背の高い木々がしげっていた。おそらく、テリズィノサウルスの見あげるような背の高さは、キリンのように高い木の葉を食べるのに役だっていたのだろう。

恐竜と鳥類

▲シザー・ハンズ
テリズィノサウルスの手には驚くほど長いかぎづめが生えていて、その長さは1m近くもあった。このかぎづめは身を守るための武器で、このイラストのように、タルボサウルスなどのティランノサウルス類をひっかいていたのだろう。また、木の高いところにある枝をひきおろすのにも使っていたのかもしれない。

194

アルクササウルス
Alxasaurus

- 生息年代　1億3000万年前（白亜紀前期）
- 化石発見地　中国
- 生息環境　森林
- 全長　4m
- 食べもの　植物

1988年、未知の恐竜の化石5体がモンゴルで見つかった。それが、テリズィノサウルス類のアルクササウルスだ。アルクササウルスの葉の形をした歯は、肉を切りさけるほど鋭くないため、植物を食べていたのだろう。丸くふくらんだ腹は、大量の葉を食べていたことを物語っている。大きな腹がじゃまをして、速く走ることはできなかったかもしれない。別の恐竜に襲われたときには、逃げるのではなく、長いかぎづめで反撃したのだろう。

種族データファイル

おもな特徴
- 長い頸（くび）
- 指先にある湾曲した巨大なかぎづめ
- 短い尾
- 4本趾（ゆび）の足
- 部分的に羽毛がある

生息年代
テリズィノサウルス類は、1億3000万年前の白亜紀前期に登場し、6500万年前の白亜紀後期に絶滅した。

恐竜と鳥類

ドゥロマエオサウルス類

ドゥロマエオサウルス類は小さいが凶暴なハンターで、歯はかみそりのよう、手足の先にはおそろしげなかぎづめが生えていた。鳥類に近いなかまで、空を飛ぶ祖先から進化した可能性もある。長い前肢は翼のように折りたたまれていて、体は羽毛におおわれていた。ドゥロマエオサウルス類は、「泥棒」や「略奪者」を意味する「ラプトル」という名で呼ばれることもある。

ドゥロマエオサウルス
Dromaeosaurus

- 生息年代　7500万年前（白亜紀後期）
- 化石発見地　カナダ
- 生息環境　森林、平野
- 全長　2m
- 食べもの　肉

ドゥロマエオサウルスの頭骨

ヴェロキラプトルと同じくらいの大きさだが、ヴェロキラプトルよりも頭骨がぶ厚く、下あごも深かった。この特徴は、噛む力が強かったことを示している。眼が大きく、視覚に頼って狩りをしていた。おそらく、ネコのように獲物にそっとしのびよってから、とびかかって息の根を止めていたのだろう。ドゥロマエオサウルスの化石は、頭骨の一部といくつかの骨しか見つかっていない。下の写真の骨格は、発見された化石と、近縁のドゥロマエオサウルス類の化石をもとに復元したものだ。

ドゥロマエオサウルスの復元骨格

ウタフラプトル（ユタラプトル）
Utahraptor

- 生息年代　1億3000万～1億2000万年前（白亜紀前期）
- 化石発見地　アメリカ合衆国
- 生息環境　平野
- 全長　7m
- 食べもの　肉

ドゥロマエオサウルス類のなかでは最大の恐竜で、体重はハイイログマよりも重く、およそ500kgにも達した。ほかのドゥロマエオサウルス類と同じく、足の第2趾に湾曲した長いかぎづめがあった。獲物にとびかかったあとに、切りさいたりつきさしたりするのに使っていたのかもしれない。長さ24cmもあるかぎづめの化石も見つかっている。

恐竜と鳥類

細くて柔軟な顎

趾のかぎづめ

長い前肢

かぎづめのある3本の指

趾のかぎづめ

デイノニクス
Deinonychus

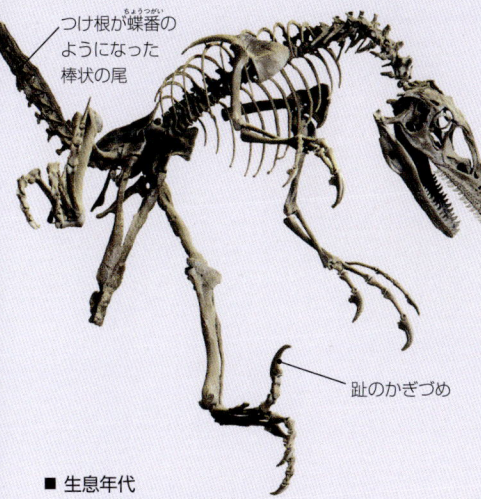

- 生息年代　1億1500万〜1億800万年前（白亜紀前期）
- 化石発見地　アメリカ合衆国
- 生息環境　亜熱帯の沼地や森林
- 全長　3m
- 食べもの　肉

ヒョウほどの大きさのデイノニクス（「おそろしいかぎづめ」という意味）は、足先にある大きなかぎづめで有名な恐竜だ。ほかのドゥロマエオサウルス類と同じく、趾のかぎづめを地面からもちあげて歩くことで、その鋭さを保っていた。獲物を激しくけりながら、趾のかぎづめで腹やのどをひきさいていたと考える専門家もいる。子どもが木に登るときに使ったとする説や、獲物にしがみつくためのものだとする説もある。かたい尾は、跳躍するときや木に登るときにバランスをとるのに役だった。

つけ根が蝶番のようになった棒状の尾

趾のかぎづめ

ヴェロキラプトル
Velociraptor

- 生息年代　8500万年前（白亜紀後期）
- 化石発見地　モンゴル
- 生息環境　低木林や砂漠
- 全長　2m
- 食べもの　トカゲ、哺乳類、小型の恐竜

ヴェロキラプトルは映画『ジュラシック・パーク』で重要な役どころを演じたが、本物の2倍の大きさで登場していた。実際の姿は、羽毛をもつほっそりとした恐竜で、オオカミほどの大きさだった。ヴェロキラプトルのもっとも目を見はる化石は、プロトケラトプスと闘っている姿のまま化石化した完全骨格（左下）だ。おそらく突然の砂嵐に埋もれ、闘いの最中に死んだのだろう。ほかのドゥロマエオサウルス類と同じく、ヴェロキラプトルの足先には、すばやく動かせる巨大なかぎづめがあり、翼のように折りたたまれた長い腕の先端にも、獲物をがっちりとつかむためのかぎづめが生えていた。羽毛のある化石は見つかっていないが、腕の骨には、長い羽毛の軸をつなぎとめるための小さな突起がある。

きわめて細い吻部

長くて鋭いかぎづめ

バムビラプトル
Bambiraptor

- 生息年代　7500万年前（白亜紀後期）
- 化石発見地　北アメリカ
- 生息環境　森林
- 全長　0.6m
- 食べもの　肉

1995年、14歳のウェス・リンスターは、アメリカ・モンタナ州にあるグレーシャー国立公園の山中で、両親とともに化石を探していた。ウェスはそこで、骨格の一部を見つけて大喜びした。のちの発掘により、ウェスが見つけたこの化石は、小さいながら保存状態のきわめて良い、ドゥロマエオサウルス類のものとわかった。その恐竜は体が小さいことから、イタリア語の「バンビーノ（子ども）」にちなんで、バムビラプトルと名づけられた。バムビラプトルは鳥に似た恐竜で、おそらく羽毛が生えていた。長い後肢は、走るのが速かったことを物語っている。小型の哺乳類や爬虫類を襲い、ネコがネズミをとらえるように、かぎづめのある手で獲物を押さえこんでいたのだろう。体の大きさのわりに脳がきわめて大きいことから、知能の高い動物（知能の高い子ども、というべきかもしれない）だったと考えられている。体が小さいため、木などに登ることができたと考える科学者もいる。

手クビの関節は鳥と似ていて、鳥が翼を折りたたむようにすることができた

種族データファイル

おもな特徴
- 腕、脚、尾に生えた鳥のような長い羽。体は綿毛のような羽毛におおわれている
- 足の第2趾に鎌のようなかぎづめがある
- 長い前肢を体に沿って、翼のように折りたたむことができる

生息年代
ドゥロマエオサウルス類は1億6700万年前のジュラ紀に登場し、6500万年前の白亜紀末に絶滅した。

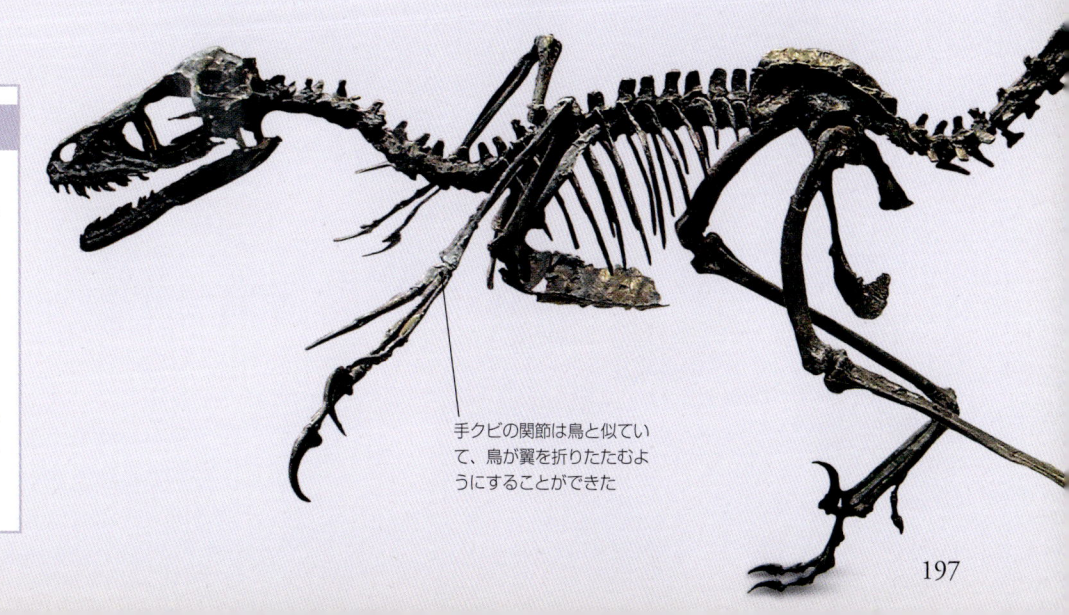

恐竜と鳥類

命をかけた闘い

北アメリカでは、巨大な植物食恐竜テノントサウルスの化石の近くで、凶暴な肉食恐竜デイノニクスの歯が見つかることが多い。ある化石発掘場では、1頭のテノントサウルスと5頭のデイノニクスが一緒に発見された。テノントサウルスは、デイノニクスが1頭で倒すには大きすぎる獲物だが、群れで狩りをすれば、しとめることができたのではないだろうか？

◀テノントサウルスはよろいでおおわれていないうえに、防御のための武器もほとんどなかったので、捕食者にとっては、狙いやすいターゲットだった。ただし、体の大きさは、身を守るのに役だった。大人のテノントサウルスの体重はおよそ2トンで、デイノニクスの30倍近くもあった。

恐竜と鳥類

群れで狩り

オオカミのように群れで狩りをする動物は、なかまと協力することで、大きな獲物でもしとめることができる。恐竜が群れで狩りをしていたという証拠はなく、すべての科学者がそう考えているわけでもない。恐竜の生きた子孫にあたる鳥類では、群れで狩りをする例はほとんど知られていない。

> ◀デイノニクスのような軽量級のハンターは、驚くほど動きがすばやかったと考えられている。テノントサウルスのような大きな獲物がふりまわす尾や脚からひらりと身をかわすには、動きの速さが必要だったろう。

まめ知識

デイノニクスのもっとも有名な特徴は、後肢の第2趾にある巨大なかぎづめだ。「おそろしいかぎづめ」を意味するデイノニクスという名は、ここからきている。

第1趾は大変短いので、この図では見えない

鎌のような湾曲したかぎづめ

第2趾のかぎづめは、獲物の腹をさくのに使われたのかもしれない。すばやいキックを何度もくりだして、獲物の腹を切りさいていたのかもしれない。

恐竜と鳥類

> ◀デイノニクスのあごには、湾曲したかみそりのような歯が約60本も並んでいた。それぞれの歯の縁は、ステーキナイフの刃のようにぎざぎざになっていた。かたい皮ふや肉を切りさくにはぴったりだ。

ミクロラプトル

ハトよりもわずかに大きい程度のミクロラプトル（「小さな泥棒」という意味）は、これまで知られているなかで最小の恐竜のひとつだ。全身を羽毛でおおわれ、4枚の翼と思えるもので風を受けながら、木から木へと飛ぶ（少なくとも滑空する）ことができた。ドゥロマエオサウルス類の一員であるミクロラプトルは肉食恐竜で、ヴェロキラプトルの近縁だったが、真の鳥類ではなかった。

ミクロラプトル
Microraptor

- 生息年代　1億3000万～1億2500万年前（白亜紀前期）
- 化石発見地　中国
- 生息環境　森林
- 全長　1m
- 食べもの　おそらく小型の哺乳類、トカゲ、昆虫

ミクロラプトルの化石は中国で数多く発見され、保存状態の良い骨格も20体以上見つかっている。鳥と違って、歯、骨質の尾、大きなかぎづめのある前肢があり、化石には、見まちがえようのない風切り羽（飛翔のための長い羽）の痕跡が残されている。このことは、風切り羽が鳥類だけの特徴ではなく、一部の恐竜にもあったことを証明している。ミクロラプトルには、翼をはばたかせて離陸するのに必要な大きな飛翔筋はなかったが、ムササビのように、翼を広げて滑空することはできた。尾の先端には、ひし形の扇のような羽がついていた。おそらく、空中でバランスをとるためのものだろう。後肢についている長い羽は、歩くときや走るときにはじゃまになったはずなので、木の上ですごしていたのだろう。

恐竜と鳥類

2億5100万年前	2億年前	1億4500万年前	6500万年前
三畳紀	ジュラ紀	白亜紀	

4枚の翼をもつ恐竜？

ミクロラプトルの腕と脚には、鳥のものに似た長い風切り羽があり、さながら4枚の翼のようだった。どのように使っていたのかは、わからない。後肢を大きく広げて滑空することができたとも考えられているが、それには股関節の柔軟性がたりないという説もある。

恐竜と鳥類

◀羽のある化石
この保存状態の良い化石は、腕と脚に長い羽の印象があったことを示している。ドゥロマエオサウルス類の特徴であるぴんと張った尾も見られる。

シノルニトサウルス

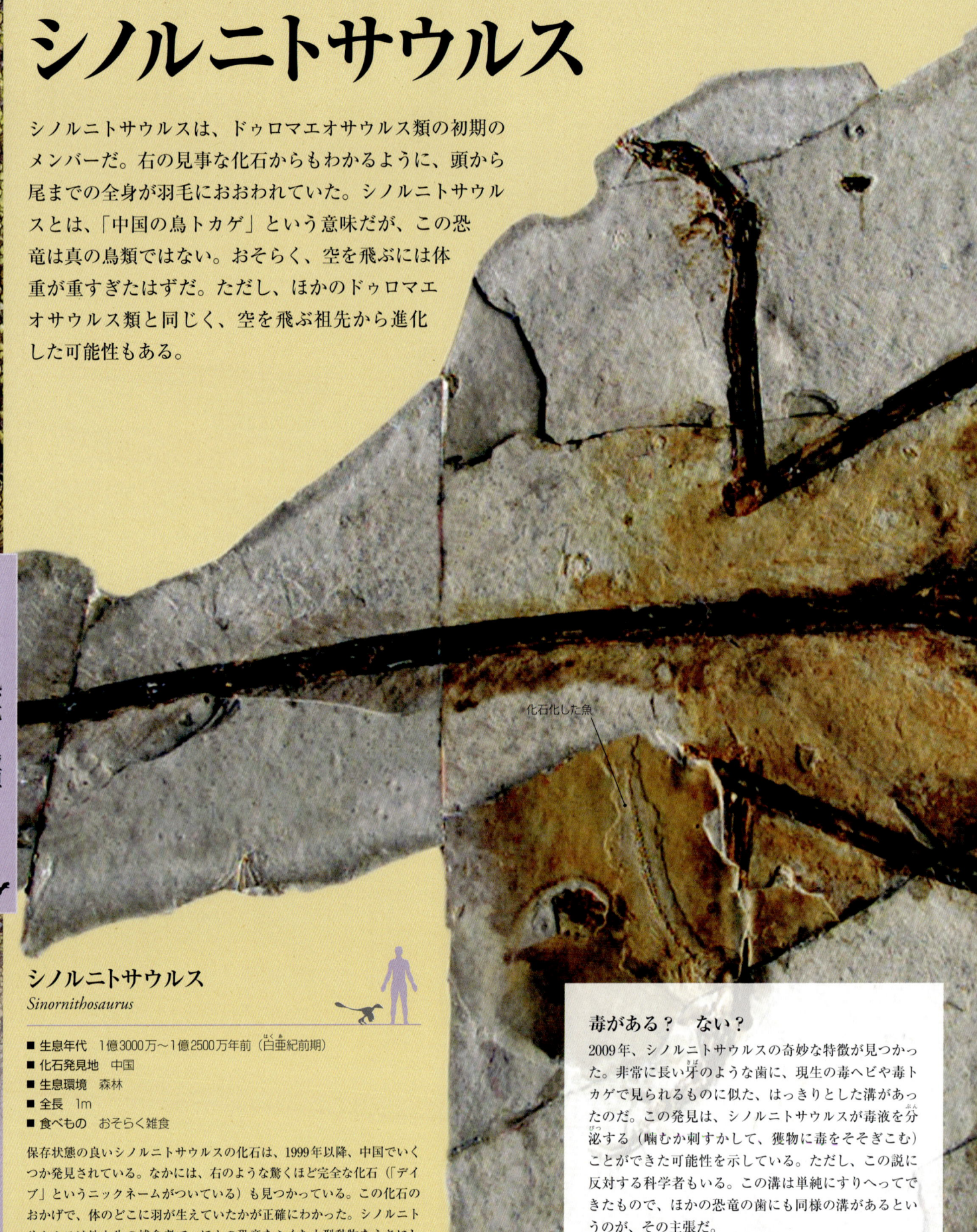

シノルニトサウルスは、ドゥロマエオサウルス類の初期のメンバーだ。右の見事な化石からもわかるように、頭から尾までの全身が羽毛におおわれていた。シノルニトサウルスとは、「中国の鳥トカゲ」という意味だが、この恐竜は真の鳥類ではない。おそらく、空を飛ぶには体重が重すぎたはずだ。ただし、ほかのドゥロマエオサウルス類と同じく、空を飛ぶ祖先から進化した可能性もある。

恐竜と鳥類

化石化した魚

シノルニトサウルス
Sinornithosaurus

- 生息年代　1億3000万〜1億2500万年前（白亜紀前期）
- 化石発見地　中国
- 生息環境　森林
- 全長　1m
- 食べもの　おそらく雑食

保存状態の良いシノルニトサウルスの化石は、1999年以降、中国でいくつか発見されている。なかには、右のような驚くほど完全な化石（「デイブ」というニックネームがついている）も見つかっている。この化石のおかげで、体のどこに羽が生えていたかが正確にわかった。シノルニトサウルスは地上生の捕食者で、ほかの恐竜をふくむ小型動物をえさにしていた。飛べなかったが、木に登ることはできたと考える研究者もいる。

毒がある？　ない？

2009年、シノルニトサウルスの奇妙な特徴が見つかった。非常に長い牙のような歯に、現生の毒ヘビや毒トカゲで見られるものに似た、はっきりとした溝があったのだ。この発見は、シノルニトサウルスが毒液を分泌する（噛むか刺すかして、獲物に毒をそそぎこむ）ことができた可能性を示している。ただし、この説に反対する科学者もいる。この溝は単純にすりへってできたもので、ほかの恐竜の歯にも同様の溝があるというのが、その主張だ。

2億5100万年前	2億年前	1億4500万年前	6500万年前
三畳紀	ジュラ紀	白亜紀	

かぎづめ

羽

頭部の羽毛

恐竜と鳥類

▲ふわふわの羽毛
おそらくシノルニトサウルスは、さまざまな色や大きさの羽をもっていた。腹部のふわふわの羽毛は、体温を保つのに役だったのだろう。腕の長い羽は、力を誇示したり、子どもを守ったりするのに使われたと考えられる。

トゥロオドン

トゥロオドンは小型だがすばしっこい恐竜だ。体つきは鳥に似ていて、羽毛でおおわれていた。体重はヒトの子どもくらいで、大型の恐竜を倒すほどの力はなかったが、足が速く、森林の草むらにいる小動物をつかまえるのに長けていた。恐竜としてはきわめて大きい脳と鋭い視力をもつトゥロオドンは、反応がすばやく、ネコのような狩猟本能を備え、知能も高かったようだ。

恐竜と鳥類

トゥロオドンの狩り

長くてほっそりした脚、アスリートのような体つきをしたトゥロオドンは、高速のスプリンターで、トカゲや赤ちゃん恐竜などの小さな獲物よりも速く走ることができた。足の第2趾には、大きな鎌形のかぎづめがあった。このかぎづめで、獲物を押さえつけていたのかもしれない。走っているときには、かぎづめを上にして、地面からもちあげておくことができた。

トゥロオドン
Troodon

- 生息年代　7400万～6500万年前（白亜紀後期）
- 化石発見地　北アメリカ
- 生息環境　樹木のしげった平野
- 全長　3m
- 食べもの　小動物、おそらく植物も

トゥロオドンの歯は、縁が極端にぎざぎざになった変わった歯だった。たいていは小動物をえさにしていたようだが、この歯を使って、葉を細かく切りきざんでいた可能性もある。トゥロオドンという名は、「傷を負わせる歯」という意味だ。

▶立体視

トゥロオドンの眼は、たいていの恐竜とは違って、横ではなく正面を向いていた。そのため、両眼で見える範囲では、ものを立体的に見ることができた（ヒトと同じだ）。この特別な能力のおかげで、獲物との距離を正確にはかってから、とびかかって息の根を止めることができた。

2億5100万年前	2億年前	1億4500万年前	6500万年前
三畳紀	ジュラ紀		白亜紀

恐竜と鳥類

卵のなかで、脚はきちんと折りたたまれている

鳥の脳

トゥロオドンの体重に対する脳の割合は、おそらく恐竜のなかでもっとも大きかった。恐竜としては知能が高かったかもしれないが、その脳の大きさは、ヒクイドリのような飛べない鳥と同じくらいで、哺乳類の平均的な脳よりはずっと小さかった。

ヒクイドリ

▲アメリカ・モンタナ州にあるエッグ・マウンテン地域で、トゥロオドンの卵の化石が見つかった。この模型は、卵のなかにあった小さな骨から再現されたもの。まるで生きているようなトゥロオドンの赤ちゃんが、いままさに卵から出ようとしている。両親は卵でいっぱいの巣に座り、羽毛の生えた腕で卵を守っていた。

205

恐竜の絶滅

恐竜が登場する直前、地球は大量絶滅に襲われ、すべての種のじつに90％近くが絶滅した。地球は長い年月をかけて、この大量絶滅から回復した。だが6500万年前、またもや突然の大量絶滅が起こり、ほぼすべての恐竜が姿を消した。この謎めいた恐竜の絶滅の原因は、いったいなんだったのだろうか？

恐竜と鳥類

天空からの攻撃

1980年、アメリカの科学者ルイス・アルバレズが、驚くべき発見をした。恐竜が絶滅した時期に形成された岩を調べていたところ、通常の100倍もの量のイリジウム（地球上にはあまり存在しないが、隕石に多くふくまれている金属元素）がふくまれていることがわかったのだ。この大量のイリジウムをふくむ層が世界中にあることを確認したアルバレズは、巨大な隕石か小惑星が地球に衝突したにちがいないと結論づけた。それほど巨大な天体の衝突なら、地球の気候をめちゃくちゃに壊し、恐竜を絶滅させることができただろう。

石炭
イリジウム層
粘土

まめ知識

すべての動物が絶滅したわけではない。次に挙げるのは、生き残った動物の例だ。

- サメやそのほかの魚類
- クラゲ
- サソリ
- 鳥類
- 昆虫
- 哺乳類
- ヘビ
- カメ
- ワニ

チチュルブ・クレーターの直径は約180kmもあった。

データファイル

過去5億5000万年のあいだに、地球は5回の大量絶滅に見舞われている。大量絶滅とは、動物種の50％以上が同時に死に絶えることを意味する。最近の大量絶滅は、中生代（恐竜の時代）末に起きたもので、この原因を説明するために、80を超える仮説が提唱されている。

衝突直後に、海水がクレーターに入りこんだと考えられている

隠れていたクレーター

隕石が衝突するとクレーターができる。地球の気候を変動させるほどの大きな隕石なら、巨大なクレーターができるはずだ。それはどこにあるのか？──答えは1970年代に見つかっていた。石油を探していた科学者たちが、メキシコ沿岸の深さ1kmを超える地中に、巨大なクレーターが隠れているのを発見したのだ。この巨大な傷を残した天体は、直径10km以上あったと推定されている。すさまじい力で地球に衝突し、世界中に衝撃波が伝わっただろう。

二重の苦難

隕石の衝突が恐竜の死の一因となったことはたしかだが、それ以外の壊滅的なできごとも同時に進行していた。大量絶滅は、ひとつの隕石だけのせいではなく、いくつかのできごとが連鎖的に生じてひきおこされたと考える科学者もいる。インド西部では、激しい火山活動により、巨大なガスの雲がまきあげられていた。これも気候変動の一因になったかもしれない。

> イヌよりも大きい陸生動物は、恐竜を死に追いやった大量絶滅を生きのびることができなかった。

火山活動により生まれたデカントラップ溶岩層は、一時期はインドの半分以上をおおっていた。

隕石はなにをした？

巨大隕石の衝突により、塵や蒸気でできた雲が世界中でまきあがったはずだ。この雲が動物たちを窒息させ、太陽の光と熱をさえぎったのだろう。地球の気候は大きく変化し、多くの種は生きのびることができなかっただろう。

恐竜と鳥類

初期の鳥類

鳥類は、ジュラ紀にドゥロマエオサウルス類のような恐竜から進化した。初期の鳥の骨格は、ミクロラプトル（p200参照）のものに似ていた。長い年月のあいだに、鳥類は空中での生活に適応していき、大きな飛翔筋を進化させた。さらに、歯や尾やかぎづめが退化し、体が軽くなった。

種族データファイル

現生鳥類のおもな特徴
- 羽毛におおわれた体と翼
- 歯のないくちばし
- 尾椎が癒合し、尾端骨になっている
- 指のかぎづめは、まったくないか、あっても小さい
- 胸部にある厚い竜骨突起が、大きな飛翔筋を支えている
- 半円形の手根骨が、はばたきを助けている

生息年代
ジュラ紀後期に登場し、いまも繁栄している。

現生鳥類のくちばしには歯がないが、アルカエオプテリクスは、肉食恐竜に特有のあごと歯をもっていた

風切り羽のある非常に長い腕

アルカエオプテリクス

恐竜と鳥類

コンフキウソルニス
Confuciusornis

- 生息年代　1億3000万～1億2000万年前（白亜紀前期）
- 化石発見地　中国
- 生息環境　アジアの森林
- 全長　0.3m
- 食べもの　おそらく種子

歯のない初期の鳥類で、くちばしをもっていたことが最初にわかった鳥類でもある。現生鳥類と同じ短い尾ももっていたが、強力な飛翔筋はなかった。コンフキウソルニスの化石は、中国で数多く発見されている。なかには、とても長い尾羽をもつ成体の化石も見つかっている。この尾羽は、繁殖期にメスをひきつけるためのオスの飾りだったのかもしれない。

アルカエオプテリクス（始祖鳥）
Archaeopteryx

- 生息年代　1億5000万年前（ジュラ紀後期）
- 化石発見地　ドイツ
- 生息環境　西ヨーロッパの森林や湖
- 全長　0.3m
- 食べもの　昆虫、おそらく爬虫類

1861年にはじめて発見されたアルカエオプテリクス（始祖鳥）の完全な骨格は、科学者たちを驚かせた。恐竜と鳥類の中間のように見えたからだ。尾と翼には羽が生えており、手にはドゥロマエオサウルス類のようなかぎづめがあり、尾にはいくつもの骨が連なり、くちばしのかわりに歯の生えたあごがあった。アルカエオプテリクスは、これまで知られているなかで最古の鳥類である。ハトほどの大きさで、長い風切り羽をもっていたが、はばたいて飛翔するのに必要な、強力な筋肉はなかった。おそらく、はばたくのではなく、むしろ滑空するように飛んでいたのだろう。

◀ドイツで発見されたアルカエオプテリクスの化石。粒の細かい石灰岩のなかで保存されていたため、腕と尾の羽の印象が、驚くほどはっきりと残されている。

ヘスペロルニス
Hesperornis

- 生息年代　7500万年前（白亜紀後期）
- 化石発見地　アメリカ合衆国
- 生息環境　沿岸海域
- 全長　2m
- 食べもの　魚やイカ

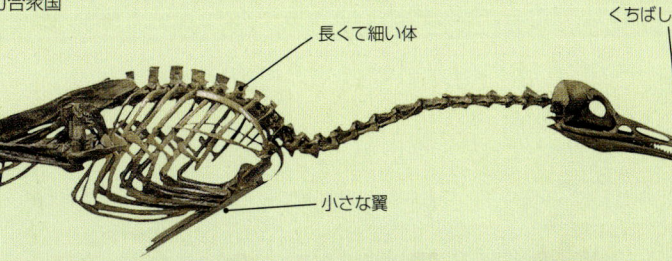

歯の生えた
くちばし

長くて細い体

小さな翼

ヘスペロルニスは巨大な海鳥だ。飛ぶ力は失ったが、潜水のエキスパートに進化した。大きな足で水をかいて魚やイカを追いまわし、歯の生えたくちばしでとらえていた。手と腕の骨は退化し、小さな「翼」だけが残っていた。この翼を使って、水中で方向転換していたのだろう。すべての鳥類と同じく、陸上に巣をつくっていたが、歩くことはできなかった可能性が高い。腹ばいになって、体を押すようにして前へ進んでいたのかもしれない。

ヴェガヴィス
Vegavis

- 生息年代　6500万年前（白亜紀後期）
- 化石発見地　南極大陸
- 生息環境　南極大陸の沿岸部
- 全長　0.6m
- 食べもの　水草

カモやガチョウの類縁で、1992年に南極大陸で化石が発見された。この発見は重要な意味をもつ。というのも、現生鳥類のいくつかのグループが、恐竜の時代にすでに進化していたことが証明されたからだ。ヴェガヴィスが生息していた時期の南極大陸は、いまほど寒くなかった。

かぎづめのある指

イベロメソルニス
Iberomesornis

- 生息年代　1億3500万～1億2000万年前（白亜紀前期）
- 化石発見地　スペイン
- 生息環境　西ヨーロッパの森林
- 全長　20cm
- 食べもの　おそらく昆虫

イベロメソルニスは、フィンチと同じくらいの大きさだった。短い尾と強力な胸の筋肉は、自由に空を飛べたことを示している。また、足のかぎづめが湾曲していることから、木の枝にとまることが多かったと考えられている。一方で、大きなかぎづめなど、恐竜のような特徴も備えていた。

木にとまるための
後ろ向きの足のかぎづめ

イクティオルニス
Ichthyornis

- 生息年代　9000万～7500万年前（白亜紀後期）
- 化石発見地　アメリカ合衆国
- 生息環境　海岸
- 全長　約0.3m
- 食べもの　魚

大きな頭

鋭い歯の並ぶ
長いくちばし

イクティオルニス（「魚のような鳥」という意味）は、大きさや体重は現生のカモメと同じくらいだったが、頭とくちばしはそれよりもずっと大きかった。竜骨が大きかったことは、強力な胸の筋肉をもち、力強く飛ぶことができたことを示している。だがあごには、モササウルス類と呼ばれる先史時代の魚食トカゲの歯のような、小さな湾曲した歯がずらりと並んでいた。さらに、食事のしかたまでモササウルス類と似ていたようだ。長いくちばしと湾曲した歯をいかして、魚などのすべりやすい獲物をがっちりとつかまえていた。水かきのある足には、短いかぎづめが生えていた。

恐竜と鳥類

新時代の鳥類

恐竜のほとんどは6500万年前に姿を消したが、鳥類は生き残って繁栄を続けた。恐竜の時代に続く新生代に、鳥類は無数の新しい種へと進化した。あるものは空の支配者になり、あるものは水辺へ進出した。飛ぶことをやめ、恐竜がいなくなった穴を埋めるように、巨大な肉食動物に進化したものもいた。

恐竜と鳥類

ティタニス
Titanis

- 生息年代　500万〜200万年前（"ネオジン"）
- 化石発見地　南北アメリカ
- 生息環境　草の生えた平野
- 全高　2m
- 食べもの　肉

「恐鳥」とも呼ばれるティタニスは巨大な飛べない鳥で、恐竜に劣らずおそろしい肉食動物だった。体重はヒトの2倍ほどだが、足はずっと速く、おそらく最高時速65kmで走ることができただろう。湾曲した巨大なくちばしで獲物を殺し、その肉をひきさいていた。初期の人類が登場し、広がりはじめたのと同じ時期に生息していたが、ティタニスは南北アメリカ大陸にしかいなかったので、人類と出あうことはなかった。先史時代のウマのなかまであるヒッパリオンなどを獲物にしていた。

ディノルニス
Dinornis

- 生息年代　200万〜200年前（"ネオジン"）
- 化石発見地　ニュージーランド
- 生息環境　平野
- 全高　4m
- 食べもの　植物

ヒトの2倍も背が高いディノルニス（ジャイアントモアとも呼ばれる）は、史上最長身の飛べない鳥だ。ニュージーランドで群れをつくって暮らしていたが、700年ほど前に定住したヒトに狩られ、絶滅に追いやられた。エミュ、ダチョウ、キーウィと同じ鳥類グループ（走鳥類）に属している。

アルゲンタヴィス
Argentavis

- 生息年代　600万年前（"ネオジン"）
- 化石発見地　アルゼンチン
- 生息環境　内陸部や山岳地帯
- 翼開長　8m
- 食べもの　肉

巨大な翼

飛翔する鳥としては史上最大で、その翼開長は、現生の鳥類で最大のワタリアホウドリの2倍以上もあった。体重はヒトと同じくらいで、巨大な翼で上昇気流をとらえて宙に浮かび、楽々と滑空しながら、地上をながめて獲物を探していた。急下降して獲物をとらえるハンターだったという説もあれば、ハゲワシのように屍肉をあさっていたと考える専門家もいる。

プレスビオルニス
Presbyornis

- 生息年代　6200万〜5500万年前（"パレオジン"）
- 化石発見地　北アメリカ、南アメリカ、ヨーロッパ
- 生息環境　湖岸
- 全高　1m
- 食べもの　プランクトン、水草

カモのようなくちばし

プレスビオルニスは、背の高いカモのような鳥だ。北アメリカのかつては浅い湖が点在していた地域で、数多くの化石や卵、巣の痕跡が見つかっている。おそらく、大きな群れをつくって生息し、えさをとるために浅瀬に入り、カモのように、くちばしを使って水中のえさをこしとっていたのだろう。"パレオジン"にもっとも繁栄した鳥のひとつで、数百万年にわたって生息していた。

恐竜と鳥類

ガストルニス

5000万年前、ヨーロッパと北アメリカが豊かな熱帯雨林におおわれていた時代には、巨大な飛べない鳥が森のなかを歩きまわっていた。ガストルニスはヒトよりも背が高く、頭の大きさはウマの頭くらいあった。くちばしも巨大で、おそろしい力で噛むことができた。ただし、そのくちばしを使って、肉を切りさいたり骨をくだいたりしていたのか、それとも植物をむしるだけだったのかは、いまだ謎につつまれている。

恐竜と鳥類

砂岩に残った足跡

2009年、アメリカ・ワシントン州の岩板で、5000万年前のガストルニスの足跡が見つかった。この大発見を雨や化石泥棒(どろぼう)から守るために、岩板はヘリコプターでウェスタン・ワシントン大学に運ばれ、いまでもそこで安全に保管されている。

ガストルニス
Gastornis

- 生息年代　5500万〜4500万年前（"パレオジン"）
- 化石発見地　ヨーロッパ、北アメリカ
- 生息環境　熱帯雨林や亜熱帯雨林
- 全長　2m以上
- 食べもの　不明

1855年にフランスで見つかり、発見者である科学者ガストン・プランテにちなんで名づけられた。のちに、ディアトリマと呼ばれるよく似た鳥が北アメリカで発見されたが、いまではこの2つは同じ種だと考えられている。大きくて強力な後肢をもっていたが、速く走れる体つきではなかった。おそらく、うっそうとした森林にひそんで待ちぶせし、小動物が通りかかったら、巨大な足でふみつぶしたり、くちばしでとらえたりしていたのだろう。ガストルニスは植物食で、くちばしを使ってかたい葉をちぎっていたと考える研究者もいれば、屍肉をあさっていたと考える研究者もいる。

▲怪物のようなくちばし

ガストルニスの巨大なくちばしは、現生の猛禽類のくちばしのように、先端がわずかに湾曲していた。ココナツや骨もくだくほど強力なくちばしだったと考える研究者もいる。オスとメスでくちばしの大きさに差がないことから、大きなくちばしには、繁殖相手をひきつける役割はなかったようだ。

役に立たない小さな翼

同物異名

アメリカのディアトリマとヨーロッパのガストルニスは、100年以上ものあいだ、まったく別の鳥だと考えられていた。だが、ガストルニスの化石がまちがった形で組みたてられていたことがわかり、両者がじつは同じ鳥だったことが判明した。いまでは、どちらの鳥も、先に命名されたガストルニスの名で呼ばれている。

1億4500万年前	6500万年前	2300万年前	現在
白亜紀	"パレオジン"	"ネオジン"	

恐竜と鳥類

哺乳類

哺乳類
MAMMALS

▲シノコノドン
この哺乳類は、ジュラ紀前期の中国を歩きまわっていた。全長はわずか30cmで、これまで知られているなかで最初の哺乳類のひとつだ。おそらく、昆虫や小型の爬虫類をえさにしていたのだろう。

恐竜が絶滅したあと、陸上の支配者の地位を引き継いだのが哺乳類だ。哺乳類は毛におおわれた恒温動物で、母乳で子どもを育てる。ヒトも哺乳類のなかまだ。

哺乳類

哺乳類ってなに？

恐竜が絶滅したことで、小型の恒温動物のグループが繁栄のチャンスを手に入れた。そのグループこそ、哺乳類だ。哺乳類は母乳で子どもを育てるという点で、ほかの動物と大きく異なっている。

現在、哺乳類は5000種ほど存在していて、ここに挙げるようないくつかのグループをふくんでいる。

有袋類

有袋類は、オーストララシア（オーストラリア、ニュージーランド、その近海の島々）と南北アメリカに生息する哺乳類グループだ。有袋類の母親は、とても小さくて未発達な子どもを産み、多くは子どもを入れる袋をもつ。生まれた子どもは袋まではっていき、そのなかで母乳を飲みながら、じゅうぶんな大きさまで体を発達させる。

▲ドリアキノボリカンガルー
木に登るめずらしいカンガルーで、樹上で生活する。

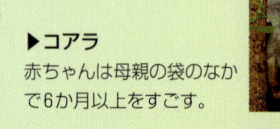

▶コアラ
赤ちゃんは母親の袋のなかで6か月以上をすごす。

▶オオカンガルー
カンガルーの袋は上を向いているが、ほかの有袋類の袋は下を向いている。赤ちゃんカンガルーはジョーイと呼ばれる。

翼手類

滑空するのでなく、きちんと空を飛ぶことのできる唯一の哺乳類が、翼手類だ。世界最小の哺乳類であるキティブタバナコウモリも、翼手類のなかまだ。コウモリの翼は、二層になった皮ふでできている。

◀最小の哺乳類
キティブタバナコウモリの全長は、わずか3cmだ。

▶グレーウサギコウモリ
長い耳は、小さな音をひろいあげ、獲物を探すのに役だつ。このコウモリの獲物はガだ。

▶最大の翼手類
ジャワオオコウモリは最大の翼手類で、翼を広げた長さは1.5mに達することがある。

げっ歯類

哺乳類のなかで、種の数がもっとも多いのが、げっ歯類だ。ほとんどは小型で、多くはネズミのように長い尾をもつ。かぎづめのある四肢、長いひげ、ものをかじるのに適した大きな前歯（切歯）が共通の特徴だ。

▶カピバラ
世界最大のげっ歯類で、全長は最大1.3m。

ケープタテガミヤマアラシは、針（とげ）でしっかりと身を守っている。

▼プレーリードッグの巣穴は、近くのなかまたちの巣穴とつながって、「町」を形成している。

データファイル

■ 脳の入れもの
すべての哺乳類は、体の大きさのわりには脳が大きい。脳はかたい頭蓋骨で守られている。

頭蓋骨
あご
歯
トラの頭骨

■ 体毛
ほとんどの哺乳類は、体毛や下毛で皮ふをおおい、体を温かく保っている。

■ 赤ちゃん
ほとんどの哺乳類は、卵ではなく赤ちゃんを産み、子どもが成長していろいろなことを覚えるまで面倒を見る。

食肉類

食肉類のなかまは、ほぼすべてが肉食動物だ。肉を切りさく鋭い臼歯など、いくつかの特徴を共有している。ほとんどは知能が高く、多くは「情け無用」の殺し屋でもある。

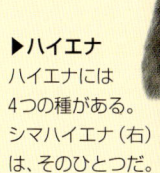

トラ

▶ハイエナ
ハイエナには4つの種がある。シマハイエナ（右）は、そのひとつだ。

▼パンダ
食肉類のすべてが捕食者というわけではない。パンダは食肉類のなかまだが、おもに植物をえさにしている。

有蹄類

有蹄類のなかまのほとんどは、つま先にあるひづめで歩いたり走ったりする。このひづめは、単に指趾の爪が大きく頑丈になったものだ。有蹄類はさまざまな動物が属する大きなグループで、そのすべてが植物食動物だ。シカ、シマウマ、キリン、ラクダなどが属している。

シマウマ

▶キリン
世界でもっとも背の高い現生哺乳類で、頭までの高さは5m以上に達することがある。

▼アカシカ
有蹄類の多くは、角や枝角をもつ。ひときわ大きな枝角をもつシカもいる。

クジラ類

クジラやイルカは水中で生活しているが、呼吸をするためには、水面から顔を出さなければならない。クジラ類のなかまは、ほかの哺乳類と同じように、肺で呼吸をしているからだ。

ザトウクジラ

▲バンドウイルカ
イルカは歯をもつクジラのなかまだ。たいていは群れで生活する。

▼ミナミセミクジラ
クジラのなかには、このミナミセミクジラのように、口のなかにある特別なひげ板を使って、水中のプランクトンをこしとって食べるものもいる。

哺乳類

盤竜類

哺乳類は、盤竜類と呼ばれる爬虫類型グループから進化した。盤竜類は、恐竜が登場するはるか以前から生息していて、しばらくのあいだは、陸上で最大の動物の座についていた。哺乳類というよりも、むしろトカゲのような姿をしているが、哺乳類とのつながりは、眼窩の後ろにあいた頭骨の特別な穴(側頭窓)にはっきりと現れている。哺乳類と同じように、盤竜類のあごを動かす筋肉も、この穴を通過していた。そのおかげで、盤竜類のあごの力は、ひと噛みで獲物を殺せるほど強かった。

種族データファイル

おもな特徴
- 変温動物
- 卵を産んで繁殖する
- 小さな脳
- トカゲのような、体の横からのびる四肢
- 指趾の短いかぎづめ
- 眼窩の後ろにあいた頭骨の穴
- 複数の種類の歯

生息年代
盤竜類は、3億2000万年前の石炭紀後期に登場し、2億5100万年前のペルム紀後期に絶滅した。

ディメトゥロドン
Dimetrodon

- 生息年代　2億8000万年前(ペルム紀前期)
- 化石発見地　ドイツ、アメリカ合衆国
- 生息環境　沼地
- 全長　3m
- 食べもの　肉

ディメトゥロドンは、ペルム紀でもっともおそれられた捕食者だ。体つきはコモドオオトカゲに似ているが、背中に大きな「帆」があった。この帆は、長くのびた骨が皮ふでおおわれてできたものだ。ディメトゥロドンという名は、「2つの大きさの歯」を意味する。ほとんどの爬虫類は1本1本の歯に違いがあまりないが、ディメトゥロドンは哺乳類と同じように、複数の種類の歯をもっていた。前歯は剣のような長い犬歯のような歯で、肉をつらぬいたりくわえたりするのに使っていた。それよりも小さく、鋭い縁の奥歯で、肉を薄く切っていた。

▲歩行跡の化石
この5本指の足跡の化石は、当時もっとも広く生息していたディメトゥロドンが残したものかもしれない。

犬歯のような鋭い歯

ディメトゥロドンの頭骨には、それぞれの眼の後ろに穴がひとつあいている。この穴を通る強力なあごの筋肉のおかげで、噛む力はとても強かった。この特徴はヒトと共通するものだ

哺乳類

オフィアコドン
Ophiacodon

- 生息年代　3億1000万～2億9000万年前（石炭紀後期～ペルム紀前期）
- 化石発見地　アメリカ合衆国
- 生息環境　沼地
- 全長　3m
- 食べもの　魚や小動物

頭骨がきわめて長い大型の捕食者で、巨大なあごには鋭くとがった歯が170本も並んでいた。体つきはワニそっくりで、狩りのしかたもワニと同じだったかもしれない。沼や川に身をひそめて、近くに来た獲物を急襲していたのだろう。ただし、頭骨に厚みがあるせいで、水中で頭を左右にふって魚をとらえるのが難しく、水のなかで狩りをすることはなかったと考えられている。陸上では、尾をひきずりながら、トカゲのように体の横からのびた四肢で歩いていた。

ヴァラノプス
Varanops

- 生息年代　2億6000万年前（ペルム紀後期）
- 化石発見地　アメリカ合衆国、ロシア
- 生息環境　沼地
- 全長　1m
- 食べもの　小動物

ヴァラノプスは、現生のオオトカゲに似た姿をしていた。盤竜類にしては四肢が長くて動きの速いハンターで、小動物を追いまわすのによく適応していた。後ろ向きにカーブした歯がずらりと並ぶ強力なあごで、獲物をつかまえて息の根を止めていた。ペルム紀後期に生息していたヴァラノプスは、最後まで生きのびていた盤竜類のひとつだ。

まめ知識

ディメトゥロドンの背中には、背骨からのびる長い骨に支えられた見事な「帆」が走っていた。変温動物のディメトロドンは、この帆を使って体温を保っていたのかもしれない。体が冷たくなる早朝には、ディメトロドンの動きは鈍くなっていたはずだ。おそらく、帆に太陽の光があたる体勢をとって、日なたぼっこをしていたのだろう。帆を流れる血液が全身に熱を運び、活発な動きをとりもどすのを助けていたのかもしれない。

帆

エオティリス
Eothyris

- 生息年代　2億8000万年前（ペルム紀前期）
- 化石発見地　アメリカ合衆国
- 生息環境　沼地
- 全長　40cm（推定）
- 食べもの　肉

エオティリスの化石は、1937年に幅の広い平らな頭骨がひとつ見つかっただけだ。その化石によると、エオティリスはどうやら、獲物にすばやくパクリと嚙みつくことができたようだ。上あごの両側には、2本の大きな牙のような歯があり、それ以外の歯は、小さいが鋭くとがっていた。これらの歯から、エオティリスは肉食動物だったと考えられている。自分よりも小さい爬虫類や昆虫を獲物にしていたのだろう。

哺乳類

獣弓類

ペルム紀には、盤竜類(p218〜219参照)から、さらに哺乳類に近い動物が進化した。獣弓類と呼ばれるグループだ。トカゲのように地をはう祖先とは違い、獣弓類のなかまは、四肢が体からまっすぐ下にのびた、より直立に近い体つきをしていた。そのおかげで、走ったり呼吸をしたりするのが楽になり、もっと活発な暮らしを送れるようになった。哺乳類の祖先にあたる獣弓類は、長い年月をかけて、ますます哺乳類らしくなっていった。

種族データファイル

おもな特徴
- がっしりとした体
- 巨大な頭
- 切歯、犬歯、臼歯に分化した歯
- 祖先の盤竜類よりも直立型の四肢

生息年代
獣弓類はペルム紀に登場し、陸上の支配的な動物になった。恐竜の時代には衰退したが、小型の獣弓類のグループが生きのび、哺乳類を生じさせた。

モスコプス
Moschops

- 生息年代 2億5500万年前(ペルム紀後期)
- 化石発見地 アフリカ南部
- 生息環境 森林
- 全長 3m
- 食べもの 植物

がっしりとした体つきの植物食動物で、大きさはクマと同じくらいあった。四肢は太く、樽のように巨大な胴体で、尾は短かった。頭骨のてっぺんの骨は、驚くほど厚かった。現生のオオツノヒツジがするように、メスをめぐる争いで、オスがこのぶ厚い頭骨を勢いよくぶつけあっていたかもしれない。あごは幅が広く、のみのような短い前歯が生えていた。口を閉じると、この前歯が前後に重なるのではなく、上下がぴったりと嚙みあうので、植物を正確に切りとることができた。

▼群れで生活?
数個体のモスコプスの化石が同じ場所から見つかっている。おそらく、小さな群れをつくって暮らし、捕食者から身を守っていたのだろう。

哺乳類

ペラノモドン
Pelanomodon

- 生息年代　2億5500万年前（ペルム紀後期）
- 化石発見地　アフリカ南部
- 全長　1m
- 食べもの　植物

ペラノモドンは、ディキノドン類と呼ばれる、大きく栄えた植物食の獣弓類のなかまだ。ディキノドン類は、歯のないくちばしで植物をむしりとって食べ、多くは1対の牙をもっていた。ペラノモドンは、がっしりとしたブタのような姿をしたディキノドン類で、牙は生えていなかった。ほかのディキノドン類と同じく、下あごを前後にすべらせるように動かして、かたい植物をすりつぶすことができた。

◀見事な化石
きわめて保存状態の良いこのペラノモドンの頭骨では、くちばしのまわりの骨にたくさんの小さな穴があいている。この穴には、血管が通っていた。

小さな穴のあるくちばしの骨

ロベルティア
Robertia

- 生息年代　2億5500万年前（ペルム紀後期）
- 化石発見地　アフリカ南部
- 生息環境　森林
- 全長　0.4m
- 食べもの　植物

保存状態の良い化石が見つかっている最古のディキノドン類はロベルティアだ。イエネコくらいの大きさの小型の植物食動物で、くちばしはカメに似ていた。このくちばしで、葉を切りとっていた。犬歯でできた1対の牙もあり、おそらくこの牙で土を掘って、植物の根を食べていたのだろう。

プラケリアス
Placerias

- 生息年代　2億2000万〜2億1500万年前（三畳紀後期）
- 化石発見地　アメリカ合衆国
- 生息環境　氾濫原
- 全長　2〜3m
- 食べもの　植物

三畳紀で最大級の植物食動物で、体重は600kgほどもあった。最後まで生きのびていた大型のディキノドン類のひとつで、初期の恐竜と同じ時代に生息していた。体型も体重もカバに似ていて、カバと同じように水のなかで暮らしていたようだ。大きな牙をもっていたが、これもカバと同じように、敵と闘うときや、なかまに力を見せつけるときに使っていたのかもしれない。1か所で40体の骨格が見つかっていることから、群れで暮らしていたと考えられている。

鈍いかぎづめのある、幅の広い足

大きな腸が入っていた、樽のような巨大な体

がっしりとした四肢の骨

シノカンネメイエリア
Sinokannemeyeria

- 生息年代　2億3500万年前（三畳紀中期）
- 化石発見地　中国
- 生息環境　森林
- 全長　2m
- 食べもの　かたい植物、根

ブタくらいの大きさのディキノドン類で、頭は大きく吻部は長かった。巨大な腹には、かたい植物を消化するのに必要な大きな腸がつまっていた。ほかのディキノドン類と同じく、下あごを前後に動かして、丈夫な葉を切ったりすりつぶしたりすることができた。太くて短い四肢で、やや地面をはうようにして歩いていた。速く走ったり、機敏に動いたりすることは苦手だったと考えられる。かわりに、力強い前肢と小さな牙を使って、土を掘って植物の根を食べていたのだろう。

哺乳類

最初の哺乳類

最初の哺乳類は、毛皮におおわれた小さな動物で、ネズミに似た姿をしていた。恒温動物だったので、寒いときでも暑いときでも、体温を一定に保つことができた。初期の哺乳類は、恐竜と同じ時代に生息していたが、昼間は恐竜に見つからないように身を隠し、夜のあいだだけ活動していた。暗くて涼しい夜間に、昆虫やミミズなどの小動物を追いまわしていたのだろう。

テイノロフォス
Teinolophos

- 生息年代　1億2500万年前（白亜紀前期）
- 化石発見地　オーストラリア
- 生息環境　森林
- 全長　10cm
- 食べもの　昆虫

テイノロフォスの化石は、下あごの骨しか見つかっていない。にもかかわらず、この小さな生きものが現生のカモノハシの近縁種だということが、かなりはっきりわかっている。カモノハシのあごと同じいくつかの特徴が、テイノロフォスのあごでも見られるからだ。カモノハシは、爬虫類のような祖先がしていたように、いまでも卵を産む数少ない哺乳類のひとつだ。テイノロフォスも卵を産んでいたのだろう。

テイノロフォスのあごは小さいが、噛む力は強かった

ネメグトゥバアタル
Nemegtbaatar

- 生息年代　6500万年前（白亜紀後期）
- 化石発見地　モンゴル
- 生息環境　森林
- 全長　10cm
- 食べもの　おそらく植物

短くて厚みのある頭骨で、どことなくハタネズミに似ているが、ハタネズミの類縁ではない。吻部は幅広く、吻部の骨には血管の通る小さな穴があいていた。おそらく、頭頂部にある特殊な腺か、感覚器官としてはたらく皮ふに血液を届けるための血管だろう。ネメグトゥバアタルは植物食だったと考えられている。犬歯（牙）はなく、大きな前歯（切歯）が前方につきだし、出っ歯のようになっていた。

🐻 種族データファイル

哺乳類のおもな特徴
- メスには母乳をつくる腺がある
- 体が体毛や下毛におおわれている
- 耳のなかに、祖先のあごの骨から進化した小さな骨がある
- 4種類の歯をもつ
- 歯は一生にいちどだけ生えかわる

生息年代
最初の哺乳類は、2億年前の三畳紀後期に登場した。

哺乳類

シノコノドン
Sinoconodon

- 生息年代　2億年前（三畳紀後期）
- 化石発見地　中国
- 生息環境　森林
- 全長　30cm
- 食べもの　雑食

シノコノドンは、これまでに知られている最古の哺乳類のひとつだ。耳の骨は、まぎれもなく哺乳類であることを示しているが、歯は爬虫類と同じように、一生のあいだに何度も生えかわった。リスくらいの大きさで、吻部はほっそりとしていたが、あごの頑丈な関節は、噛む力が強かったことを物語っている。おそらく、大型の昆虫や小型の爬虫類をえさにしていたのだろう。

▲毛むくじゃらの動物
下毛は体を温かく保つための手段として進化した。初期の哺乳類は、下毛におおわれていたおかげで、変温動物の爬虫類が眠っている夜に動きまわることができた。

メガゾストゥロドン
Megazostrodon

- 生息年代　1億9000万年前（ジュラ紀前期）
- 化石発見地　アフリカ南部
- 生息環境　森林
- 全長　10cm
- 食べもの　昆虫

体つきはトガリネズミに似ていて、胴体は細長く吻部と尾は長かった。骨格を見るかぎりでは、特定の生活スタイルに適応した特徴はないが、おそらく現生のネズミやトガリネズミと同じように、木に登ったり、穴を掘ったり、走りまわったりしていたのだろう。頭蓋の研究から、脳が比較的大きく、夜行性動物（夜に動きまわる動物）に特有のよく発達した聴覚と嗅覚をもっていたことがわかっている。歯は昆虫を食べるのに適していた。夜のうちに昆虫や小動物をつかまえ、昼のあいだは危険から身を隠していたのだろう。

モルガヌコドン
Morganucodon

- 生息年代　2億1000万〜1億8000万年前（三畳紀後期〜ジュラ紀前期）
- 化石発見地　ウェールズ（イギリス）、中国、アメリカ合衆国
- 生息環境　森林
- 全長　9cm
- 食べもの　昆虫

モルガヌコドンの歯や骨の断片の化石は、ウェールズの採石場で数多く発見された。その後、遠く離れた中国や南アフリカ、北アメリカでも同様の化石が見つかった。このことは、モルガヌコドンが恐竜と同じ時代に、世界中に広く分布していたことを示している。モルガヌコドンはトガリネズミに似た小さな動物で、四肢と尾は短かった。おそらく、爬虫類のように卵を産んでいたのだろう。あごの骨には、哺乳類と爬虫類の両方の特徴が見られる。

エオマイア
Eomaia

- 生息年代　1億2500万年前（白亜紀前期）
- 化石発見地　中国
- 生息環境　森林
- 全長　20cm
- 食べもの　昆虫などの小動物

エオマイアの化石は1体しか発見されていないが、保存状態がきわめて良く、体をおおうぶ厚い毛皮や、木に登る動物によく見られる非常に長い尾などの特徴が残されている。この化石の研究から、エオマイアは卵を産む動物や有袋類より、じゅうぶんに発達した赤ちゃんを産む哺乳類に近い種だったことがわかっている。

ザラムブダレステス
Zalambdalestes

- 生息年代　8000万〜7000万年前（白亜紀後期）
- 化石発見地　モンゴル
- 生息環境　森林
- 全長　20cm
- 食べもの　昆虫

ザラムブダレステスは、最古の有胎盤類（じゅうぶんに発達した赤ちゃんを産む哺乳類）のひとつだ。吻部はとても長くて細く、げっ歯類と同じように、一生のびつづける歯をもっていた。後肢が前肢よりも長く、トビネズミのようにとびはねることができた。先のとがった歯をもつことから、昆虫や、おそらくは種子を食べていたと考えられている。

哺乳類

顕花植物

花を咲かせる顕花植物の存在しない世界なんて、とうてい想像できないだろう。だが、いまのような色とりどりの花々がようやく現れはじめたのは、恐竜の時代の末期にあたる白亜紀になってからのことだ。

最古の顕花植物
これまでに同定された最古の顕花植物は、アルカエフルクトゥス・シネンシス（『太古の果実』という意味）だ。不規則に広がる背の低い小さな植物で、現生のカラフルな顕花植物とは似ても似つかなかった。生息年代は、およそ1億2500万年前だ。

花びらの登場
初期の花には花びらがなく、最初に登場した花びらも、ごく小さいものだった。授粉をする昆虫をひきつけようと植物が競いあううちに、花びらはさまざまな種類に進化していった。

花から花へ
ほとんどの顕花植物は、花粉を花から別の花へ移動させなければ、種子をつくることができない。花粉は風や、ミツバチなどの動物によって運ばれる。そのお礼が、花の蜜というわけだ。

◀ロビニアは、北アメリカ原産の花をつける木だ。ニセアカシアとも呼ばれる。

古くからの仲間
モクレンのなかまは、現在も世界で咲きほこっているが、恐竜にもおなじみの植物だった。白亜紀の中ごろに登場し、成長が早いことから、各地に広く分布していった。成長の早さは、恐竜に食べられても負けずに繁殖するための防御手段だった。

果実のなかの種

授粉されたあと、花は種子をつくる。多くの植物は、子孫を新しい生息環境にばらまくために、種子を果実でくるんでいる。果実の多くが甘くて肉厚なのは、動物たちをひきよせるためだ。果実を食べた動物が、糞と一緒に種子をばらまいてくれるというわけだ。

草

草は顕花植物で、風で受粉する小さな花をつける。草が登場したのは白亜紀だが、現在のような草原が生まれたのは、それから1000万年ほど経ってからのことだ。

寒さを生きぬく

顕花植物は、灼熱の砂漠でも、凍てつくような山頂でも生息できる。北極点に近い地域では、地中深くが凍りついてしまうため、樹木は生きのびることができない。だが、小型の顕花植物がその地面をおおい、ツンドラと呼ばれる景観を生みだしている。

あらゆるところに

現在、肉や魚以外でわたしたちが口にするものは、ほとんどすべてが顕花植物からつくられたものだ。ウシなどの家畜も、顕花植物から栄養を得ている。わたしたちが身につける衣服も、リネンや綿などのもとになる顕花植物からつくられている。

▼色とりどりの草原
顕花植物の多くは、春になるといっせいに花を開く。気温が上がり、授粉をする昆虫が活発に動きだす時期だからだ。この写真の植物は、どれも顕花植物のなかまだ。

哺乳類

有袋類

もっとも初期の哺乳類は卵を産んで繁殖していたが、白亜紀になるまでに、哺乳類は新たな繁殖方法を進化させた。有袋類やそれに近いなかまが、ごく小さな赤ちゃんを産んだのだ。生まれた子どもは、母親の体の外、たいていは袋のなかで発達する。現生の有袋類は、ほとんどがオーストラリアに生息しているが、かつては南アメリカや南極にも広く分布していた。

種族データファイル

有袋類のおもな特徴
- 小さな未発育の子を産む
- 赤ちゃんはたいてい、袋のなかで育つ
- 4対の臼歯
- 体毛や下毛におおわれた体
- 母親は子どもに与える母乳をつくる

生息年代
有袋類は、約1億2500万年前の白亜紀前期に登場した。現在では、カンガルーやウォンバット、コアラなど、300種ほどの有袋類が生息している。

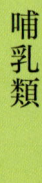

ティラコスミルス
Thylacosmilus

- 生息年代　1000万〜200万年前（"ネオジン"）
- 化石発見地　南アメリカ
- 生息環境　森林
- 全長　2m
- 食べもの　肉

サーベルタイガーによく似ているが、ティラコスミルスは有袋類と近縁だ。ジャガーほどの大きさで、ネコのような体つきをしていたが、骨格をくわしく調べると、ネコ科の動物というよりも、オポッサムの巨大版といったほうがいいことがわかる。奇妙な形に骨がつきでたあごは、巨大な犬歯がおさまるようになっていた。ネコのなかまとは異なり、この犬歯は一生のびつづけた。

哺乳類

ディプロトドン
Diprotodon

- 生息年代　200万～4万年前（"ネオジン"）
- 化石発見地　オーストラリア
- 生息環境　森林や低木地
- 全長　3m
- 食べもの　植物

ジャイアント・ウォンバットとも呼ばれるディプロトドンは、これまでに知られている最大の有袋類で、サイと同じくらいの大きさがあった。かたい葉や草を食べる植物食動物で、群れをつくっていた可能性もある。子どもを袋に入れたメスの化石から、ディプロトドンの袋は、前を向いたカンガルーの袋とは違って、後ろを向いていたことがわかっている。ディプロトドンが姿を消したのは、ヒトがオーストラリアに定着したすぐあとのことだ。ヒトが肉を目当てに狩りをしたのが絶滅の原因だと考える科学者もいるが、オーストラリアの気候が徐々に乾燥し、森林がなくなったせいだという説もある。

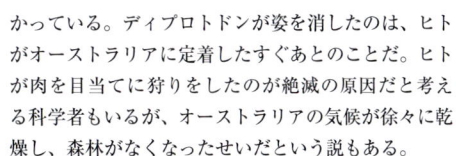

現生のなかま

カンガルーは現生する最大の有袋類で、オーストラリアとニューギニアだけに生息している。カンガルーの赤ちゃん（「ジョーイ」と呼ばれる）は、生まれたときはゼリービーンほどの大きさで、眼は見えず、耳も聞こえず、体毛も後肢もない。赤ちゃんは母親の袋にもぐりこみ、母親のおっぱいを吸いながら、じゅうぶんな大きさになるまで、最長で8か月を袋のなかですごす。

アルギロラグス
Argyrolagus

- 生息年代　5300万～200万年前（"パレオジン" ～ "ネオジン"）
- 化石発見地　南アメリカ
- 生息環境　砂漠
- 全長　0.4m
- 食べもの　植物

南アメリカでは、5300万年前のアルギロラグスの化石が見つかっている。オオカンガルーネズミに似て、後肢がきわめて長く、前肢は小さかった。現生のカンガルーと同じように、ぴょんぴょんと跳んで動きまわっていたのだろう。長い尾はバランスをとるのに役だった。頭部は幅が狭く、吻部は先端が細くなっていて、太い臼歯が生えていた。この歯を使って、かたい植物などのえさを噛みくだいていたようだ。大きな眼で暗闇のなかでもよく見えた。おそらく、夜のあいだに食事をしていたのだろう。

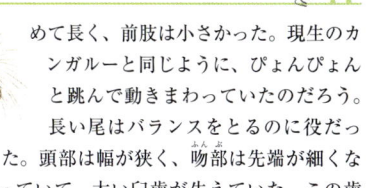

シノデルフィス
Sinodelphys

- 生息年代　1億2500万年前（白亜紀前期）
- 化石発見地　中国
- 生息環境　森林
- 全長　15cm
- 食べもの　昆虫やミミズ

チップマンク（シマリスのなかま）ほどの大きさで、樹上生活を送っていた動物だ。歯や手クビと足クビの骨から、最初の有袋類の近縁だったが、有袋類そのものではない。2003年に中国で見つかった1体の化石は、保存状態がきわめて良く、骨のまわりに体毛のふさが残されていた。足クビの関節がよく動き、木に登るのが得意だった。足を後方にくるりと回転させ、幹を歩いておりることもできた。おそらく、捕食者に襲われる危険がない枝のあいだを走りまわり、昆虫を追いかけていたのだろう。

▲おそろしい歯
ティラコスミルスの上あごからは、2本の長いサーベルのような歯が下に向かってのびていた。この歯は、骨でできた下あごの鞘で守られていた。

哺乳類

フクロオオカミ

絶滅した大型動物のほとんどは、化石からその姿を想像するしかない。タスマニアタイガーとも呼ばれるフクロオオカミは、絶滅する前に写真に収められ、映像まで残されている数少ない大型動物だ。この魅惑的な動物は、オオカミによく似た体形や外見、生活スタイルを進化させたが、じつは有袋類のなかまだ。かつてはニューギニアやオーストラリア、タスマニアの全域に分布していたが、1936年に最後の1頭が動物園で息をひきとった。

哺乳類

フクロオオカミ
Thylacinus

- 生息年代　200万年前〜1936年
- 生息地　タスマニア、オーストラリア、ニューギニア
- 生息環境　森林
- 体長　約1m
- 食べもの　肉

フクロオオカミは、絶滅するまでは現代の最大の肉食有袋類だった。ほっそりとしたイヌのような体つきをしていて、黄色っぽい茶色の背中には、黒いしま模様がついていた。頭骨は驚くほどオオカミと似ていた。だが、オオカミとは違って、4本足で速く走ることはできなかった。また、カンガルーと同じようなかたい尾だった。有袋類としてはめずらしく、オスにもメスにも袋があった。夜行性の動物で、昼間は身をひそめ、夜になると狩りに出て、エミューやカンガルー、小動物などを襲っていた。

最後のフクロオオカミ

20世紀のはじめまでに、フクロオオカミはオーストラリア本土から姿を消し、タスマニアでも絶滅が危惧されるほど少なくなっていた。だが、農夫たちは、フクロオオカミがヒツジを殺していると考えていて、タスマニア政府も、農夫がしとめたフクロオオカミ1頭に対して、1ポンドの報奨金を出していた。1930年代には、タスマニアのホバート動物園に1頭が残されるだけとなった（写真）。この最後の1頭は、1936年に死亡した。その後、望みをつなぐいくつかの目撃情報がよせられたが、1982年に正式に絶滅が宣言された。

46億年前	5億4200万年前	4億8800万年前	4億4400万年前	4億1600万年前	3億5900万年前
先カンブリア時代	カンブリア紀	オルドビス紀	シルル紀	デボン紀	石炭紀

現生のなかま

タスマニアデビルは、フクロオオカミにもっとも近い種のひとつだ。ネコほどの大きさの肉食動物で、血も凍るような鳴き声から、デビル（悪魔）という名がつけられた。骨をも砕く強力なあごをもつことでも有名だ。皮から骨、足まで、死体のすべてを残らずたいらげる。危険を感じると、ひどいにおいを発して敵を追いはらう。

▲オーストラリアの先住民アボリジニが描いた岩窟絵画。これは、フクロオオカミがかつてオーストラリア本土に広く分布していたことを示すものだ。

哺乳類

2億9900万年前	2億5100万年前	2億年前	1億4500万年前	6500万年前	2300万年前	現在
ペルム紀	三畳紀	ジュラ紀	白亜紀	"パレオジン"	"ネオジン"	

食虫類とその近縁動物

初期の哺乳類の多くは、肉食でも植物食でもなく、昆虫やミミズ、カタツムリなどの小動物を食べる昆虫食だった。こうした動物たちは、嗅覚と聴覚が優れていたが、視力はたいてい弱かった。土に掘った穴のなか、木の上をすみかとしていた。臆病で身を隠すのがうまい食虫類は、その多くが夜行性で、歩きまわっても安全な夜のあいだに狩りをしていた。

哺乳類

レプティクティディウム
Leptictidium

- 生息年代　4000万年前("パレオジン")
- 化石発見地　ヨーロッパ
- 生息環境　森林
- 全長　1m
- 食べもの　昆虫などの小動物

後肢が巨大だったため、カンガルーの小型版のようにとびはねていたとも考えられるが、4本足ですばやく走りまわることもできたかもしれない。頭骨の研究から、ハネジネズミのように、ゾウのような長めの筒状の鼻だったことがわかっている。この鼻で、昆虫などの小動物のにおいをかぎとっていたのだろう。化石化した胃の内容物は、昆虫だけでなく、トカゲや小型哺乳類も食べていたことを示している。

種族データファイル

食虫性の動物にはいくつか共通の特徴があるが、かならずしも互いに近い関係ではなく、ひとつの科(共通する動物のグループ)にまとめられているわけでもない。

おもな特徴
- 体毛や下毛におおわれた体
- とがった吻部
- 短い四肢
- 木に登ったり土を掘ったりするためのかぎづめ

グリプトドン
Glyptodon

- 生息年代　200万～1万年前("ネオジン")
- 化石発見地　南アメリカ
- 生息環境　沼地
- 全長　2m
- 食べもの　植物

現生するアルマジロの大型の親戚だが、アルマジロと違って、昆虫ではなく植物を食べていた。巨大な体をもち、体重は小型車ほどもあった。1000枚を超えるタイルのような小さな骨板でできたよろいが、背中と尾をおおっていた。頭は小さなヘルメットそっくりで、かたい葉をすりつぶすための平らな歯が生えていた。

現生のなかま

大昔の親戚であるグリプトドンと同じように、アルマジロも骨板でできたよろいで体をおおい、捕食者から身を守っている。生後まもないアルマジロは、やわらかい殻のようなものでおおわれているが、成長とともに殻がかたくなる。ミツオビアルマジロは、ボールのように丸くなって、やわらかい腹を守ることができる。そのほかの種は、地面に身をふせ、よろいのなかに四肢をしまいこむ。

エウロタマンドゥア
Eurotamandua

- 生息年代　5000万～4000万年前("パレオジン"前期)
- 化石発見地　ドイツ
- 生息環境　森林
- 全長　1m
- 食べもの　アリやシロアリ

エウロタマンドゥアは、現生のセンザンコウに近縁の動物だ。歯をもたないセンザンコウは、かぎづめでアリやシロアリの巣をひきさいて、ねばねばした長い舌で集めて食べている。エウロタマンドゥアも歯がなかったが、吻部は長く、おそらく舌も長かったと考えられている。木に登るときには、筋肉質の柔軟な尾で枝につかまっていたのかもしれない。

デイノガレリクス
Deinogalerix

- 生息年代　1000万～500万年前("ネオジン"後期)
- 化石発見地　イタリア
- 生息環境　森林
- 全長　0.5m
- 食べもの　おそらく昆虫や屍肉

「おそろしいハリネズミ」を意味する名前とは裏腹に、デイノガレリクスには、現生の類縁であるハリネズミのようなとげはなかった。体をおおっていたのは、とげではなく毛だ。長い円錐形の吻部、先のとがった小さな耳、先端にいくにつれて細くなる尾は、ハリネズミというよりも、むしろ巨大なネズミのようだ。甲虫やコオロギなどの大きな昆虫を食べていただろうが、屍肉をあさったり、鳥や小型の哺乳類の肉を食べたりしていたかもしれない。獲物を追いまわしてつかまえるのではなく、下草をひっかきまわして、小さな動物に出くわしたら、相手に逃げるすきを与えず、すぐさま食いついていたのかもしれない。

哺乳類

イカロニクテリス

イカロニクテリスなどの先史時代のコウモリは、わたしたちが目にするいまのコウモリとあまり違っていなかった。狩りの方法まで同じで、夜空を飛びまわり、木々のあいだや湖の上など、昆虫が集まる場所を旋回していた。初期のコウモリが夜に活動していたのは、昼に狩りをする捕食性の鳥から身を守るためだったという説もある。

まめ知識

イカロニクテリスという名は、ギリシャ神話に登場するイカロスにちなんでいる。神話によれば、イカロスとその父親（職人ダイダロス）は、ろうでかためた翼で牢獄から脱出したという。だが、イカロスは天高く飛びすぎ、太陽に近づきすぎてしまった。そのせいで、翼のろうが溶け、イカロスは海に落ちて死んでしまった。

哺乳類

46億年前	5億4200万年前	4億8800万年前	4億4400万年前	4億1600万年前	3億5900万年前	2億9900万年前	2億5100万年前
先カンブリア時代	カンブリア紀	オルドビス紀	シルル紀	デボン紀	石炭紀	ペルム紀	

イカロニクテリス
Icaronycteris

- 生息年代　5500万〜5000万年前（"パレオジン"）
- 化石発見地　アメリカ合衆国
- 生息環境　北アメリカの森林
- 全長　約15cm
- 食べもの　昆虫

イカロニクテリスは夜行性コウモリで、空中で狩りをしていたことがわかっている。化石の胃のなかから、ガの鱗粉が見つかっているからだ。現生のコウモリが夜中にガをつかまえるときには、暗闇のなかで超音波を出し、音の反響から獲物の位置を特定している（エコーロケーション）。内耳の構造から、イカロニクテリスにもエコーロケーションの能力があったと考えられている。

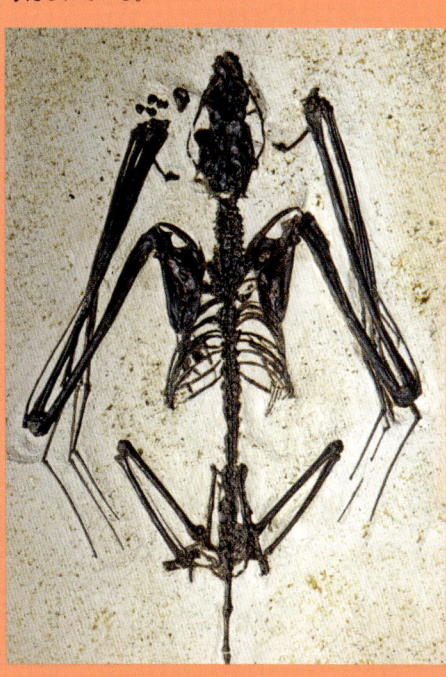

▲イカロニクテリスは、これまでに知られているもっとも初期のコウモリのひとつだ。現生の一部のコウモリと違って、長い尾と後肢をつなぐ皮ふの膜はなかった。だが、木の枝や洞窟の天井からさかさまにぶらさがって眠っていたところは、現生のコウモリと同じだ。

現生のなかま

本当に「空を飛べる」といえる哺乳類はコウモリだけだ。腕と指のあいだにのびた皮ふの膜が、長い翼に進化した。フルーツコウモリ（下）は、昆虫ではなく果実を食べる。

2億年前	1億4500万年前	6500万年前	2300万年前	現在
三畳紀	ジュラ紀	白亜紀	"パレオジン"	"ネオジン"

哺乳類

ネコのなかまとハイエナのなかま

先史時代のネコ類は、現生の親類に劣らずどう猛で、なかにはずっと大きなものもいた。現生のネコ類と同じく、筋肉質の力強い体と、肉を切りさく鋭い歯をもっていた。ネコのなかまとハイエナのなかまは、共通の祖先から進化した。そのため、初期の種は、その両方の特徴をかねそなえている。地球上でもっとも有能な殺し屋たちも、このグループに属している。

スミロドン
Smilodon

- 生息年代　500万～1万年前（"ネオジン"）
- 化石発見地　北アメリカ、南アメリカ
- 生息環境　平野
- 全長　1.8m
- 食べもの　肉

スミロドンは、これまでに100種以上が発見されているサーベルタイガーのなかまのひとつだ。筋肉質のがっしりとした動物で、獲物を地面に組みふせて、やわらかい喉を切りさいて息の根を止めていた。スミロドンの歯は、その大きさにもかかわらず、ライオンのように獲物の頭をつきやぶるほど丈夫ではなかった。骨にあたったら、折れてしまっただろう。獲物の種類はさまざまで、クマ、ウマ、マンモスの子どもなどを狙っていた。複数の化石がまとまって見つかっていることから、ライオンのように群れで暮らし、狩りをしていたと考えられている。

◀サーベルのような歯
スミロドンの犬歯は、歯根の部分もふくめると、長さが25cm以上もあった。サーベルのように湾曲し、縁は鋭くとがっていた。

眼窩

後ろ側の縁が細かいぎざぎざになった犬歯

哺乳類

ディノフェリス
Dinofelis

- 生息年代　500万～100万年前（"ネオジン"）
- 化石発見地　アフリカ、ヨーロッパ、アジア、北アメリカ
- 生息環境　森林
- 全長　2m
- 食べもの　肉

ディノフェリス（「おそろしいネコ」の意）は、ヒョウやジャガーなどの、森林で暮らす現生のネコ科の動物と同じくらいの大きさだった。さらに、やはり現生のネコ科と同じように、体表に斑点やしま模様があったのかもしれない。こうした模様は、獲物をじっと見さだめるときに、草にまぎれて身を隠すのに役だつ。ディノフェリスは、森のなかで獲物にこっそりとしのびより、木々のあいだにひそんで奇襲をかけていた。犬歯はサーベルタイガー類としては短くてまっすぐだったが、破壊力に変わりはなかった。アフリカでは、初期の人類の居住跡の近くで、ディノフェリスの化石が見つかっている。ということは、ディノフェリスは人間も襲っていたのかもしれない。

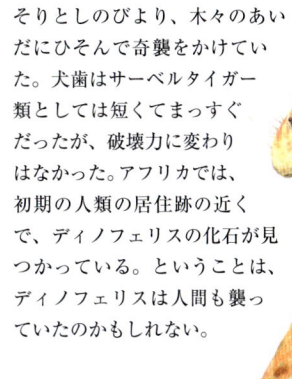

鋭いかぎづめ　ナイフのような歯　強力な前肢

ホラアナハイエナ
Cave hyena

- 生息年代　200万～1万年前（"ネオジン"）
- 化石発見地　ヨーロッパ、アジア
- 生息環境　草原
- 全長　2m
- 食べもの　肉

ホラアナハイエナは、氷河時代のヨーロッパとアジアで、ウマやケサイ、シカ、ヒトなどを襲っていた。狩りをするほか、屍肉をあさることもあった。最近になって、化石から採取したDNAの研究により、現生のブチハイエナ（学名 *Crocuta crocuta*）と同じ種だということがわかった。ただし、ホラアナハイエナのほうが体が大きく、脚も長かった。

犬歯

イクティテリウム
Ictitherium

- 生息年代　1300万～500万年前（"ネオジン"）
- 化石発見地　ヨーロッパ、アジア、アフリカ
- 生息環境　平野
- 全長　1.2m
- 食べもの　昆虫

イクティテリウムは、初期のハイエナのなかまだ。ただし、細長い胴体と短い四肢は、現生のハイエナよりもジャコウネコ（木の上で暮らす夜行性の哺乳類）に似ていた。昆虫を食べていたようだが、小型の哺乳類やトカゲも食べていた可能性がある。

マカイロドゥス
Machairodus

- 生息年代　1200万～12万5000年前（"ネオジン"）
- 化石発見地　北アメリカ、アフリカ、ヨーロッパ、アジア
- 生息環境　森林、草原、
- 全長　2m
- 食べもの　肉

大型でどう猛なマカイロドゥスは、サーベルタイガーのなかまだが、犬歯はスミロドンのものよりもナイフの刃のような形をしていた。長距離を走るには四肢が短すぎることから、獲物を待ぶせして急襲する戦法をとっていたのだろう。のちに進化して、平原で暮らすようになったなかまは、マカイロドゥスよりも前肢が長かった。この前脚の違いは、新しい時代の種が、より長い距離を動きまわり、走って獲物を追いかけていたことを示している。

種族データファイル

おもな特徴
- 鋭い歯
- 強力なあごと顎の筋肉
- たくましい前肢
- かぎづめのある手足

生息年代
最初のネコのなかまは、約3500万年前の"パレオジン"に生息していた。その後、ライオンやジャガーをふくむ現生のネコ科の動物に進化した。

哺乳類

氷の時代

南極や北極だけでなく、限りなく氷が広がった世界を想像してみてほしい——北アメリカやヨーロッパ、アジアの大部分が、厚い氷でおおわれた世界を。地球はたびたび、その表面の大部分を氷におおわれてきた。そうした氷の時代は、氷河時代と呼ばれている。氷河が顕著な特徴だ。

▲大昔の風景
この絵は、スイスの地質学者で自然学者でもあるオズヴァルト・ヘールが19世紀に描いたものだ。最後の氷河時代末期に生息していたマンモスやシカなどの大型哺乳類が氷の上に描かれているが、実際には、このマンモスたちはステップ（大草原）で生活していた。

氷河ってなに？

氷河とは、みずからの重みに押されて山や傾斜地を下りながら、ゆっくり動いていく氷の川のことだ。氷河はとてつもなく大きくなることもある。地球の気温が変動する氷河時代には、寒い時期（氷期）に氷河が陸地に進出し、暖かい時期（間氷期）になると後退した。

スノーボール説

地球は長い年月のあいだに、暖かい時期から寒い時期へ移行し、また暖かい時期に戻るというサイクルをくりかえしてきた。なにが氷河時代の引き金になるのかはわかっていないが、太陽のまわりを回る地球の軌道が、長い年月のあいだに少しずつ変化することと関係があると考えられている。

もっとも過酷な氷河時代には、地球全体が氷におおわれていた

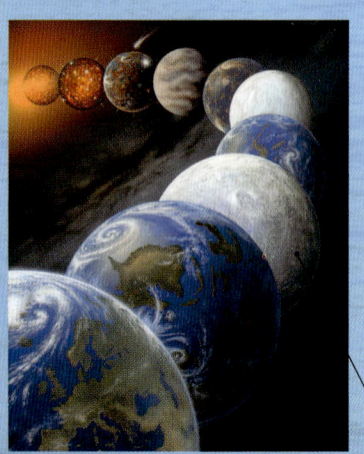

期間限定の道

氷河時代には、川から海へと流れでるはずの水が氷として陸地につなぎとめられるため、海水面が最大100mも低下する。海水面が低下すると、新しい陸地が現れ、ときには大陸や島々を結ぶ「橋」ができることもある。もっとも最近の氷河時代には、イギリスとヨーロッパ大陸、ニューギニアとオーストラリア、シベリアとアラスカが陸の橋で結ばれていた。そのおかげで、人類がアジアから北アメリカへわたることができた。

哺乳類

氷河によって運ばれた岩石は、「迷子石」と呼ばれる。小さな石もあるが、なかには巨大なものもある。

過去が残した手がかり

氷河時代が終わり、氷河が姿を消したあとには、陸地がかつて氷におおわれていたことを物語る多くの手がかりが残される。氷河は陸地を削りながら流れ、深いU字形の谷をつくる。氷河が溶けると、迷子石と呼ばれる岩石が残されることもある。迷子石の多くは、その地域にはない種類の岩石でできている。

まめ知識

現生人類は、最後の氷河期に登場し、氷河の南で暮らしていた。この時期には、巨型動物類と呼ばれる大型の哺乳類も生息していた。

- ケナガマンモス
- ケサイ（コエロドンタ）
- ホラアナグマ
- ホラアナライオン
- ジャイアントビーバー

こうした大型哺乳類の多くは、現生人類が登場してまもなく絶滅した。

氷の毛布

2万年ほど前の最後の氷河時代の最盛期には、グリーンランドとアイスランド、大西洋の一部のほか、北ヨーロッパの広い地域も氷におおわれていた。ヨーロッパの山岳地帯（アルプス、ピレネー、ウラル、カルパチア）も氷におおわれていた。

氷河時代

現在

◀最後の氷河時代には、北ヨーロッパが巨大な氷床でおおわれていた。

哺乳類

イヌのなかま

イヌ類のなかまは、ほとんどが肉食性で、イヌ、クマ、キツネ、アライグマ、イタチなどがふくまれる。驚くかもしれないが、アザラシやアシカ、セイウチも、クマに似た祖先から進化したイヌ類のなかまだ。「イヌ」とはいっても、初期のイヌ類のなかまは、木の上で暮らすテンのような動物だった。地上に進出する過程で、現在のイヌに似た体形、さらにはクマに似た体形に進化していった。

ダイアウルフ（カニス・ディルス）
Canis dirus

- 生息年代　200万～1万年前（更新世後期）
- 化石発見地　カナダ、アメリカ合衆国、メキシコ
- 生息環境　平野
- 全長　1.5m
- 食べもの　肉

ダイアウルフ（「おそろしいオオカミ」の意）は、現生のオオカミよりもはるかに強いあごと大きな歯をもつ大型動物だ。四肢は近縁種のハイイロオオカミよりも短かったため、おそらく狩りをするよりも、屍肉をあさるほうが多かったのだろう。最後の氷河時代に絶滅したが、その原因は、えさだった大型草食動物が絶滅したことだったかもしれない。カリフォルニア州のラ・ブレア（p240参照）では、ダイアウルフの化石が数多く見つかっている。これは、ダイアウルフが群れで狩りをしていたことを示すものだ。

哺乳類

種族データファイル

おもな特徴
- 長い吻部
- あごの側方に並ぶ4本の裂肉歯
- 4本足で歩く
- ほとんどは、ネコ類のようにかぎづめを鞘にひっこめることができない

生息年代
イヌ類は5500万年前の"パレオジン"に登場し、現在でも生息している。

アルクトドゥス
Arctodus

- 生息年代　200万～1万年前（更新世後期）
- 化石発見地　カナダ、アメリカ合衆国、メキシコ
- 生息環境　山地や森林
- 全長　3m
- 食べもの　雑食

この巨大な捕食者は、これまでに知られているなかで最大のクマのなかまだ。後肢で立ちあがったときには、ヒトの2倍以上の背の高さがあった。長い四肢のおかげでシカ、バイソン、ウマなどの獲物を追いかけて襲うことができた。植物や屍肉も食べていた。

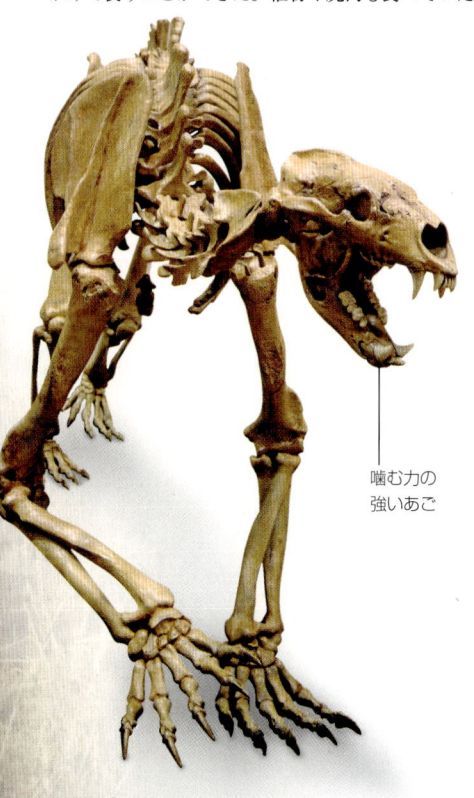

噛む力の強いあご

アムフィキオン
Amphicyon

- 生息年代　3000万～2000万年前（"ネオジン"）
- 化石発見地　北アメリカ、スペイン、ドイツ、フランス
- 生息環境　平野
- 全長　2m
- 食べもの　雑食

ベアドッグ（「クマイヌ」）とも呼ばれるアムフィキオンは、イヌとクマの中間のような姿をしていた。だが、現生のハイイログマと同じくらいの巨体や、植物と肉の両方を食べる習性は、イヌよりもクマのほうに近い。オオカミに似た歯をもち、四肢は力強く、尾は長かった。獲物を追って長い距離を走るには体が重すぎるため、おそらく獲物を待ちぶせて奇襲をかけ、強力なあごと歯で息の根を止めていたのだろう。

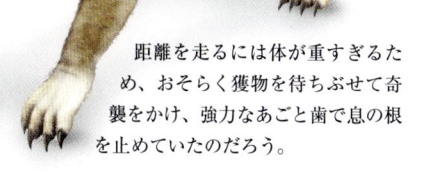

エナリアルクトス
Enaliarctos

- 生息年代　2000万年前（"ネオジン"）
- 化石発見地　アメリカ合衆国
- 生息環境　沿岸部
- 全長　1m
- 食べもの　魚、肉、貝

エナリアルクトスは、アザラシやアシカ、セイウチなどをふくむ鰭脚類の最初のなかまのひとつだ。現生のアシカのように、海に入ったり陸に上がったりして生活していたようだ。陸上では動きがぎこちなかったが、水に入れば、水かきのある後肢とひれのような前肢を使って、自由自在に泳ぐことができた。大きな眼のおかげで、深海でもものを見ることができ、特殊化した内耳の構造も、水中で音を聞くのに適応していた。歯は肉を切りさくのにぴったりだった。水中で魚や貝をとり、陸に戻って食べていたと考えられている。

ミアキス
Miacis

- 生息年代　5500万年前（"パレオジン"）
- 化石発見地　ヨーロッパ、北アメリカ
- 生息環境　熱帯雨林
- 全長　0.3m
- 食べもの　小型の哺乳類、爬虫類、鳥類

ミアキスは、現生するすべての肉食哺乳類の祖先にあたるグループの一員だ。イタチくらいの小型の動物で、ほっそりとした体と短い四肢もイタチに似ていた。すばしっこく動く四肢で木に登り、樹上高くで生活していた。長い尾は、枝から枝へとびうつるときにバランスをとるのに役だった。おそらく、小型の哺乳類や爬虫類など、自分より小さい動物を襲い、鋭い歯をはさみのように使って肉を切りさいていたのだろう。卵や果実を食べていた可能性もある。眼は良かったが、現生のイヌ類ほどではなかった。

▶たしかな足どり
針のように鋭いかぎづめのおかげで、木にしっかりとつかまることができた。

哺乳類

ねばねばのわな

3万8000年前、1頭の弱ったマンモスが、サーベルタイガーの群れに追われていた。マンモスはふらつきながら、浅い水たまりらしき場所に入りこんだが、ねばねばとしたタールで身動きがとれなくなってしまった。まもなく、サーベルタイガーたちもタールにとらわれ、狩る者と狩られる者は、どちらも命を落とすこととなった。彼らが落ちたのは、じつは巨大なタールピット（タールの池）だったのだ。

このカリフォルニアコンドルをはじめ、ラ・ブレアで発見された種の多くは、現在も生息している

ラ・ブレア

アメリカ・ロサンゼルスにあるラ・ブレア・タールピットでは、無数の動物の骨が見つかっている。その多くは、最後の氷河時代のものだ。植物や昆虫の化石も大量に発見されている。このタールピットは、およそ3万8000年前のロサンゼルスでくりひろげられていた、生々しい生命の営みをいまに伝えている。

まめ知識

タールピットは、正確にはタールではなくアスファルトの池である（タールは人工物だが、アスファルトは自然に発生する）。アスファルトが地表に漏れだして、池になったものだ。とらわれた動物たちが見事な状態で保存されるタールピットは、大昔の生態系を研究するうえで、貴重な情報源になる。

哺乳類

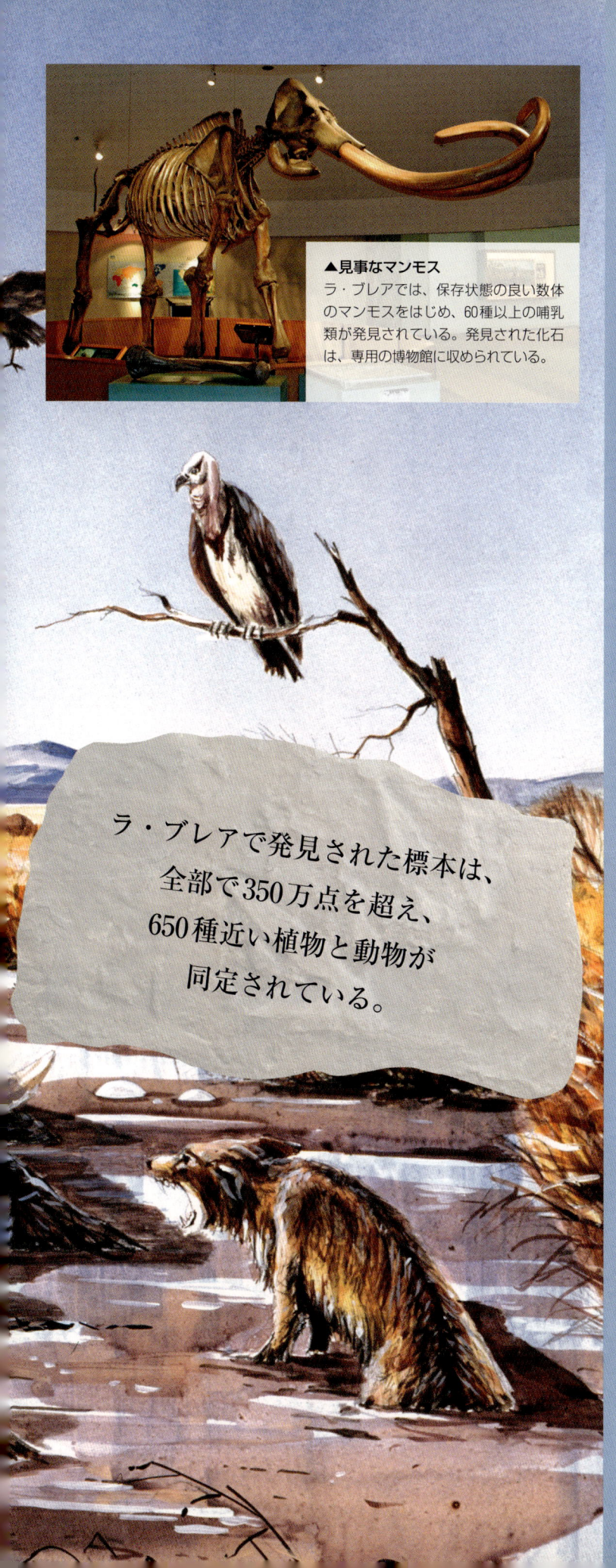

▲ **見事なマンモス**
ラ・ブレアでは、保存状態の良い数体のマンモスをはじめ、60種以上の哺乳類が発見されている。発見された化石は、専用の博物館に収められている。

獲物より捕食者が多い？

ラ・ブレアの化石は、ある興味ぶかい事実を示している。発見された哺乳類の90％以上が、肉食動物なのだ。いったいなぜ？　おそらく、1頭の植物食動物がタールにはまりこんでもがいているところに、簡単に手に入る獲物を狙って多くの捕食者や屍肉食者が集まり、獲物と同様にとらわれてしまったからだろう。

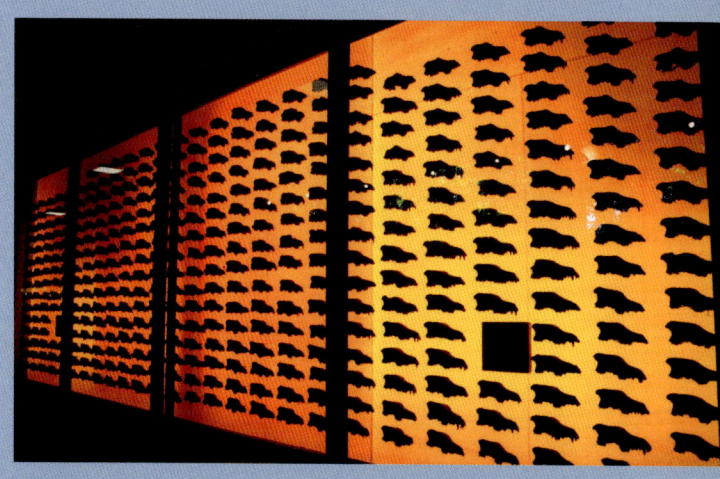

▲ **頭骨**　ラ・ブレア・タールピットでは、4000頭を超えるダイアウルフが発見されている。ダイアウルフは1万年ほど前に絶滅した。

ラ・ブレアで発見された標本は、全部で350万点を超え、650種近い植物と動物が同定されている。

データファイル

ここに挙げた動物は、すべてラ・ブレアで見つかったものだ。

植物食動物
- マンモス
- アメリカマストドン
- 地上生ナマケモノ
- シャスタオオナマケモノ
- エインシェント・バイソン
- アメリカラクダ
- スティルト・レッグド・ラマ
- ウマ
- プロングホーン
- タールピット・プロングホーン
- カリフォルニアバク
- エルク（ワピチ）
- シカ

肉食動物
- ショートフェイスベア
- ヒグマ
- アメリカクロクマ
- アメリカライオン
- サーベルタイガー（スミロドン）
- ジャガー
- アメリカチーター
- ピューマ
- ダイアウルフ
- ハイイロオオカミ
- コヨーテ
- イタチ

鳥類
- カリフォルニアコンドル
- ワシ
- タカ
- ハヤブサ
- ハゲワシ
- カナダヅル
- カナダガン
- マガモ
- ゴイサギ
- ラ・ブレア・コウノトリ
- カイツブリ
- ウ
- カササギ
- アメリカワシミミズク
- ラ・ブレア・フクロウ
- オオミチバシリ
- オウギバト
- シャクシギ
- カンムリウズラ

爬虫類、両生類、魚類
- キングスネーク
- ガーターヘビ
- ヌマガメ
- ニジマス
- ガラガラヘビ
- サンショウウオ
- イトヨ
- アオガエル
- ヒキガエル

哺乳類

ウサギのなかまとげっ歯類

ネズミやリスなどが属するげっ歯類は、現在と同じく、先史時代にも大きく繁栄していた。ウサギのなかまも、自然のなかをぴょんぴょんとはねまわっていた。このなかまの動物たちは、ほとんどが小型の植物食動物だが、なかにはおそろしいほど大型になったものもいた。

カストロイデス
Castoroides

- 生息年代　300万～1万年前（"ネオジン"）
- 化石発見地　北アメリカ
- 生息環境　湖、池、沼
- 全長　3m
- 食べもの　植物

ジャイアントビーバーとも呼ばれるカストロイデスは、アメリカクロクマと同じくらいの大きさの、史上最大級のげっ歯類だ。現生のビーバーはのみのような前歯をもっているが、カストロイデスの前歯は、それよりもずっと幅が広くて大きかった。後肢は短かったが、尾は長くて細かった。現生のビーバーと同じく、水のなかや水辺で暮らしていた。おそらく、小さなダムやドーム型のロッジ（巣）をつくっていたのだろう。

2万年前のカストロイデスの歯の化石

パラエオカストル
Palaeocastor

- 生息年代　2500万年前（"パレオジン"）
- 化石発見地　アメリカ合衆国、日本
- 生息環境　森林
- 全長　40cm
- 食べもの　植物

パラエオカストルは、カストロイデスよりもずっと小さい、古い時代のビーバーのなかまだ。ダムやロッジをつくるのではなく、前歯で穴を掘って陸上で暮らしていた。1891年には、パラエオカストルの骨格と、壁に歯形が残された巣穴の化石が見つかった。この有名な巣穴は、らせん状でとても狭いことから、「悪魔のコルクせんぬき」と呼ばれている。

哺乳類

種族データファイル

おもな特徴
- げっ歯類は、4本の特別な切歯でものをかじる。ウサギのなかまは、8本の切歯をもつ
- ふさふさの毛皮
- かぎづめのある指趾

生息年代
げっ歯類とウサギのなかまは、約6500万年前の"パレオジン"に登場し、現在でも生息している。

エオミス
Eomys

- 生息年代　2500万年前（"パレオジン"）
- 化石発見地　フランス、ドイツ、スペイン、トルコ
- 生息環境　森林
- 全長　25cm
- 食べもの　植物

小型のげっ歯類で、滑空することができた。エオミスの骨格は数多く発見されていて、現生のムササビのように、長い皮ふの膜が前肢と後肢のあいだに広がっていたことがわかっている。現生のホリネズミやポケットネズミの類縁と考えられている。

パラエオラグス
Palaeolagus

- 生息年代　3300万〜2300万年前（"パレオジン"後期）
- 化石発見地　アメリカ合衆国
- 生息環境　平野や森林
- 全長　25cm
- 食べもの　草

これまでに知られている最古のウサギのなかまのひとつだ。長くとがった耳と、現生のウサギよりもわずかに長い尾をもっていた。後肢は現生のウサギよりも短かったため、ぴょんぴょんとはねるのではなく、リスのように小走りで動きまわっていたと考えられている。上あごの2対の歯を使って、草などの植物をかじって食べていた。

頭骨
短い後肢

ケラトガウルス
Ceratogaulus

2本の角
がっしりとした前肢

- 生息年代　1000万〜500万年前（"ネオジン"）
- 化石発見地　カナダ、アメリカ合衆国
- 生息環境　森林
- 全長　30cm
- 食べもの　植物

「ホーン・ゴファー（角のあるホリネズミ）」とも呼ばれるケラトガウルスは、角のある哺乳類としては、これまで知られているなかで最小の動物で、角をもつ唯一のげっ歯類でもある。以前は、この角で穴を掘っていたと考えられていたが、角の生えていた位置から考えると、その可能性は低い。オスにもメスにも生えていたことから、繁殖時のディスプレイではなく、身を守るために使っていたのだろう。大きなかぎづめで掘った巣穴のなかで暮らしていた。眼は小さく、視力は良くなかったのだろう。

哺乳類

有蹄類

ひづめは単に指趾の爪が大きくなったもので、動物の体重を支え、かたい地面を歩くのを助けている。ひづめをもつ哺乳類（有蹄類）は、どれも5本の指趾をもつ祖先から進化したが、長い年月のあいだに何本かの指趾が退化し、1つか2つ、あるいは3つの大きなひづめだけが残された。初期の有蹄類は、ネコくらいの小さな動物だったが、のちの時代の種は、草や葉をえさにして、巨大な体に進化した。

種族データファイル

おもな特徴
- ほとんどが植物食
- 4本足で歩き、走る
- ひづめのある指趾
- 植物をすりつぶす大きな歯。牙をもつものもいる
- 角があるものもいた

生息年代
有蹄類は約6500万年前の"パレオジン"に登場した。ほとんどが森林や草地に生息していた。

先の丸いY字形の角は、おそらくディスプレイのためのものだろう

メガケロプス
Megacerops

- 生息年代　3800万〜3000万年前（"パレオジン"）
- 化石発見地　北アメリカ、アジア
- 生息環境　平野
- 全長　3m
- 食べもの　植物

メガケロプスの巨大な化石を発見したアメリカ先住民のスー族は、雲のあいだを駆けて嵐を呼ぶ神話上の動物のものと考え、この動物を「サンダー・ホース（雷馬）」と呼んだ。メガケロプスはたしかにウマの類縁種だが、体つきや大きさは、むしろ現生のサイに近かった。おそらく、その体は厚い皮におおわれていたのだろう。肩の上の骨には、巨大な頸の筋肉と重い頭を支えるための長い突起があった。

食生活

メガケロプスは、その歯の構造から、やわらかい草などを食べていたと考えられている。植物を注意ぶかくよりわけるために、舌は長く、くちびるはしなやかだったかもしれない。

哺乳類

ウインタテリウム
Uintatherium

- 生息年代　4500万〜4000万年前（"パレオジン"）
- 化石発見地　北アメリカ、アジア
- 生息環境　平野
- 全長　3m
- 食べもの　植物

先の丸い大きな角

牙のような歯

ウインタテリウムは、メガケロプスと同じくサイに似た哺乳類で、大きい、樽型の体だった。頭骨は大きくて平らだったが、脳はとても小さかった。頭には、皮ふにおおわれた3対の角が並んでいた。もっとも大きいのは、頭のてっぺんにある1対だ。オスの角はメスよりも大きかったことから、繁殖期にメスの気をひいたり、ほかのオスと闘ったりするために使っていたと考えられている。体重が重く、四肢が短かったので、たいていはゆっくりと動いていたが、短い距離なら速く走ることができたかもしれない。

フェナコドゥス
Phenacodus

- 生息年代　5500万〜4500万年前（"パレオジン"）
- 化石発見地　北アメリカ、ヨーロッパ
- 生息環境　草原、開けた林地
- 全長　1m
- 食べもの　草

ウマのように走るのに適した骨格をもち、以前はウマの祖先と考えられていた。ほかの原始的な有蹄類よりも長くてしなやかな四肢で、5本の指趾のうち、中央の3本で体重のほとんどを支えていた。大きくて四角ばった歯は、かたい植物をすりつぶすのに最適だった。毛皮には、しまや斑点などの模様があったかもしれない。模様をいかして森林の下ばえにとけこみ、捕食者から身を隠していたのだろう。

長くて柔軟な尾

5本の指趾のすべてに、先のとがっていないかぎづめがあった

メソレオドン
Mesoreodon

- 生息年代　2300万年前（"パレオジン"）
- 化石発見地　アメリカ合衆国
- 生息環境　砂漠、プレーリー
- 全長　1m
- 食べもの　植物

ヒツジくらいの大きさの有蹄類で、眼が大きかった。喉頭の化石の研究から、現生のホエザルと同じように、汽笛のような大きな声を出せたことがわかっている。その声で捕食者を驚かせたり、群れに危険を知らせたりしていたのだろう。鋭い犬歯があり、身を守ったり、ディスプレイのために使われたのだろう。奥歯には、背の低い草を噛むのに適した、三日月形の縁があった。

哺乳類

245

レプトメリクス

1300万年以上のあいだ、北アメリカの森林や草原では、シカに似た、レプトメリクスという小型の哺乳類の群れが草を食んでいた。レプトメリクスは、ノウサギとほとんど変わらない大きさだった。おそらく、すばしっこさもノウサギなみで、小さなひづめで草のなかを矢のように走りまわっていたのだろう。膨大な数が生息していたレプトメリクスは、当時の捕食者にとっては、簡単にしとめられる獲物だったはずだ。

レプトメリクス
Leptomeryx

- 生息年代　3800万〜2500万年前（パレオジン）
- 化石発見地　アメリカ合衆国
- 生息環境　草原
- 全長　0.3m
- 食べもの　おもに草

レプトメリクスは反すう動物のなかまだ。反すう動物とは、食べものを胃から口に戻して、もういちど噛んで食べる有蹄類のことだ。レプトメリクスが生息していた時代には、気候が変化し、森林にかわって草原が出現していた。それに歩をあわせるように、レプトメリクスの歯が丈夫になっていったことが、残された化石からわかっている。おそらく、小さなガラス質の粒子をつくって植物食動物から身を守るイネ科植物のような、丈夫でかたいえさを食べているうちに、そうした歯が進化していったのだろう。レプトメリクスはシカに似た体つきをしていたが、枝角はなかった。ただし、オスには犬歯が発達した小さな牙があった。

哺乳類

46億年前	5億4200万年前	4億8800万年前	4億4400万年前	4億1600万年前	3億5900万年前
先カンブリア時代	カンブリア紀	オルドビス紀	シルル紀	デボン紀	石炭紀

現生のなかま

マメジカ（ネズミジカとも呼ばれる）は、東南アジアやアフリカの熱帯雨林に生息している。レプトメリクスの類縁と、はっきりいえるかどうかはわかっていないが、大きさは同じくらいだ。角や枝角をもたず、小さな牙が生えている点も共通している。マメジカは、たいていはつがいで暮らしている。

つま先の違い

有蹄類は、ひづめの数によって、2つのグループにわけられる。ウマ、サイ、バクは、奇数のひづめをもつ奇蹄類、レイヨウ、シカ、カバ、ブタは、偶数のひづめをもつ偶蹄類だ。

哺乳類

2億9900万年前	2億5100万年前	2億年前	1億4500万年前	6500万年前	2300万年前	現在
ペルム紀	三畳紀	ジュラ紀	白亜紀	"パレオジン"	"ネオジン"	

247

マクラウケニア

700万年前の南アメリカの平原には、この絵のような奇妙な植物食動物がたくさんいた。いくつもの動物を混ぜあわせたような姿をしていて、ウマに似た胴体とラクダのような長い頸（くび）をもち、おそらくゾウの鼻を短くしたような、ホース状の鼻まであった。マクラウケニアと呼ばれるこの動物は、南アメリカと南極大陸だけに生息していた、絶滅した有蹄（ゆうてい）類のグループに属している。

哺乳類

まめ知識

イギリスの科学者チャールズ・ダーウィンは、20代のときにビーグル号という船に乗り、2年をかけて世界中をまわった。その途中で、数々のめずらしい植物や動物に遭遇（そうぐう）した。1834年に立ちよった南アメリカのアルゼンチンでは、先史時代のラクダかラマらしき動物の骨格の半分を見つけた。じつはそれが、初めて発見されたマクラウケニアの化石だったのだ。

46億年前	5億4200万年前	4億8800万年前	4億4400万年前	4億1600万年前	3億5900万年前
先カンブリア時代	カンブリア紀	オルドビス紀	シルル紀	デボン紀	石炭紀

マクラウケニア
Macrauchenia

- 生息年代　700万～2万年前（"ネオジン"）
- 化石発見地　南アメリカ
- 生息環境　草原
- 全長　3m
- 食べもの　木の葉や草

マクラウケニアの鼻孔は、頭骨の高いところの、ちょうど両眼のあいだにあった。そのため、マクラウケニアにはゾウの鼻を短くしたような鼻があったと考える専門家もいる。頭が長かったので、地面に生えた草だけでなく、木の葉も食べることができたはずだ。腿の骨が短いことから、足は速くなかったと考えられるが、四肢の骨は、走りながら急旋回できる構造になっていた。この走法で、サーベルタイガー（スミロドン）などの捕食者を出しぬいていたのだろう。

吻部はゾウの鼻に似ていたのかもしれない

哺乳類

2億9900万年前	2億5100万年前	2億年前	1億4500万年前	6500万年前	2300万年前	現在
ペルム紀	三畳紀	ジュラ紀	白亜紀	"パレオジン"	"ネオジン"	

ウマのなかま

最古のウマのなかまは、木の葉を食べる小型の動物で、森林で暮らしていた。およそ2000万年前、地球の気候が変化し、草原が森林にとってかわりはじめた。ウマのなかまは、開けた平野へと生息場所を移し、草を食べることに適応していった。体はしだいに大きくなり、長く進化した四肢のおかげで、より速く走れるようになった。先史時代のウマのなかまは、これまでに世界中で数百種類も発見されている。ウマ類の進化は、行き止まりがたくさんある木のようだったことがわかる。

ヒッパリオン
Hipparion

- 生息年代　2300万～200万年前（"ネオジン"）
- 化石発見地　北アメリカ、ヨーロッパ、アジア、アフリカ
- 生息環境　草原、平野
- 全長　2m
- 食べもの　木の葉や草

長い吻部とほっそりした四肢、軽やかな体型のヒッパリオンは、現生のポニーに似ていた。四肢の指趾が1本の現生のウマとは異なり、ヒッパリオンには3本の指趾があった。先端にひづめのついた、もっとも大きい中央の指趾に、全身の体重をかけ、ほかの指趾は地面についていなかった。この構造のおかげで、地面をすばやく蹴り、速く走ることができた。

▲草を食べる
ヒッパリオンは草原で暮らしていた。だが、ウマのなかまは草を完全に消化できるようには進化しなかったため、その糞には、消化しきれなかった茎が多く混ざっている。

種族データファイル

おもな特徴
- 長くて細い頭
- 長い頸
- ほっそりとした四肢
- 大きな歯
- ひづめのある手足、指趾の数は奇数（1本か3本）

生息年代
ウマは5400万年前の"パレオジン"に登場した。

哺乳類

メリキップス
Merychippus

- 生息年代　1700万～1000万年前（"ネオジン"）
- 化石発見地　アメリカ合衆国、メキシコ
- 生息環境　平野
- 全長　1m
- 食べもの　草

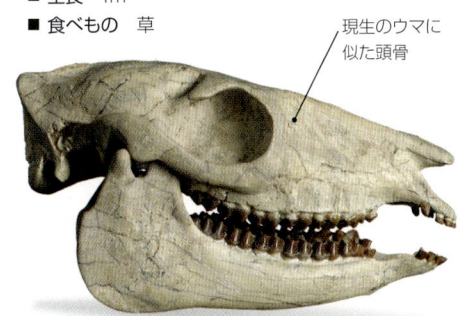

現生のウマに似た頭骨

木の葉を食べていた祖先と違って、草だけをえさとした最初のウマのなかまと考えられている。また、現生のウマに似た頭骨をもつ最初のウマでもあり、吻部は長く、あごが深く、眼は頭の両側についていた。頸が長かったので、低い位置の草でも楽に食べることができた。大きな群れで暮らし、えさを求めて長距離を移動していたようだ。長い四肢のおかげで足が速く、捕食者に追われたときには、ギャロップで駆けることもできた。

プリオヒップス
Pliohippus

- 生息年代　1200万～200万年前（"ネオジン"）
- 化石発見地　アメリカ合衆国
- 生息環境　平野
- 全長　1m
- 食べもの　植物

最近まで、プリオヒップスは現生のウマの祖先だと考えられていた。その根拠のひとつは、手足の指趾が1本だったことだ。だが、現生のウマとは異なり、歯が湾曲していて（ほかのウマのなかまはまっすぐな歯）、顔には奇妙なくぼみがあった。四肢は長くて細く、高速で走るのに適した体つきだった。

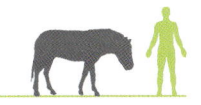

指趾は1本

エクウス
Equus

- 生息年代　400万年前（"ネオジン"）
- 化石発見地　世界各地
- 生息環境　平野や草原
- 全長　3m
- 食べもの　草

エクウスというのは、競走馬から家畜のロバ、野生のシマウマまで、現生のあらゆるウマをさす属名だ。野生のウマは、いまではアフリカ以外で目にすることはほとんどない。エクウスは、古い種よりもずっと大きな脳をもっている。この大きな脳は、新しい時代の哺乳類に共通する特徴だ。体の大きさは中型から大型で、頭部は細長く、長い頸にはたてがみが生えている。足が速く、危険を感じたときには、とりわけ俊足ぶりを発揮する。たいていは群れで暮らしている。

現生のなかま

現生のウマは、ほっそりとした四肢で俊足の大型哺乳類だ。指趾は1本だけで、先端にひづめがついている。頭部と尾が長く、頸にはたてがみが生えている。現在、家畜のウマは400品種以上も存在しているが、野生のウマは、シマウマやロバのなかまなど、7種しかいない。

プロトロヒップス
Protorohippus

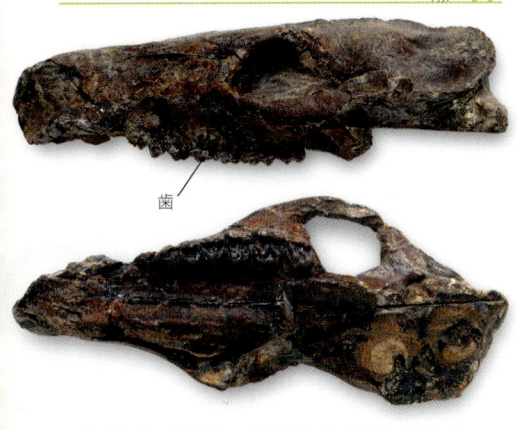

歯

- 生息年代　5200万～4500万年前（"パレオジン"）
- 化石発見地　アメリカ合衆国
- 生息環境　森林
- 全長　0.3m
- 食べもの　植物

これまでに知られている最古級のウマのなかまで、森林に生息する小型の動物だった。おそらく、単独またはつがいで暮らし、草ではなくおもに木の葉を食べていたのだろう。四肢がとても短く、後肢が前肢よりわずかに長いことから、ジャンプが得意だったと考えられている。3本ある指趾のうち、大きくなった中央の1本で体重を支えていた。

メソヒップス
Mesohippus

- 生息年代　4000万～3000万年前（"パレオジン"）
- 化石発見地　アメリカ合衆国
- 生息環境　林地
- 全長　0.5m
- 食べもの　植物

メソヒップス（「中くらいのウマ」の意）は、初期のウマと進化したウマの特徴をかねそなえていた。現生のウマと同じく、吻部が長く、前歯と奥歯のあいだの間隔があいていた。俊足で、その細長い四肢は、指趾が3本であることを除けば、現生のウマに似ていた。草を食べるウマのなかまよりも小さい歯で、おそらく低木や木の葉をえさとしていたのだろう。

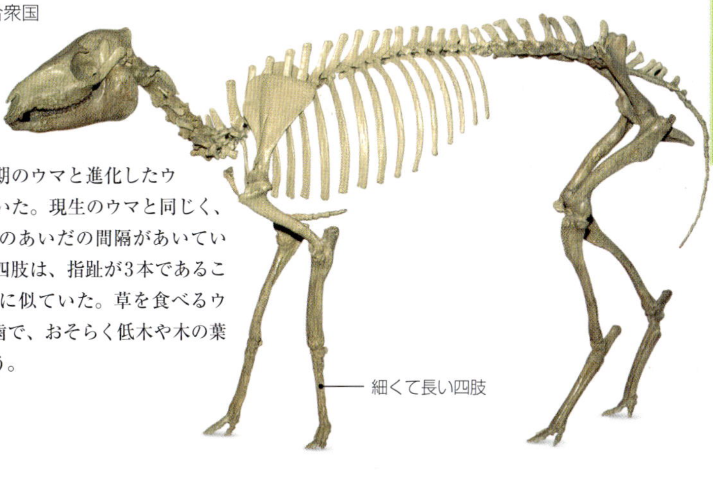

細くて長い四肢

哺乳類

カリコテリウム

カリコテリウムは、ウマとゴリラの中間のような姿をした、奇妙な有蹄類だ。前肢のひづめは、巨大なフックのようなかぎづめに進化していた。おそらく、このかぎづめで枝をひきおろし、木の葉を食べていたのだろう。動きを止めているときには、おしりをどっしりと地面におろして、えさを食べていた。2本の後肢で立ちあがり、高いところにある枝の葉を食べることもできたかもしれない。奇数の指趾は、カリコテリウムがウマやサイの遠い親戚だということを示している。

カリコテリウム
Chalicotherium

- 生息年代　1500万～500万年前（"ネオジン"）
- 化石発見地　ヨーロッパ、アジア、アフリカ
- 生息環境　平野
- 全長　2m
- 食べもの　植物

ハイイログマ（グリズリー）よりも背が高く、ウマのような頭で、長い前肢にはかぎづめがあった。がっしりとした後肢で巨大な体重を支えていた。かぎづめの化石が最初に発見されたときには、カリコテリウムは肉食動物だと考えられていた。だが、その後の研究により、1500万年前の"ネオジン"に登場した植物食の哺乳類だとわかった。

哺乳類

46億年前	5億4200万年前	4億8800万年前	4億4400万年前	4億1600万年前	3億5900万年前
先カンブリア時代	カンブリア紀	オルドビス紀	シルル紀	デボン紀	石炭紀

小石のけもの

カリコテリウムという名は、「小石のけもの」という意味だ。最初に見つかった歯の化石が小石に似ていたことから、この名がつけられた。カリコテリウムは、大人になると前歯が抜けおちるため、残された肉厚の唇と歯ぐきだけで枝から葉をむしりとっていた。そうして、口いっぱいにつまった葉を、奥歯ですりつぶしていた。

哺乳類

◀こぶしで歩く
カリコテリウムの前肢は、後肢よりもずっと長かった。前肢の先端には、湾曲した長いかぎづめがついていたので、前肢の裏を地面にぴったりつけることはできなかったはずだ。たぶん、現生のゴリラがしているように、手の甲を地面について歩いていたのだろう。

2億9900万年前	2億5100万年前	2億年前	1億4500万年前	6500万年前	2300万年前	現在
ペルム紀	三畳紀	ジュラ紀	白亜紀	"パレオジン"	"ネオジン"	

253

サイのなかま

現在、サイのなかまは5種か6種しか存在しておらず、どれもがよく似た姿をしている。だが先史時代には、サイのなかまは現在よりもずっと多様で、イヌほどの大きさのものから、樹木のように大きく、どんな陸生哺乳類よりも重い巨獣まで、さまざまだった。四肢が長くて角のない、ウマのような俊足ランナーがいるかと思えば、ずんぐりと太っていて、カバのように水中で暮らすものもいた。

パラケラテリウム
Paraceratherium

- 生息年代　3300万〜2300万年前（"パレオジン"後期〜"ネオジン"前期）
- 化石発見地　パキスタン、カザフスタン、インド、モンゴル、中国
- 生息環境　平野
- 全長　8m
- 食べもの　植物

パラケラテリウムは、角をもたない初期のサイのなかまで、シャチと同じくらいの大きさだった。史上最大の陸生哺乳類だ。巨大な体と長い頸をいかして、現生のキリンのように、木のてっぺんの葉を食べていた。柔軟に動く長い唇で枝をつつみこみ、葉をこすりとることができた。

テレオケラス
Teleoceras

- 生息年代　1700万〜400万年前（"ネオジン"）
- 化石発見地　アメリカ合衆国
- 生息環境　平野
- 全長　4m
- 食べもの　草

アメリカ・ネブラスカ州のアッシュフォール化石層（p256〜257参照）では、テレオケラスの完全骨格が数多く発見されている。ここで見つかった動物たちは、1000万年前に噴火した火山の灰により、窒息して死んだものだ。テレオケラスは大型のサイのなかまで、鼻のうえに小さな円錐形の角があった。だが、長くてでっぷりとした胴体と太くて短い四肢は、サイというよりはカバに似ていた。大昔の川や池の堆積物から化石が見つかっていることから、カバのように水につかって生活していたのだろう。

▲ずんぐりとした草食動物
テレオケラスは、四肢が太くて短く、胴体は樽のようで、高い歯は草を噛みきるのに適していた。いくつかの化石で、のどの部分から草の種の化石が見つかっていることから、おもに草を食べていたと考えられている。

種族データファイル

おもな特徴
- 巨大な体
- ほとんどはケラチン（角質：人間の爪と同じ物質）でできた角をもつ
- 木の葉や草を噛むのに適した大きな歯
- ひづめのある四肢

生息年代
サイのなかまは"パレオジン"に登場した。

コエロドンタ
Coelodonta

- 生息年代　300万〜1万年前（"ネオジン"）
- 化石発見地　ヨーロッパ、アジア
- 生息環境　平野
- 全長　4m
- 食べもの　草

ケサイとも呼ばれるコエロドンタは、長いもじゃもじゃの毛が生えた厚い毛皮で寒さから身を守っていた。最後の氷河時代に、ヨーロッパとアジアに生息していた。凍った地面（永久凍土）で冷凍保存されていた死体と、石器時代の人類が残した洞窟絵画のおかげで、生きていたときの姿がわかっている。現生のシロサイと同じくらいの巨体で、四肢は短くてがっしりとしていた。吻部からは、大きさの違う2本の巨大な角がのび、前方の角はオスで1mにも達した。コエロドンタは草食動物だった。おそらく草などの植物を地面からひきぬき、口いっぱいにほおばっていたのだろう。

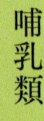

哺乳類

◀︎ パラケラテリウムは史上最大の陸生哺乳類で、体重はおよそ15トンにもなった。この体重はティランノサウルスの2倍、ゾウの4倍にあたる。

エラスモテリウム
Elasmotherium

- 生息年代　200万～12万6000年前（"ネオジン"）
- 化石発見地　アジア
- 生息環境　平野
- 全長　6m
- 食べもの　草

大型のサイのなかまで、体重はおよそ3トンにも達した。氷河時代ごろまで生息していて、おそらく初期の人類の狩りの獲物になっていたのだろう。エラスモテリウムは、ユニコーン伝説のもとになった動物だという説もある。巨大な1本の角が生えていたためだ。だが、早い時代に絶滅してしまったので、たとえ言いつたえとしてでも、人類の記憶に残るのは難しかっただろう。四肢が現生のサイよりも長いことから、走るのは速かったと考えられている。大きな歯は平たくて、草や小型の植物を食べるのに適応していた。おそらく、頭を左右にふって、地面から草をむしりとっていたのだろう。

スブヒラコドン
Subhyracodon

- 生息年代　3300万～2500万年前（"パレオジン"）
- 化石発見地　アメリカ合衆国
- 生息環境　平野
- 全長　3m
- 食べもの　植物

ウシほどの大きさのサイのなかまで、角をもたず、現生のサイのような強固なよろいもまとっていなかった。そのかわりに、危険から身を守るときには、長くてほっそりした四肢に頼っていた。鋭い稜のある歯は、木や低木から葉をこそげとるのにぴったりだった。

哺乳類

アッシュフォール化石層

1200万年前、北アメリカのとある火山が噴火した。一帯には粉末状のガラス（火山灰）が厚い毛布のように降りそそぎ、大昔の動物たちが数多く命を落とした。死んだ動物たちは、1971年に発見されるまで、土のなかでひっそりと眠っていた。ここは、化石の宝庫と呼ばれるアッシュフォール化石層だ！

哺乳類

奇跡の発見

ネブラスカ州北東部にあるアッシュフォール化石層では、保存状態の良い哺乳類の骨格がたくさん見つかっている。その多くは完全骨格だが、これはほとんど奇跡といえるほどめずらしいことだ。一部の動物は最初の噴火を生きのびたものの、火山灰が深さ50cmも降りつもり、動物たちが草を食べるたびに少しずつ肺に入りこんでいった。火山灰は、粉のように細かいガラスの粒でできている——生きのびるのはとうてい無理だった。

テレオケラス（樽のような胴体をもつサイのなかま）の化石

▼このサイたちは、火山灰で窒息して苦しみながら死んでいった何百頭もの一部だ。あまりにも多くのサイがこの場所で命を落としたため、ここは「サイのポンペイ」と呼ばれている。

哺乳類

クローズアップ

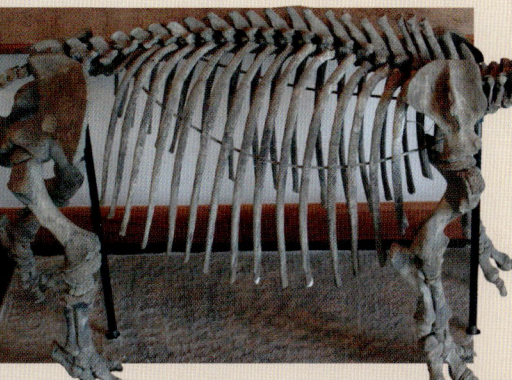

アッシュフォールで見つかった化石の一部は、生きていたときの姿に組みたてられている。この写真の骨格化石は、テレオケラスの赤ちゃんだ。多くの骨格が、生きていたときと同じ状態で残されていた。

データファイル

- 17種の脊椎動物の化石が見つかった。そのうちの12種が哺乳類だ。
- 見つかったのは、ラクダ、シカ、サイ、ウマ、イヌ、鳥類などの化石で、どれも保存状態が良かった。
- この化石層は、トウモロコシ畑の端の水路から、サイの頭骨がつきでていたのがきっかけで見つかった。
- 現在、アッシュフォール化石層は州立公園として保護されている。特別な歩道が化石層の上につくられていて、夏には発掘作業のようすを見ることもできる。

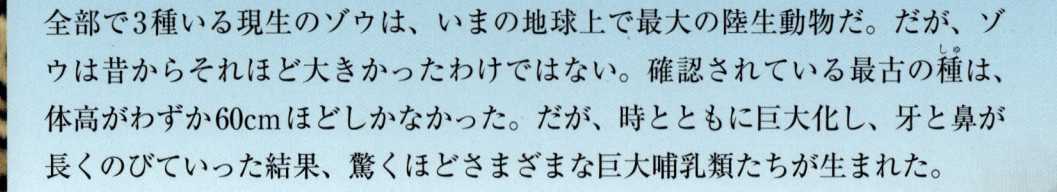

ゾウのなかまとその類縁種

全部で3種いる現生のゾウは、いまの地球上で最大の陸生動物だ。だが、ゾウは昔からそれほど大きかったわけではない。確認されている最古の種は、体高がわずか60cmほどしかなかった。だが、時とともに巨大化し、牙と鼻が長くのびていった結果、驚くほどさまざまな巨大哺乳類たちが生まれた。

デイノテリウム
Deinotherium

- 生息年代　1000万～1万年前（"ネオジン"）
- 化石発見地　ヨーロッパ、アフリカ、アジア
- 生息環境　林地
- 肩高　5m
- 食べもの　植物

史上3番目に大きい陸生哺乳類で、現生のアフリカゾウよりわずかに大きかった。鼻は現生のゾウよりもずっと短く、後方にカーブした牙が下あごから生えていた。この牙を使って、根を掘ったり、樹皮をむいたり、枝をひきおろして木の葉を食べたりしていたのかもしれない。

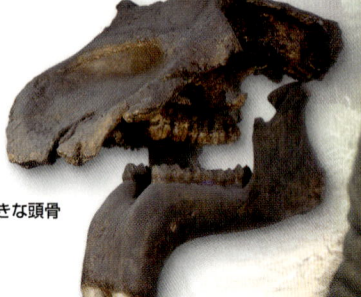

大きな頭骨

カーブした牙が下あごから生えていた

🐻 種族データファイル

おもな特徴
- ほぼすべての初期のゾウは、細長い鼻をもっていた
- 毛のほとんど生えていない、しわだらけの皮ふ
- 多くは牙をもつ
- 柱のような四肢

生息年代
ゾウは約4000万年前に登場した。

哺乳類

ゴムフォテリウム
Gomphotherium

- 生息年代　1500万～500万年前（"ネオジン"）
- 化石発見地　北アメリカ、ヨーロッパ、アジア、アフリカ
- 生息環境　沼地
- 肩高　3m
- 食べもの　植物

ゴムフォテリウムには、2対の牙があった。1対は上あごからのび、シャベルのような形をした短めのもう1対は、下あごから生えていた。大きいほうの牙は、闘いやディスプレイのためのものだろう。小さいほうは、植物をこそげとったり、木の皮をむいたりするのに使っていたのかもしれない。

短い鼻

モエリテリウム
Moeritherium

- 生息年代　3700万～3000万年前（"パレオジン"）
- 化石発見地　エジプト
- 生息環境　沼地
- 全長　3m
- 食べもの　植物

ゾウのなかまに近縁で、ゾウの鼻の原型のような鼻だった。現生のゾウよりもずっと小さく、長い胴体からとても短い四肢がのびていた。おそらく、カバのように湖や川のなかで暮らし、やわらかい唇で茎をくるむようにして、水草を食べていたのだろう。上あごと下あごの両方に大きな歯があり、小さな牙のように口から少しだけつきでていた。

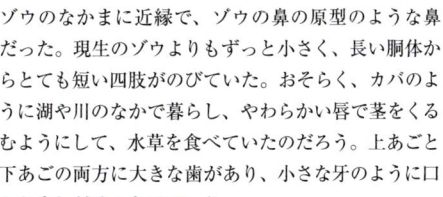

プラティベロドン
Platybelodon

- 生息年代　1000万～600万年前（"ネオジン"）
- 化石発見地　北アメリカ、アフリカ、アジア、ヨーロッパ
- 生息環境　平野
- 肩高　3m　　食べもの　植物

プラティベロドン（「シャベルの牙」の意）の下あごには、平らな2本の牙がぴったりととなりあって並び、シャベルのような形になっていた。おそらく、池や沼の水草をすくいとるのに使っていたのだろう。下あごの牙のすりへった跡は、枝を切るための刃としても使っていたことを示している。現生のゾウと同じく、柱のような四肢で胴体を支えていた。足の裏にある厚い脂肪の層も、巨体を支えるのを助けていた。

アルシノイテリウム
Arsinoitherium

- 生息年代　3500万～3000万年前（"パレオジン"）
- 化石発見地　アフリカ
- 生息環境　平野
- 肩高　2m
- 食べもの　植物

アルシノイテリウムは、ゾウに類縁の絶滅哺乳類のグループに属しているが、ゾウのなかまではない。長い鼻がなく、見た目はサイに似ていた。鼻先からのびる2本の巨大な角は、オスがメスをめぐって争うときや、ディスプレイのために使われていたようだ。後肢が曲がっていたので、おそらく陸上を歩くよりも、水につかって暮らすのに適応していたのだろう。

巨大な2本の角は、なかが空洞だった

哺乳類

259

ケナガマンモス

氷河時代の北アメリカやヨーロッパ、アジアの平原では、堂々たるマンモスが群れをなしていた。マンモスは現生のゾウに近い動物だ。シベリアで見つかった、凍ったままのマンモスを調べたところ、DNAが現生のゾウのものとほとんど同じだということがわかった。マンモスは全部で8種類いたが、なかでも有名なのがケナガマンモスだろう。ケナガマンモスが絶滅したのは、わずか3700年前のことだ。

体毛の長さは90cmにもなった

哺乳類

46億年前	5億4200万年前	4億8800万年前	4億4400万年前	4億1600万年前	3億5900万年前
先カンブリア時代	カンブリア紀	オルドビス紀	シルル紀	デボン紀	石炭紀

ケナガマンモス
Woolly mammoth

- 生息年代　500万〜約5000年前（"ネオジン"）
- 化石発見地　北アメリカ、ヨーロッパ、アジア、アフリカ
- 生息環境　平野
- 全長　5m

ケナガマンモスの全身は、もじゃもじゃの長い毛と、その下にあるウールのような細い毛におおわれていた。ケナガマンモスの成体のほとんどは、アフリカゾウよりもやや大きい巨体だったが、北極地方にある島では、体高が2mほどの「ドワーフマンモス」も見つかっている。大人のマンモスは、肩にラクダのような大きなこぶがあり、カーブした巨大な牙が生えていた。氷河時代の草原に生息していたので、かたい草などの小型の植物を噛みくだくために、歯の表面がぎざぎざになっていた。DNAの研究から、ケナガマンモスはアフリカゾウよりもアジアゾウに近いことがわかっている。

▲ **骨の小屋**
先史時代の人類は、マンモスの骨や牙を使って、楕円形や円形の小屋を建てていた。東ヨーロッパでは、そうした小屋の「集落」が約30か所で見つかっている。

牙

▲ **雪かきシャベル**
マンモスは長い牙を使って、雪や氷をかきわけてえさを食べていたのかもしれない。オスがメスをひきつけるために牙を使った可能性もある。

後肢は前肢より短い

現生のなかま
生まれたばかりのアジアゾウは、赤茶色の太い毛で体をおおわれている。この毛は、近縁種のケナガマンモスの長いもじゃもじゃの体毛によく似ている。ただし、暑い熱帯地域で暮らすアジアゾウは、成長するにつれて毛が抜けおちていく。たいてい、大人になるころには、まばらにぽつぽつと生えているだけになる。アフリカゾウは、それよりもさらに毛が少ない。

哺乳類

2億9900万年前	2億5100万年前	2億年前	1億4500万年前	6500万年前	2300万年前	現在
ペルム紀	三畳紀	ジュラ紀	白亜紀	"パレオジン"	"ネオジン"	

赤ちゃんマンモスのリューバ

2007年、シベリアのトナカイ飼いが、驚くほど保存状態の良い、凍ったままの赤ちゃんマンモスを見つけた。発見者の妻の名にちなんでリューバと名づけられたこのメスのマンモスは、およそ4万年前に命を落としたと考えられている。これまでに発見されたなかで、もっとも保存状態の良いマンモスが、このリューバだ。

▲リューバは、ロシアの北極圏にあるヤマル半島（地図上の黄色い部分）で見つかった。

まめ知識

- リューバは小さい。全長1.2m、高さは90cmしかない。
- 生後約30日で死んだと考えられている。
- ぬかるみにはまって、窒息死したのかもしれない。
- リューバには乳歯ならぬ「乳牙」が生えていた。この小さな牙が抜けおちたあとに、きちんとした牙がのびてくる。

哺乳類

リューバはきわめて保存状態が良かったため、胃のなかに残されていた母乳まで見つかった

リューバの頸の後ろには、脂肪細胞がたくわえられていた。この脂肪細胞は、極寒の地で赤ちゃんマンモスの体温を保つためのエネルギー源になっていたのだろう

▶発見場所の状況を調べた結果、リューバの遺体は、発見される前に1年間、外気にさらされていたことがわかった。

▶へんぴな場所
リューバの発見から1年後、科学者のチームが発見場所にテントをはって野営しながら、リューバの生と死をめぐる手がかりを集めた。

調べてみよう！

リューバの発見後、国際的な科学者のチームが、リューバの暮らしぶりを解明するための研究にのりだした。ロシア、フランス、日本、アメリカの科学者が、リューバから試料を採取し、X線写真を撮影した。その結果、リューバは死ぬまでは健康な状態だったことや、あやまってぬかるみに落ちて死んだことがわかった。

> 凍った遺体から採取したDNAを使って、マンモスをよみがえらせることができるかもしれないと、科学者たちは期待している。

検査、検査、また検査

リューバはたくさんの検査を受けた。まずは日本の大学の医学部で調べられ、そのあとでまたロシアに戻った。リューバの保存状態は、信じられないほど良かった。おかげで、皮ふや眼、歯、内臓、まつ毛をじっくり調べることができた。毛皮の一部まで残されていたほどだ。凍った体の一部を少しのあいだ解凍するという方法で、組織の標本も採取することができた。リューバを調べる科学者たちは、汚染を防ぐために、防護服を身につけていた。

哺乳類

メガテリウム

オオナマケモノとも呼ばれるメガテリウムは、木の上に住む現生のナマケモノに近い動物だが、ゾウと同じくらい巨大で、地上で暮らしていた。糞(ふん)の化石から、さまざまな種類の植物をえさにしていたことがわかっている。たいていは4本足で歩いていたが、後肢(こうし)で立ちあがり、高い枝に手をのばして、かぎづめでたぐりよせることもできた。メガテリウムは、最初の人類が南北アメリカ大陸に到達してまもなく姿を消した。おそらく、人類に狩られて絶滅してしまったのだろう。

哺乳類

▲メガテリウムの化石のほとんどは、南アメリカに広がるパンパスという草原地帯で見つかっている。この写真の骨は、12体まとめて発見された化石のひとつだ。干ばつにより、アルゼンチンを流れる川が干あがったときに見つかった。

46億年前	5億4200万年前	4億8800万年前	4億4400万年前	4億1600万年前	3億5900万年前	2億9900万年前	2億5100万年前
先カンブリア時代	カンブリア紀	オルドビス紀	シルル紀	デボン紀	石炭紀		ペルム紀

メガテリウム
Megatherium

- 生息年代　500万～1万年前（"ネオジン"）
- 化石発見地　南アメリカ
- 生息環境　林地
- 全長　6m
- 食べもの　植物

後肢で立ちあがると、ゾウの2倍近い背の高さがあった。太いもじゃもじゃの毛におおわれ、その下には、よろいのような骨質の板をまとっていた。歯は先端が鈍く、植物をすりつぶすのにぴったりだったが、かぎづめを使って屍肉をあさったり、動物を殺して食べていた可能性もある、と研究者は考えている。

腰骨

▲メガテリウムの腰骨は、ひときわ頑丈だった。後肢で立ちあがったときには、この腰骨が巨体の重みを支えていた。たくましい尾も、支柱として体を支えるのに役だった。

▼巨大なかぎづめ
メガテリウムは湾曲した巨大なかぎづめのもちぬしで、このかぎづめで枝をつかんだり、敵と闘ったりしていた。手の裏を地面にぴったりとつけることはできなかったので、かぎづめを内側に向けて、手の側面を地面につけて歩いていた。

現生のなかま

現生のナマケモノは、地球上でいちばんのなまけ者のようだ。1日に18時間も眠り、動くときでも、目を疑うほどゆっくりだからだ。メガテリウムとは違って、現生のナマケモノは、木の枝にさかさにぶらさがって暮らしている。長い腕とフックのようなかぎづめで、枝にしっかりとしがみついている。眠っているときも食事をしているときも、さかさのままだ。

パナマに生息するミツユビナマケモノ

哺乳類

2億年前	1億4500万年前	6500万年前	2300万年前	現在
三畳紀	ジュラ紀	白亜紀	"パレオジン"	"ネオジン"

265

シカ、キリン、ラクダのなかま

2000万年ほど前、地球の森林が減りはじめ、かわって、新たな生息環境が出現した。それが草原だ。この変化に乗じて勢力を広げたのが、植物をえさとする、ひづめをもつ哺乳類たちだ。このなかまの多くは、草などのかたい植物を消化できる特別な胃をもっていた。そのおかげで、大きく繁栄し、数々の種が進化した。この2ページで紹介するシカやキリン、ラクダだけでなく、ヒツジ、ヤギ、ウシ、バッファロー、ラマ、レイヨウ、カバも、すべてこのグループのなかまだ。

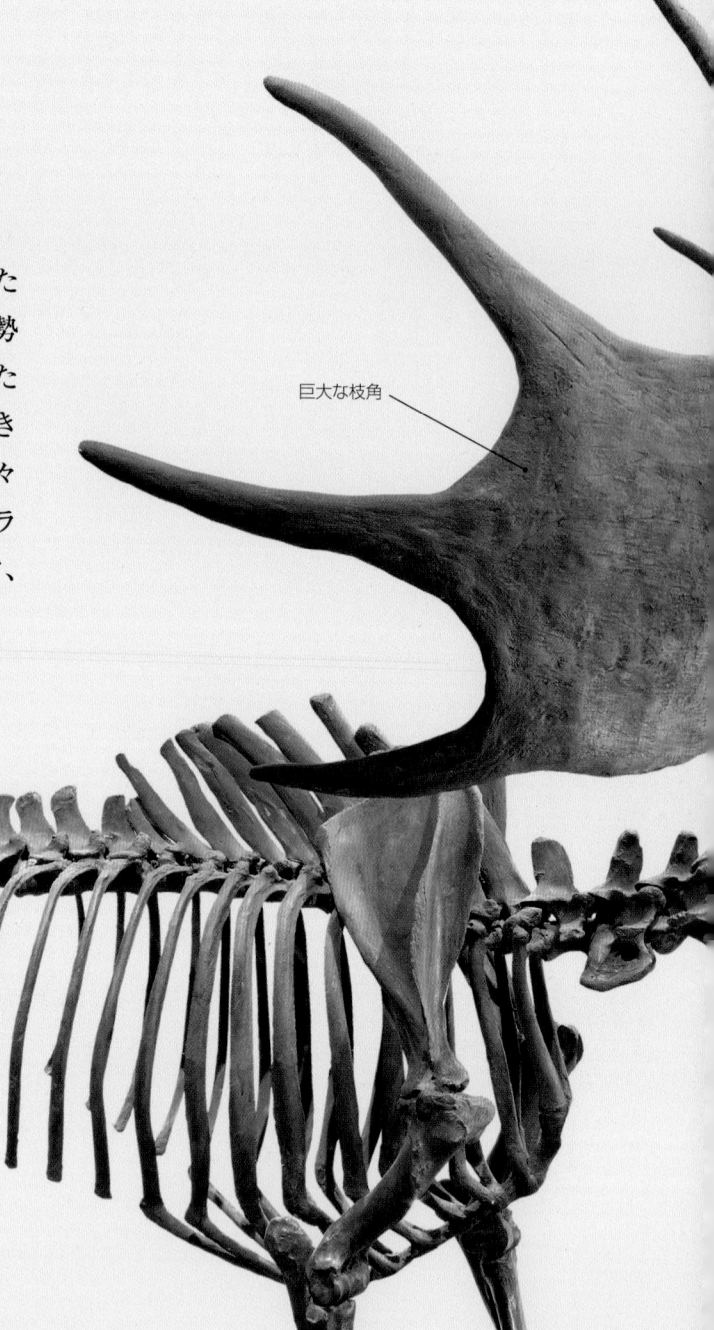

巨大な枝角

高速で走ることのできる強力な後肢

メガロケロス
Megaloceros

- 生息年代　200万～7700年前（"ネオジン"）
- 化石発見地　ユーラシア
- 生息環境　平野
- 全長　3m
- 食べもの　植物

これまでに知られているなかでも史上最大級のシカのなかまで、現生のヘラジカと並ぶくらいの大きさだった。オスは史上最大の枝角をもっていた。片方の角の先端から反対の先端までの長さは、トラの全長よりもさらに長かった。この巨大な枝角で、繁殖のときにメスの気をひいたり、ライバルのオスを威嚇したりしていた。ほかのシカのなかまと同じく、枝角は毎年生えかわった。メガロケロスは初期の人類やネコ科の大型動物、オオカミなどの狩りの対象だったが、1万年ほど前に絶滅した。

種族データファイル

おもな特徴
- シカ、キリン、ラクダは、食べものをいったん飲みこんだあと、胃から逆流させて、もういちど噛みなおす
- 胃が3つか4つの部屋にわかれている
- たいていは頭に角か枝角がある
- 指趾には偶数のひづめがある（ひづめをもたないラクダをのぞく）

生息年代
偶数のひづめをもつ哺乳類（偶蹄類）は、5400万年ほど前に登場した。2000万年ほど前に世界中に広がって数を増やし、いまでも繁栄を続けている。

哺乳類

ギラッフォケリクス
Giraffokeryx

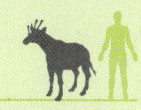

- 生息年代　1600万～500万年前（"ネオジン"）
- 化石発見地　アジア、ヨーロッパ、アフリカ
- 生息環境　草原
- 全長　1.6m
- 食べもの　植物

現生のキリンのなかまは、キリンとオカピの2種類だけだ。だが過去には、このギラッフォケリクスをはじめ、たくさんのなかまがいた。ギラッフォケリクスは、やわらかい毛におおわれた、先端の細い2対の角をもっていた。1対は頭の上に、もう1対は吻部にあった。あごの奥には、かたい植物をすりつぶすのにぴったりの、表面がでこぼこになった歯が並んでいた。

▲長い舌
柔軟に動く長い舌を使って、おいしい葉をよりわけていたのだろう。

クラニオケラス
Cranioceras

- 生息年代　2000万～500万年前（"ネオジン"）
- 化石発見地　北アメリカ
- 生息環境　林地
- 全長　1m
- 食べもの　木の葉

ひづめのある反すう動物の一種で、初期のシカやキリンに近いなかまだ。オスには、両眼の上からまっすぐのびる2本の短い角があり、さらに頭の後ろからは、太くて先端の鈍い1本の角が、カーブするようにのびていた。傷のある角の化石が見つかっていることから、メスやなわばりをめぐる争いに、この角を使っていたと考えられている。

▼クラニオケラスの角は、シカのような骨質の枝角ではなく、キリンのようにやわらかい毛でおおわれていたのかもしれない。

アエピカメルス
Aepycamelus

- 生息年代　1500万～500万年前（"ネオジン"）
- 化石発見地　アメリカ合衆国
- 生息環境　林地や草原
- 全高　3m
- 食べもの　植物

ラクダのなかまだが、見た目はややキリンに似ていて、背がとても高く、頸が長かった。長い四肢をいかして、高速で走ることができた。指趾には2つのひづめがあり、足裏には幅の広い肉球のようなものがついていた。ラクダやキリンのなかまの例にもれず、アエピカメルスも、まず左側の前肢と後肢を同時に前に出し、次に右側の前肢と後肢を動かして歩いていた。「側対歩」と呼ばれる歩きかただ。草よりも木の葉を食べることが多かったようだ。

長くてほっそりとした頸

2つのひづめがある四肢は、高速で走るのにうってつけだった

ステノミルス
Stenomylus

- 生息年代　2500万～1600万年前（"パレオジン"後期～"ネオジン"前期）
- 化石発見地　アメリカ合衆国
- 生息環境　草原
- 全高　60cm
- 食べもの　草

ステノミルスは、小型のラクダのなかまだ。きゃしゃでほっそりとした頸や四肢、胴体は、現生のラクダよりもガゼルに似ていた。現生のラクダとは違って、つま先を地面について歩いていた。歯根がきわめて深い、大きな臼歯のもちぬしだった。この歯を使って、おそろしくかたい草や砂まじりの植物を噛みくだいていたにちがいない。その証拠に、いくつかの歯の化石からは、生きているあいだに極端にすりへった痕跡が見つかっている。

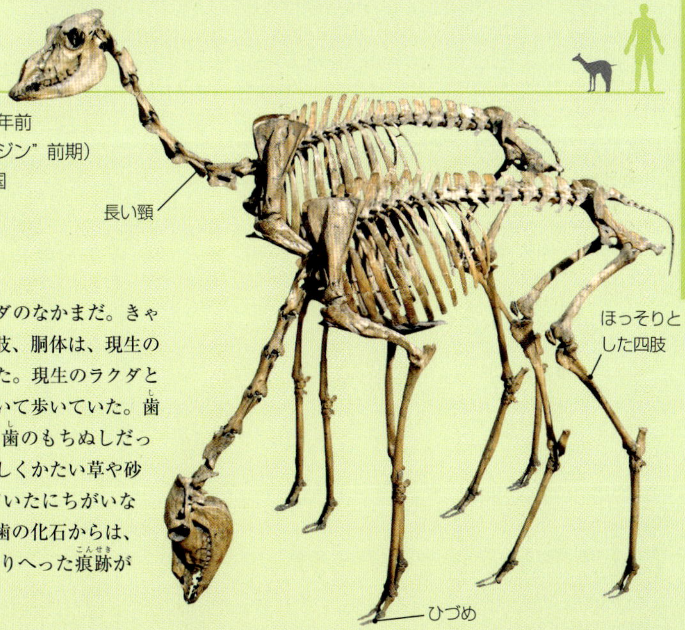

長い頸

ほっそりとした四肢

ひづめ

哺乳類

267

ヘックってなに？

1920年代に、ハインツ・ヘックとルッツ・ヘックというドイツ人の兄弟が、交配によってオーロクスをよみがえらせようと試みた。ヘック兄弟は、家畜のウシのなかにオーロクスに似た特徴をもつもの（大きな角をもつスコットランドのハイランド牛やどう猛なスペインの闘牛ウシなど）がいることに気づいたのだ。それらの品種をかけあわせてできあがった新しい品種が、オーロクスの小型版のようなヘック牛だった。

オーロクス

わたしたちが現在、農場で目にするおとなしいウシは、オーロクスと呼ばれる野生の祖先が進化したものだ。オーロクスはもっとどう猛で、ずっと大きかった。オーロクスは、いまでは絶滅してしまったが、かつてはヨーロッパやアジアのいたるところで群れをなしていた。石器時代の人類は、このどう猛なウシを狩り、このページの写真のような洞窟絵画として、その姿を描いていた。野生のオーロクスは1627年まで生きのびていたが、その年に最後の1頭がポーランドで殺された。

哺乳類

オーロクスの骨格

オーロクス
Aurochs

- 生息年代　200万〜500年前
- 化石発見地　ヨーロッパ、アフリカ、アジア
- 生息環境　森林
- 全長　2.7m
- 食べもの　草、果実などの植物

家畜のウシよりもずっと大きく、体重はおよそ1トンもあった。頸と肩はとても力強く筋肉質で、頭には前方にカーブした巨大な角が生えていた。長い四肢と高い位置にある手クビと足クビのおかげで、速く走ることができた。短い距離なら、泳ぐこともできた。オスの毛皮は黒で、メスは赤茶色だったと考えられている。オスもメスも、背骨に沿って薄い色の1本のしま模様が入っていたらしい。

46億年前	5億4200万年前	4億8800万年前	4億4400万年前	4億1600万年前	3億5900万年前
先カンブリア時代	カンブリア紀	オルドビス紀	シルル紀	デボン紀	石炭紀

現生のなかま

8000年ほど前、イラクとインドに住んでいた人類が、オーロクスを飼いならす方法を習得し、牛乳や肉、皮をとるために育てはじめた。やがて、小柄でおとなしいウシを選んで繁殖（はんしょく）させていくにつれて、オーロクスは現生の家畜のウシに進化していった。現生のウシと野生のオーロクスは、まったく違う姿をしているが、どちらも同じ属に属している。

哺乳類

2億9900万年前	2億5100万年前	2億年前	1億4500万年前	6500万年前	2300万年前	現在
ペルム紀	三畳紀	ジュラ紀	白亜紀	"パレオジン"	"ネオジン"	

洞窟絵画

1940年9月、フランスの村に住む10代の少年の4人組が、村の近くにあると噂される秘密の通路を探しに出かけた。そして、少年たちが見つけたのは、何百という先史時代の動物たちの絵で飾られた、複雑に入りくんだ洞窟だった。彼らが見つけた1万7000年前のラスコーの洞窟絵画は、いまでは世界中でその名を知られている。

▲肉を食う鳥
オーストラリア北部で見つかったこの洞窟絵画は、4万年以上前のものと考えられている。ここに描かれた2羽の鳥は、ゲニオルニスという飛べない巨大な肉食の鳥だ。すぐ近くには、先史時代の巨大なカンガルーとフクロオオカミも描かれている。

哺乳類

氷河時代の群れ

ラスコーの洞窟絵画は、氷河時代に描かれた。当時、北ヨーロッパは厚い氷におおわれていたが、フランスは樹木の生えない吹きさらしのツンドラ地帯で、野生動物の巨大な群れが行きかっていた。洞窟絵画を描いたのはハンターたちだったが、不思議なことに、格好の獲物だったはずのトナカイは描かれていない。

◀群れで移動中
ラスコーの絵画にもっとも数多く登場する動物が、オスジカ（左）とウマだ。その多くは動いている瞬間をとらえたもので、群れで走っているかのようにも見える。氷河時代のシカやウマは、現生のトナカイのように、ツンドラを移動しながら暮らしていた。

美しいバイソン
洞窟絵画の動物の多くは、赭土と呼ばれる鉱物で色がつけられている。この絵の動物は、ヨーロッパに生息していたバイソンの一種だ。のちに西ヨーロッパではいったん絶滅したが、いまではふたたび数を増やしつつある。

▶ラスコーの動物たち
ラスコーの洞窟絵画には、マンモスやオーロクス（家畜のウシの野生の祖先、下の絵の大きな角があるウシ）など、いまでは存在しない先史時代の動物たちが登場する。ライオンやバイソン、何百頭ものウマ、シカのほか、クマとサイも1頭ずつ描かれている。

捕食者たち
ラスコーは、フランスやスペインで発見されたいくつかの洞窟絵画のひとつにすぎない。南フランスのショーヴェ洞窟では、もっとも古いもので3万年前の絵画が見つかっており、ライオン、ハイエナ、ヒョウ、クマなどの肉食動物のほか、マンモスやサイが描かれている。

▲フランスのショーヴェ洞窟では、多くの動物に混ざってライオンも描かれている。現在ではアフリカとアジアにしかいないライオンだが、先史時代にはヨーロッパ全土に生息していた。

▲手の芸術
先史時代の芸術家たちは、洞窟の壁に手を置き、その上から緒土を吹きつけて手形を残した。

哺乳類

アンドゥレウサルクス

「有蹄類」ときけば、たいていの人は、シカやヒツジのような植物食動物を思いうかべるはずだ。だが、何千万年も昔の有蹄類のなかには、血に飢えた肉食動物もいた。なかでもおそろしいのが、アンドゥレウサルクスだろう。モンゴルの平原をうろついていた、巨大な肉食動物だ。アンドゥレウサルクスの保存状態の良い化石は、これまでにひとつだけしか見つかっていない——長さが83cmにも達する、巨大な頭骨だ。はっきりしたことはわからないものの、この巨大な頭骨から、アンドゥレウサルクスはハイイログマの2倍もの大きさだったと考えられている。この説が正しければ、陸生の肉食哺乳類のなかでは、史上最大ということになる。

アンドゥレウサルクス
Andrewsarchus

- 生息年代　4500万〜3500万年前（"パレオジン"）
- 化石発見地　モンゴル
- 生息環境　中央アジアの平野
- 全長　4m
- 食べもの　肉

アンドゥレウサルクスは、巨大なオオカミかクマのような姿をしていたと考えられている。吻部は長く、あごがおそろしく強力だった。あごの前方には、肉を貫き通すための長くて鋭い犬歯が並んでいた。その奥にある平らな歯は、骨をくだくのに使っていたのかもしれない。クマと同じように、植物を食べたり、屍肉をあさったりもしていた可能性がある。その巨体をもってすれば、ほかの肉食動物を追いはらい、獲物を横どりすることもできたはずだ。クジラとあごの構造がよく似ているため、アンドゥレウサルクスはクジラの近縁だと考える科学者もいる。

哺乳類

46億年前	5億4200万年前	4億8800万年前	4億4400万年前	4億1600万年前	3億5900万年前
先カンブリア時代	カンブリア紀	オルドビス紀	シルル紀	デボン紀	石炭紀

まめ知識

アンドゥレウサルクスの名は、アメリカの探検家で化石ハンターでもあるロイ・チャップマン・アンドリュース（1884～1960年）にちなんでいる。アンドリュースは、1920年代に発掘探検隊を率いて何度もモンゴルのゴビ砂漠へおもむき、ヴェロキラプトルやプロトケラトプスなどの恐竜を見つけたほか、恐竜の卵もはじめて発見した（p192～193参照）。1923年には、アンドゥレウサルクスの頭骨の一部といくつかの骨を見つけた。このとき見つかった骨が、これまでに発見されている唯一のアンドゥレウサルクスの化石だ。この貴重な化石は、現在はニューヨークにあるアメリカ自然史博物館に展示されている。

ロイ・チャップマン・アンドリュースと恐竜の卵（ゴビ砂漠で撮影）

哺乳類

億9900万年前	2億5100万年前	2億年前	1億4500万年前	6500万年前	2300万年前	現在
ペルム紀	三畳紀	ジュラ紀	白亜紀	"パレオジン"	"ネオジン"	

クジラの進化

陸で暮らすすべての動物は、海で暮らしていた祖先が水を離れ、陸上での生活に適応して進化したものだ。その後、また逆に海へ戻った動物グループのひとつが、クジラのなかまだ。クジラはひづめをもつ陸生哺乳類から進化した動物で、ウシやブタの遠い親戚にあたる。クジラともっとも近い関係にある現生陸生動物は、なんとカバだ！

哺乳類

歩くクジラ

アムブロケトゥスは、初期のクジラのなかまで、5000万年以上前に生息していた。どことなくカワウソに似ていて、陸上でも水中でも快適に暮らすことができた。前肢には、陸を歩くための小さなひづめがあったが、後肢は水をかくのに使っていた。アムブロケトゥスという名は、「歩くクジラ」という意味だ。

クジラの親戚

クジラはカバに近い関係にあるという説は、1870年に最初に発表されたが、当時の科学者のほとんどは、ありえないことだと考え、その説を無視していた。その後、クジラのDNAとカバのDNAを細かく比べた結果、おそらくカバがクジラにもっとも近い現生陸生動物だということがわかった。

▶カバは1日の大半を水のなかですごすが、クジラほど水中の暮らしに適応していない。

系統樹

クジラの進化の過程は、まだじゅうぶんな数の化石が見つかっていないため、完全には解きあかされていない。だが、系統樹のさまざまな位置で、いくつかの驚くべき発見があったおかげで、進化の流れが部分的に見えるようになっている。新しい時代の種ほど、水中での生活に適応していた。四肢はひれ足に進化し、鼻孔は後ろに移動して、潮吹き孔になった。

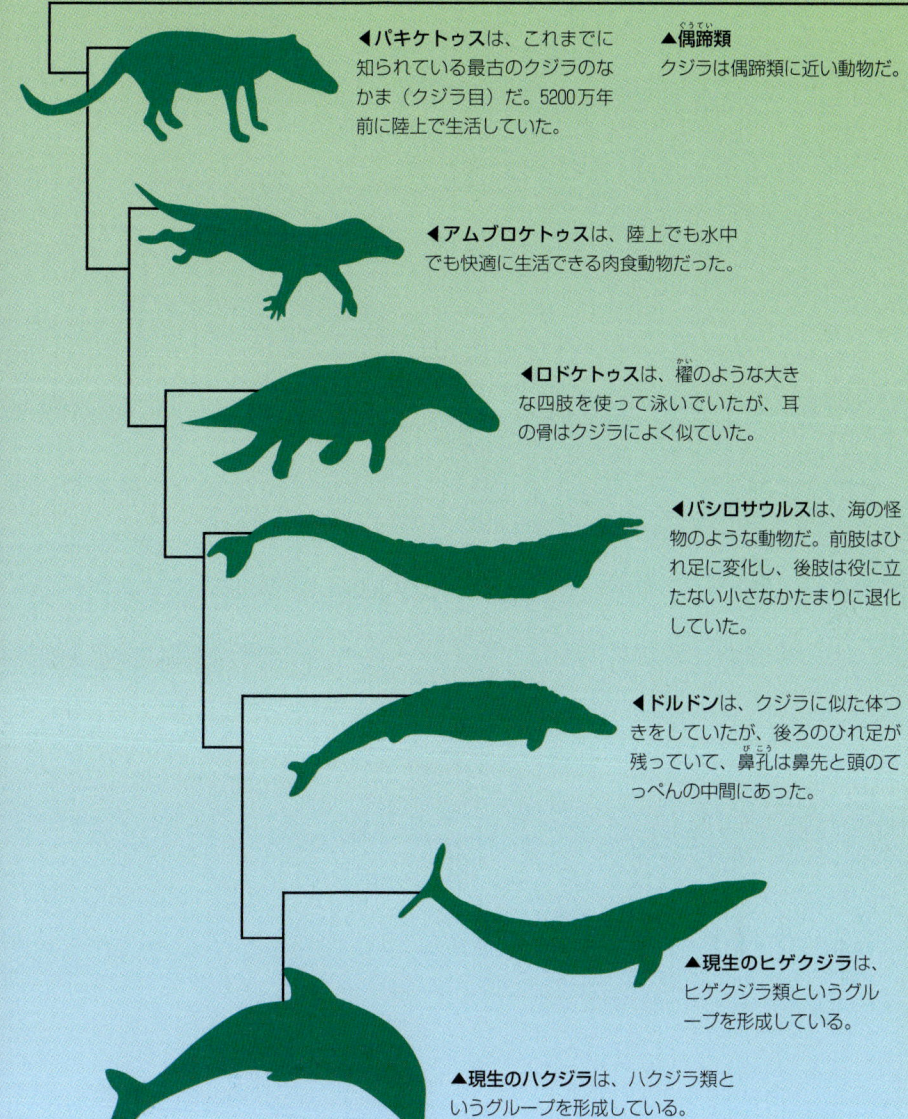

◀パキケトゥスは、これまでに知られている最古のクジラのなかま（クジラ目）だ。5200万年前に陸上で生活していた。

▲偶蹄類
クジラは偶蹄類に近い動物だ。

◀アムブロケトゥスは、陸上でも水中でも快適に生活できる肉食動物だった。

◀ロドケトゥスは、櫂のような大きな四肢を使って泳いでいたが、耳の骨はクジラによく似ていた。

◀バシロサウルスは、海の怪物のような動物だ。前肢はひれ足に変化し、後肢は役に立たない小さなかたまりに退化していた。

◀ドルドンは、クジラに似た体つきをしていたが、後ろのひれ足が残っていて、鼻孔は鼻先と頭のてっぺんの中間にあった。

▲現生のヒゲクジラは、ヒゲクジラ類というグループを形成している。

▲現生のハクジラは、ハクジラ類というグループを形成している。

哺乳類

現代のクジラ

現在では、100種を超えるクジラやイルカが生息している。クジラのなかまは、おもに2つのグループにわけられる。魚をえさにするハクジラと、口内にあるヒゲでできた板を使って、水から小動物をこしとって食べるヒゲクジラだ。ザトウクジラ（右）は、ヒゲクジラのなかまだ。

霊長類

霊長類は、サルや類人猿、そしてわたしたち人類が属するグループで、多くは木の上で暮らしている。最初の霊長類は小さなリスのような動物で、恐竜が絶滅したころに、木々のあいだをちょこちょこと走りまわっていた。恐竜が姿を消すと、霊長類は多くの新しい種に進化し、時とともに大きくなり、知能も高くなっていった。

哺乳類

ダルウィニウス
Darwinius

- 生息年代　4700万年前（"パレオジン"）
- 化石発見地　ドイツ
- 生息環境　西ヨーロッパの森林
- 全長　0.6m
- 食べもの　果実や植物

ダルウィニウスの化石は、これまでに1体しか見つかっていない。「イダ」という愛称で呼ばれるその骨格は、驚くほど保存状態が良く、全身をおおうやわらかな毛の痕跡も見られる（左）。イダが最後に食べた葉や果実まで、胃のなかに残されていた。ダルウィニウスは、キツネザルに似た動物だ。動きのすばやい樹上生活者で、ほかの4本の指と向かいあわせにできる「対向できる親指」をもっていた。この親指のおかげで、枝をつかんだり、食べものを握ることができた。

種族データファイル

おもな特徴
- 大きな脳
- たいていは両眼が前を向いている
- ものをつかむことのできる手足
- 多くはかぎづめではない爪をもつ

生息年代
最古の霊長類は約6500万年前に登場した。現在でも多くの種が生息している。

シヴァピテクス
Sivapithecus

- 生息年代　1200万～700万年前（"ネオジン"）
- 化石発見地　ネパール、パキスタン、トルコ
- 生息環境　中央アジアの森林
- 全長　1.5m
- 食べもの　植物

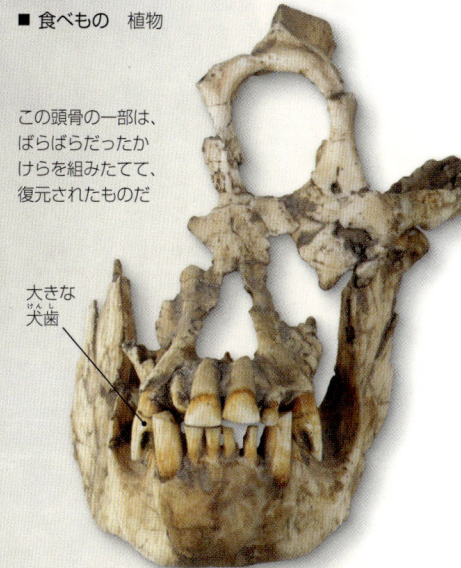

この頭骨の一部は、ばらばらだったかけらを組みたてて、復元されたものだ

大きな犬歯

チンパンジーのような体つきをしていたが、オランウータンに近いなかまで、顔のつくりもオランウータンに似ていた。森で暮らしていたが、地面におりている時間が長かったと考えられている。大きな白歯（奥歯）は、地面に落ちた草の種などのかたい植物をおもに食べていたことを示している。ただし、木に登って果実をとったりもしていたようだ。夜のあいだは、木の上で眠っていたのかもしれない。

プレシアダピス
Plesiadapis

- 生息年代　6500万～6000万年前（"パレオジン"）
- 化石発見地　北アメリカ、ヨーロッパ、アジア
- 生息環境　北アメリカ、ヨーロッパ、アジアの森林
- 全長　0.6m
- 食べもの　植物

これまでに知られている最古の霊長類で、サルというよりはリスに似ていた。ふさふさの尾と長い吻部で、ネズミのような切歯はものをかじるのにぴったりだった。眼は頭の両脇についていて、捕食者をすばやく見つけるのに適していた。だが、白歯は平らで、現生の霊長類のものと同じだった。このことから、果実などのやわらかい植物を食べていたと考えられている。

ギガントピテクス
Gigantopithecus

- 生息年代　900万～25万年前（"ネオジン"）
- 化石発見地　中国、インド、ベトナム
- 生息環境　アジアの森林
- 全長　2.7m
- 食べもの　植物

ゴリラの2倍もの大きさだったギガントピテクスは、史上最大の霊長類だ。大昔のキング・コングといえるだろう。イエティ伝説のもとになったと考える科学者もいる。ギガントピテクスの化石は、歯とあごの骨しか見つかっていない。歯のすりへったようすから、竹を食べていたと考えられている。

下あごの化石

現生のなかま

オランウータンは、樹上生活をする現生の哺乳類としては最大の動物だ。ボルネオオランウータンとスマトラオランウータンの2種がいる。きわめて知能が高く、簡単な道具をつくったり使ったりすることができる。どちらの種も、生息地である熱帯雨林が減少しているせいで、絶滅の危機にさらされている。

ドゥリオピテクス
Dryopithecus

- 生息年代　1500万～1000万年前（"ネオジン"）
- 化石発見地　アフリカ、ヨーロッパ、アジア
- 生息環境　ヨーロッパ、アジア、アフリカの森林
- 全長　0.6m
- 食べもの　植物

チンパンジーくらいの大きさで、一生のほとんどを木の上ですごしていた。長くて力強い腕を使い、振り子のようにはずみをつけて、枝から枝をわたっていた。チンパンジーと同じく4本足で歩くこともできた。脳は大きかったが、人類とのつながりは薄い。

◀長い腕
ドゥリオピテクスは、長い腕を使って、テナガザルのように枝から枝をわたっていた。

エオシミアス
Eosimias

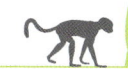

- 生息年代　4500万～4000万年前（"パレオジン"）
- 化石発見地　中国
- 生息環境　アジアの森林
- 体長　5cm（尾をふくまない）
- 食べもの　昆虫や植物

エオシミアスは、最古の霊長類のひとつだ。恐竜の絶滅後に進化した巨大な哺乳類とは違って、小さな毛糸玉くらいの大きさで、子どもの手のなかにすっぽりおさまるほど小さかった。大きな眼は、とりわけ夜の暗闇のなかで、捕食者をすばやく見つけるのに役だったはずだ。花の蜜や昆虫をえさにしていたと考えられている。

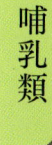

哺乳類

アウストゥラロピテクス

現在、人間をのぞくすべての類人猿は森で暮らしているが、400万年前はそうではなかった。アフリカでは、さまざまな種類の類人猿が広い草原に生息し、いまのわたしたちと同じように、2本の脚を使って直立の姿勢で歩いていた。直立歩行をする類人猿のなかで、もっとも名前を知られているアウストゥラロピテクスは、わたしたち現生人類の祖先にあたると考えられている。

アウストゥラロピテクス
Australopithecus

- 生息年代　400万〜200万年前（"ネオジン"）
- 化石発見地　アフリカ
- 生息環境　開けた林地や草原
- 身長　1.2〜1.4m
- 食べもの　果実、種子、根、昆虫、小動物

アウストゥラロピテクスは、多くの点でとても近い関係にあるチンパンジーのようだった。小柄な体は毛におおわれ、木に登るための力強い腕で、脳の大きさは現生人類の3分の1ほどだった。だが、腰骨と足は現生人類と同じ構造をしていた。これは、直立歩行ができたというあかしだ。ただし、現生人類ほど敏捷な2足歩行はできなかったようだ。ゴリラのように社会的なグループをつくり、メスよりもずっと大きい1頭のオスが集団を支配していたという説もある。

哺乳類

▲自由な手
2本の脚だけで歩くと、腕が自由になり、ものを運ぶなどほかの作業ができるようになる。この点は、のちの人類の進化にとって、とても重要なことだった。わたしたちの祖先はやがて、狩りのための武器のような道具をつくることになるからだ。

小さな脳

以前の説では、わたしたちの祖先は、まず大きな脳を進化させ、そのあとで2足歩行という難しい技をマスターしたと考えられていた。だが、アウストゥラロピテクスの発見により、じつはその逆だったことが証明された。アウストゥラロピテクスは2足歩行ができたが、脳はチンパンジーよりもわずかに大きい程度だった。言語をあやつるのに必要な知能はなく、言葉を話すことはできなかった。ただし、ほえ声や叫び声でコミュニケーションをとっていた可能性はある。

2足歩行の証拠

1976年、アフリカのタンザニアで、人類の足跡の化石らしきものが発見された。この足跡は、じつは360万年前のものだった。3人のアウストゥラロピテクスが、火山灰の上を歩いた跡だったのだ。この歩行跡は、アウストゥラロピテクスに2足歩行ができたことを、はっきりと示している。

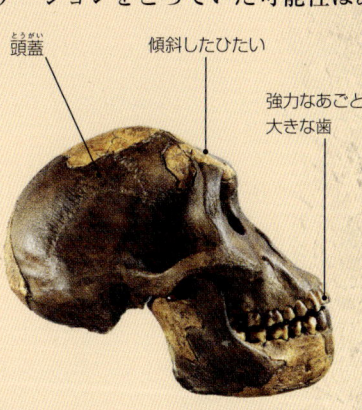

頭蓋
傾斜したひたい
強力なあごと大きな歯

▲アウストゥラロピテクスの頭骨をもとにつくられたこの再現模型を見ると、アウストゥラロピテクスは類人猿のような顔をしていたことがわかる。頭蓋が小さいため、ひたいは平たく、傾斜していて、現生人類の垂直なひたいとはかなり違っていた。

1975年、エチオピアの同じ場所から、少なくとも13体のアウストゥラロピテクスの化石が発見された。このとき発見された化石には、「最初の家族」という愛称がつけられた。ただし、ライオンなどの捕食者の犠牲になった、血のつながりのない個体だという可能性もある。

生息環境と食べもの

現生の類人猿は、ほとんどがジャングルで暮らしているが、アウストゥラロピテクスは、草原とまばらな林がいりまじる、もっと開けた場所に住んでいた。あごが大きく、臼歯（奥歯）が厚いエナメル質におおわれていたことから、木の根や種子などのかたい植物を集めて食べていたと考えられている。ただし、ほかの類人猿と同じように、果実や昆虫、肉など、さまざまなものを食べていたのだろう。

現生のなかま

チンパンジーは、アウストゥラロピテクスにきわめて近い動物だ。チンパンジーはときどき、岩や枝を簡単な道具として使う。岩でナッツのかたい殻を割ったり、枝でシロアリを巣から釣りあげたりするのだ。アウストゥラロピテクスも、そんなふうに簡単な道具を使っていた可能性はあるが、のちの人類がつくるような石器をつくっていたことを示す化石は、ほとんど見つかっていない。

哺乳類

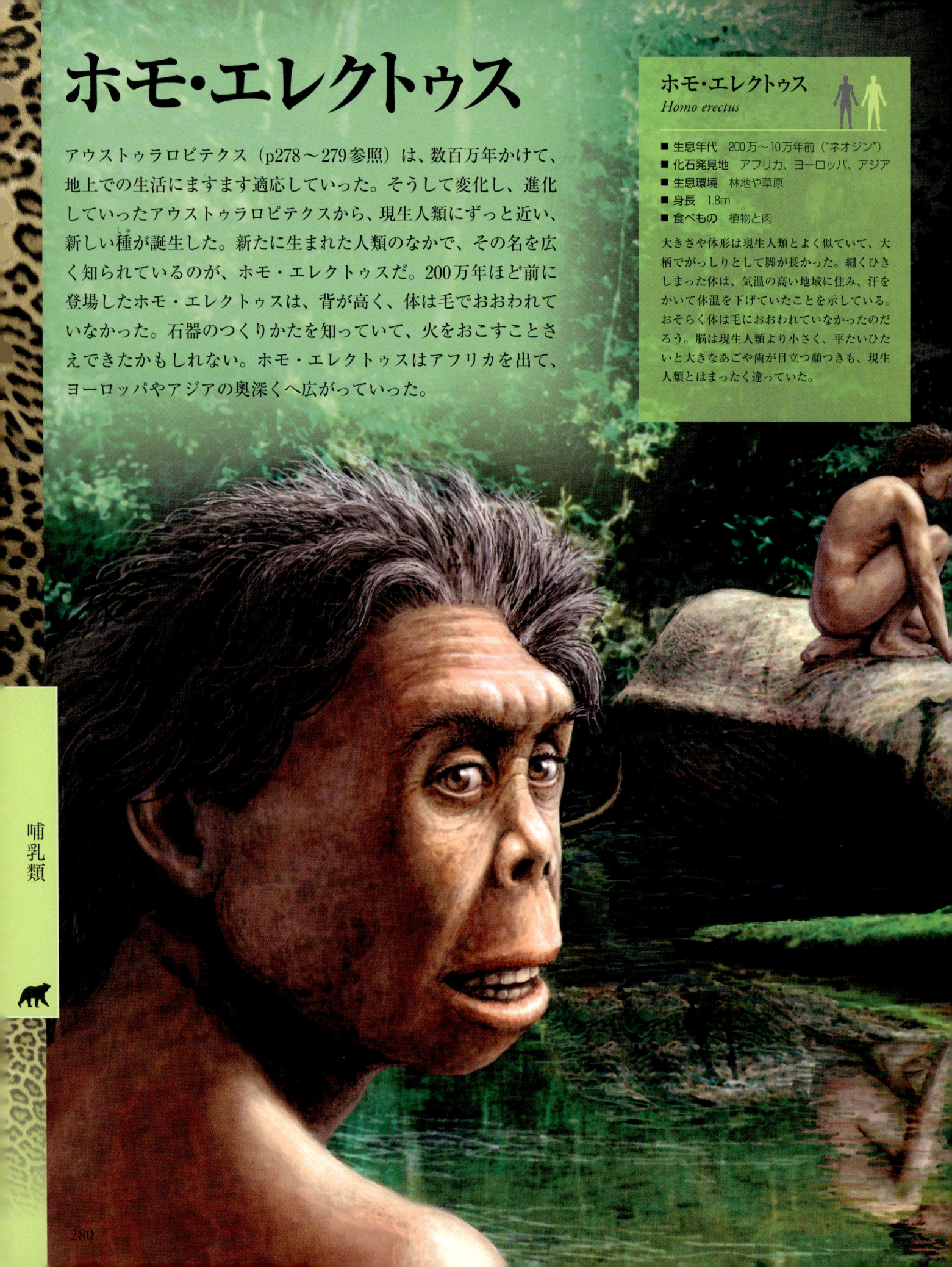

ホモ・エレクトゥス

アウストゥラロピテクス（p278〜279参照）は、数百万年かけて、地上での生活にますます適応していった。そうして変化し、進化していったアウストゥラロピテクスから、現生人類にずっと近い、新しい種が誕生した。新たに生まれた人類のなかで、その名を広く知られているのが、ホモ・エレクトゥスだ。200万年ほど前に登場したホモ・エレクトゥスは、背が高く、体は毛でおおわれていなかった。石器のつくりかたを知っていて、火をおこすことさえできたかもしれない。ホモ・エレクトゥスはアフリカを出て、ヨーロッパやアジアの奥深くへ広がっていった。

ホモ・エレクトゥス
Homo erectus

- 生息年代　200万〜10万年前（"ネオジン"）
- 化石発見地　アフリカ、ヨーロッパ、アジア
- 生息環境　林地や草原
- 身長　1.8m
- 食べもの　植物と肉

大きさや体形は現生人類とよく似ていて、大柄でがっしりとして脚が長かった。細くひきしまった体は、気温の高い地域に住み、汗をかいて体温を下げていたことを示している。おそらく体は毛におおわれていなかったのだろう。脳は現生人類より小さく、平たいひたいと大きなあごや歯が目立つ顔つきも、現生人類とはまったく違っていた。

哺乳類

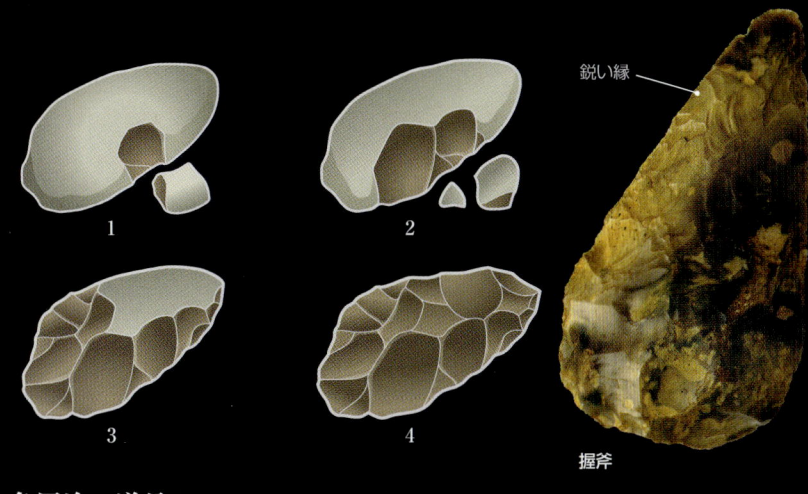

握斧
鋭い縁

多用途の道具

ホモ・エレクトゥスのお気に入りの道具は、握斧（ハンドアックス）と呼ばれる石器だ。石のかたまりから薄いかけらをはがしていき（重い石を金づちがわりに使う）、両側の縁をとがらせたものだ。この道具は、動物の皮をはいだり、肉を切ったり、骨をくだいたり（骨髄をとるため）、木の根を掘ったりと、あらゆることに使われていた。この道具のおかげで、肉を食べるのがずっと簡単になった。

火をおこす

ホモ・エレクトゥスは火をおこせたのか？　たしかなことはわかっていない。40万年前にホモ・エレクトゥスが住んでいた洞窟で灰の跡が見つかっているため、火を使っていた可能性もあるが、この灰は野火で焼けた跡とも考えられる。火をあやつる能力は、人類の歴史のなかでも重要な一歩だ。火を使えるようになったおかげで、わたしたちの祖先は、食物を調理して、より安全で消化しやすいものを食べられるようになった。火を使えば、捕食者を追いはらうこともできる。寒い地域に進出した初期の人類にとっては、暖をとるのに欠かせないものでもあった。

まめ知識

1891年、オランダの科学者ウジェーヌ・デュボアが、インドネシアのジャワ島でホモ・エレクトゥスの化石をはじめて発見した。デュボアは、人類がアフリカではなくアジアで類人猿から進化したと考えていたが、のちにアフリカでアウストゥラロピテクスの化石が発見され、デュボアの説がまちがっていたことが証明された。

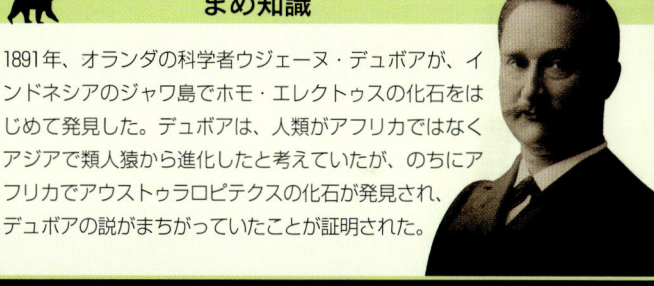

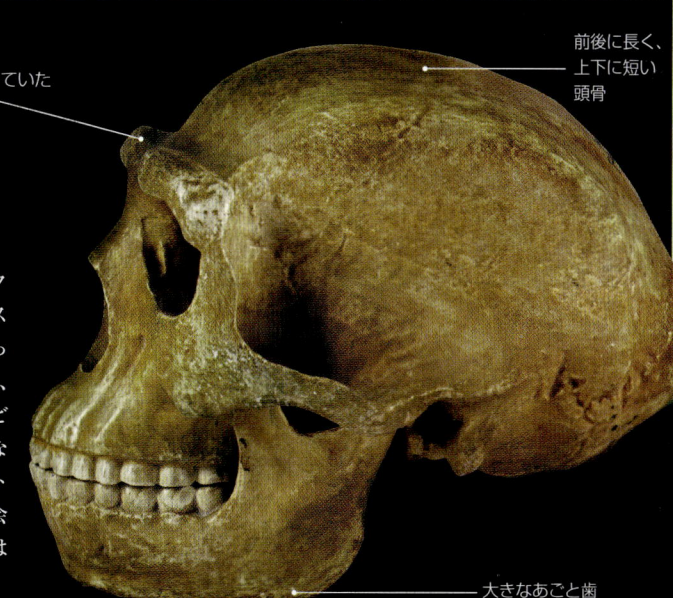

眉の上の骨が大きくせりだしていた

前後に長く、上下に短い頭骨

脳の大きさ

頭骨の化石から、ホモ・エレクトゥスの脳の大きさは、アウストゥラロピテクスの2倍以上あったことがわかっている。ただし、現生人類と比べると、70％ほどの大きさしかない。この大きな脳のおかげで、ホモ・エレクトゥスは言葉を使い、複雑な社会生活を送ることができたのではないかと考える研究者もいる。

大きなあごと歯

哺乳類

ネアンデルタール人

氷河時代のヨーロッパには、たくましい体と高い知能をもつ、ネアンデルタール人と呼ばれる人類が住んでいた。ネアンデルタール人の脳は大きく、言葉を話し、服を身につけ、住居をつくり、火と道具を使いこなしていた。それだけでなく、芸術や文化までもっていたようだ——だが、わたしたち現生人類と同じ種ではない。現生人類がようやくアフリカを出て、ヨーロッパへ広まった4万年前に、ネアンデルタール人は姿を消した。

哺乳類

ホモ・ネアンデルタレンシス
Homo neanderthalensis

- 生息年代　35万～3万年前（"ネオジン"）
- 化石発見地　ヨーロッパ、アジア
- 生息環境　氷河時代の草原や林地
- 身長　1.66m
- 食べもの　おもに肉

現生人類よりも背が低く、がっしりとしていて、ずっと力が強かった。コンパクトな体形は、寒い地域で生きぬくのに役だったはずだ。強い力は、マンモスなどの巨大な野生動物を狩るのに役だった。もっとも、狩りをするだけでなく、屍肉をあさることもあっただろう。脳は少なくとも現生人類と同じくらいの大きさだったが、頭の形は平たく、ひたいは低くて傾斜があり、眼の上の骨が大きくせりだしていた。鼻は大きく、大きなあごが前につきでていた。

暖房設備

氷河時代のこごえるような寒さを生きぬくために、ネアンデルタール人は火を使って住居を暖かく保っていた。現在の北極圏に暮らす人たちのように、動物の皮や毛皮でつくった服を身につけていた。夜を暖かくすごすために、寝床にもウサギの毛皮をしいていたようだ。

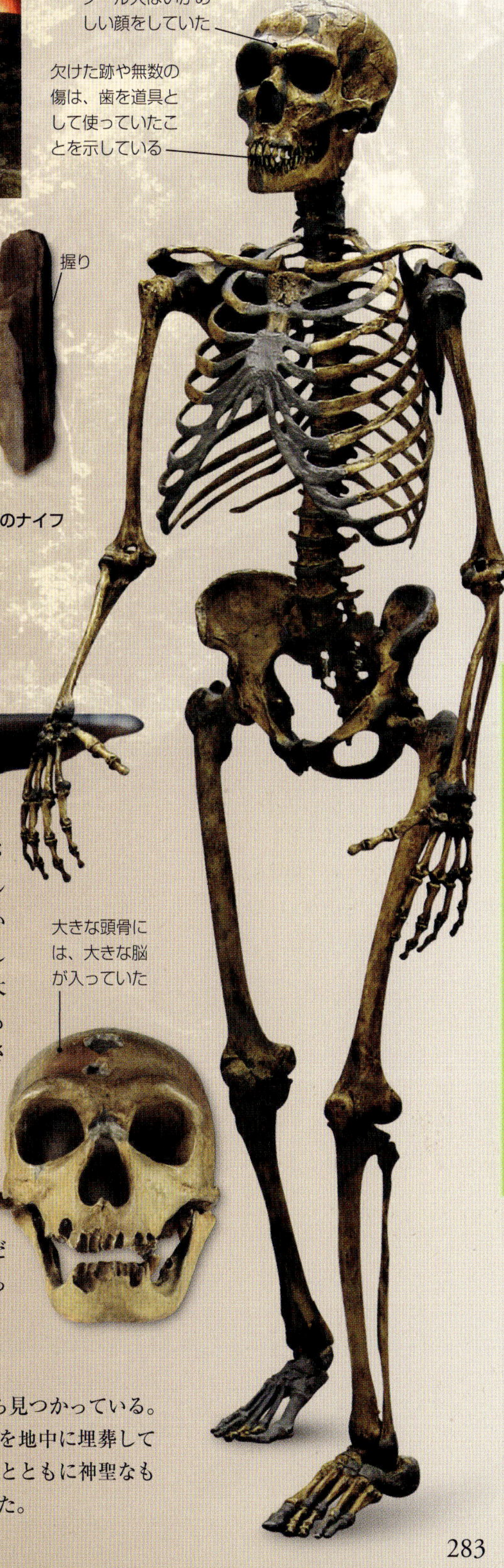

眉の上の骨が大きくせりだしていたため、ネアンデルタール人はいかめしい顔をしていた

欠けた跡や無数の傷は、歯を道具として使っていたことを示している

道具一式

ホモ・エレクトゥスと同じように、ネアンデルタール人も、石から薄片をはがし、縁をとがらせる方法で石器をつくっていた。ネアンデルタール人の石器は、ホモ・エレクトゥスのものよりもずっと多様で、特別じょうぶな握斧のほか、もっと小さくて繊細なナイフや、槍の穂先などが見つかっている。おそらく、後世に保存されなかった木の道具もつくっていたのだろう。

握り(ハンドル)　刃　刃　握り

丸い刃のある握斧　2枚の刃と先端のある握斧　石のナイフ

> ネアンデルタール人の喉頭(こうとう)は、現生人類のものと同じ構造だった。これは、ネアンデルタール人がたぶん話すことができたことを意味する。

骨の謎とき

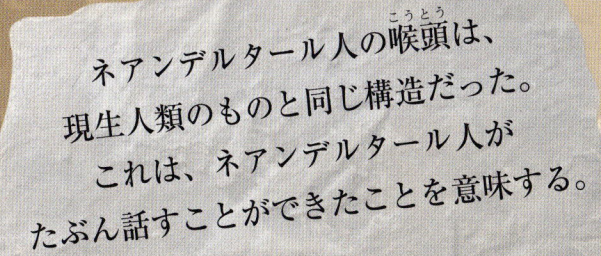

これまでに、ネアンデルタール人の化石は275体見つかっている。骨にはけがの跡があったり、すりへったりしていることから、ネアンデルタール人は、体に大きな負担がかかる生活を送り、しばしば暴力にもさらされていたことがわかっている。化石に残されたけがの跡は、ロデオ乗りのけがによく似ている——おそらく、狩りの獲物である動物たちと格闘したときのものなのだろう。ネアンデルタール人の骨のなかには、石器でひっかいた跡が残っているものもある。これについて、人間を食べていた証拠だと考える専門家もいる。ただし、埋葬する前の宗教的な儀式として、遺体から肉をそぎおとしていたという説もある。

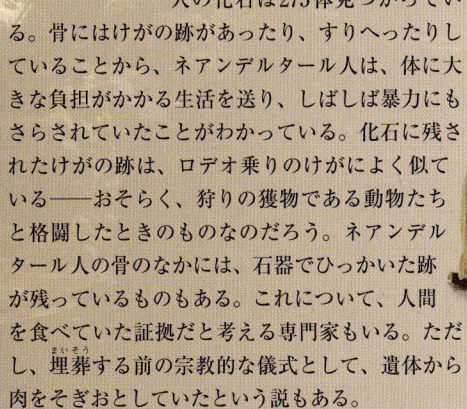

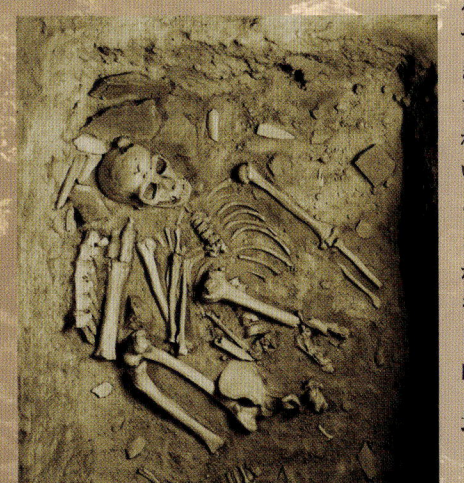

大きな頭骨には、大きな脳が入っていた

埋葬された骨格

ネアンデルタール人の骨格は、墓のような場所から見つかっている。どうやら、ネアンデルタール人は、意図的に死者を地中に埋葬していたようだ。だが、のちの人類とは違って、遺体とともに神聖なものや貴重なものを埋めることは、めったになかった。

哺乳類

283

神話と伝説

コンゴに恐竜出現？ 山奥におそろしい雪男？ 人類が物語をつむぎはじめた大昔から、奇想天外な動物たちの伝説は、消えることなく語り継がれている。その多くは、実在しない想像上の動物にまつわるつくり話だが、なかにはひとかけらの真実が混ざっていそうな伝説もある。はるか昔に姿を消した大昔の動物たちがまだ生きていた時代から残る、太古の物語なのかもしれない。

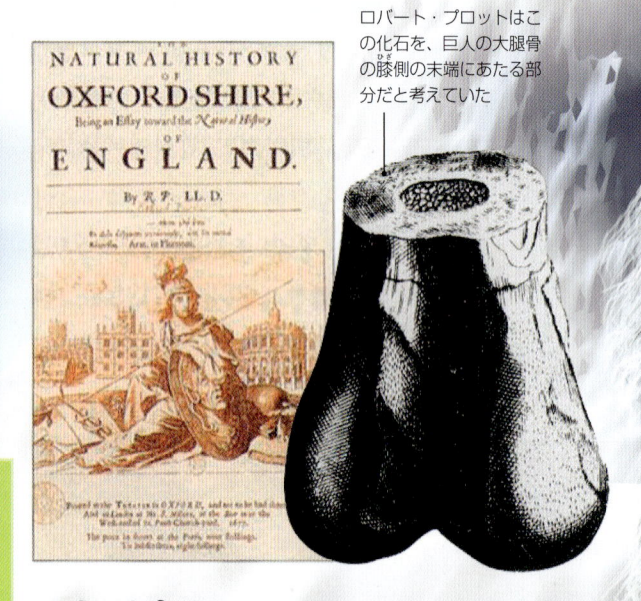

ロバート・プロットはこの化石を、巨人の大腿骨(ひ)の膝側の末端にあたる部分だと考えていた

これはなに？

恐竜の化石の正体がはじめて判明したのは、1800年代になってからのことだ。それまでは、化石がいったいなんなのか、まったくわからなかった。1677年には、イギリスの自然学者ロバート・プロットが、のちに恐竜の骨だと判明した化石について、有名な絵と記載を発表している。この骨は巨人の大腿骨(だいたいこつ)の一部だというのが、プロットの主張だった。

哺乳類

半人半猿

北アメリカのサスクワッチ（ビッグフット）からヒマラヤのイエティ、スマトラのオラン・ペンデクまで、ミステリアスな猿人の伝説は、世界中で語り継がれている。研究者のなかには、こうした伝説の起源は、遠い昔にあると考える人もいる。アフリカから出て、ほかの地域に進出した現生人類が、ネアンデルタール人やホモ・エレクトゥスなどの、生きた近縁の人類に遭遇し、猿人の伝説が生まれたのではないか、というわけだ。

原始人vs恐竜

1966年の『恐竜100万年』のような古い映画には、恐竜と闘う原始人が登場する。これは実際にはありえないことだ——恐竜が絶滅したのは、原始人が登場するよりも6300万年以上も前だからだ。また、昔の映画やおもちゃ、本や絵のなかでは、尾を地面につけて立つ恐竜の姿がよく描かれているが、恐竜がそのような姿勢をとることはなかった。

ヘビの頭

アンモナイトの化石は、多くの伝説のもとになっている。イギリスの民間伝承では、石に変えられたヘビとされ、かつては「スネークストーン（ヘビの石）」と呼ばれていた。アンモナイトの化石に、ヘビの頭が刻まれることもあった。

エレファントバードの卵は、いまでもマダガスカルで発見されることがある

恐竜の生き残り？

モケーレ・ムベンベは、竜脚類（りゅうきゃくるい）の恐竜に似た伝説上の生きもので、コンゴ川の流域に住むといわれている。ネス湖の怪物（p102参照）との共通点も多い。

哺乳類

エレファントバード

アラブの物語に登場する船乗りのシンドバッドは、数々の冒険のなかで不思議な島々を訪れた。ある物語では、巨大な鳥のかぎづめにひっかけられて、遠くへ連れ去られてしまう。もしかしたらこの物語は、マダガスカルのエレファントバードから生まれたのかもしれない。エレファントバードは、1600年代まで生息していた巨大な飛べない鳥で、アラブの船乗りたちも知っていたはずだ。

角のあるウマ？

ユニコーンの伝説は、エラスモテリウム（p255参照）にまつわる大昔の言いつたえがもとになっているのかもしれない。エラスモテリウムは絶滅したサイのなかまで、巨大な1本の角（つの）が生えていた。

現生人類

化石が示す証拠とわたしたちの遺伝子の研究から、現生人類のホモ・サピエンスは、20万年ほど前にアフリカで進化したことがわかっている。およそ6万年前には、それまでの人類にはなかった高度な道具や芸術や生活様式をたずさえて、アフリカから新たな大陸へ進出した。現生人類が広がっていくにつれ、より原始的なほかの人類や多くの大型哺乳類が姿を消した。おそらく、現生人類の成功の犠牲になったのだろう。

▲死者の装飾品
この2万4000年前の若い男性の骨格は、イタリアの洞窟で発見されたものだ。貝殻でできた帽子とネックレスを身につけていた。

ホモ・サピエンス
Homo sapiens

- 生息年代　20万年前〜現在（"ネオジン"）
- 化石発見地　南極と一部の孤島をのぞく世界各地
- 生息環境　ほぼあらゆる陸の環境
- 身長　1.8m

ホモ・サピエンスの顔は、ほかの類人猿や原始的な人類に比べると、小さくて平らだ。ひたいは高くせりあがり、大きな頭蓋は風船のような形をしている。眉の骨のでっぱりが小さく、頬がはりだしているのも特徴だ。なによりも重要なのは、大きくて複雑な脳をもっていることだ。わたしたちの祖先は、高い知能をもっていたおかげで、これまでになく精巧な狩りの武器を発明し、家を建て、服をつくり、火をあやつることができた。言葉を使えたおかげで、知識を共有し、技を教えあうことができた。初期のホモ・サピエンスは、複雑な社会で暮らしていた。病気の者の面倒を見て、墓に奉げものもした——死後の世界があると信じられていた証拠だ。

初期の類人猿　　アウストゥラロピテクス

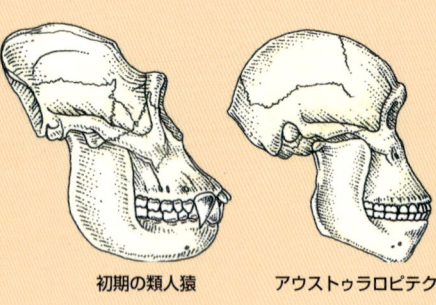

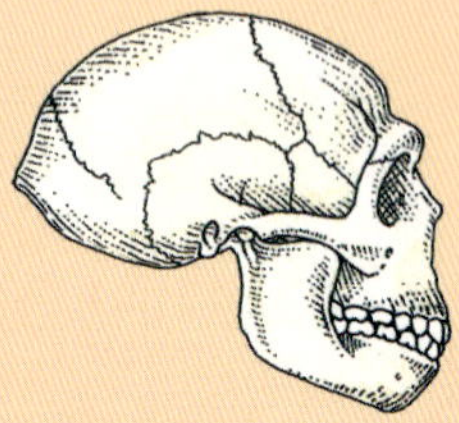

ホモ・エレクトゥス 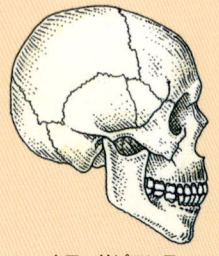　　ホモ・サピエンス

哺乳類

彫刻のほどこされた道具

初期のホモ・サピエンスは、ほかのヒト族（現生人類に近い人類種）よりもずっと高度な道具をつくっていた。7万3000年前にはすでに、アフリカ南部の人類が、骨を削って精巧な道具をこしらえたり、貝殻から装飾品をつくったりしていた。約1万8000年前までには、ヨーロッパに定着した人類が、骨や象牙やトナカイの枝角を使って、槍を投げるための道具、銛、そして針までつくるようになっていた。その多くには、動物の頭部などの芸術的な図案が彫りこまれていた。

槍投げ器　銛　槍の穂先　針

氷河時代のヨーロッパでつくられた、骨や枝角でできた道具

哺乳類

▲アフリカ南部に暮らすブッシュマンは、狩猟採集生活と呼ばれる生活を送っている。食糧のために家畜を飼ったり、穀物を育てたりするのではなく、すべての食べものを野生の世界から調達する生活様式だ。初期のホモ・サピエンスも、狩猟採集生活を送っていた。この生活様式がすたれはじめるのは、8000年ほど前に農耕がはじまってからのことだ。

哺乳類

ブッシュマンの岩壁画

アフリカ南部の先住民(ブッシュマン)が描いた岩壁画では、はるか昔の氷河時代にフランスで描かれた大昔の洞窟絵画(p270参照)と同じ手法が用いられているが、こちらの岩壁画は、わずか数百年ほど前のものだ。この写真の壁画には、病を癒すための治療師の踊りなど、魔術的な儀式のようすが描かれている。

哺乳類

用語集

アウストゥラロピテクス 先史時代の人類の一種。現生人類の直接の祖先かもしれない。チンパンジーに似ているが、現生人類のように直立歩行をしていた。

アンキロサウルス類 よろいにおおわれた、4足歩行の植物食恐竜。頭、肩、背中が骨板でおおわれている。

アンモナイト 小部屋にわかれたうずまき状の殻をもつ、先史時代の海生動物。タコやイカに近いなかま。

イグアノドン類 鳥脚類に属する大型の植物食恐竜。白亜紀前期に広く生息していた。

遺伝子 DNA分子に刻まれた化学情報。すべての生物の成長や発達をコントロールしている。親から子へと受け継がれる。

ウミユリ類 細い突起の生えた腕をもつ、植物に似た形をした海生動物。長い茎状部で海底にはりついて生活する。ヒトデやウニに近い動物。

エイ 平らな体をもつ、サメに近い軟骨魚類のなかま。アカエイやイトマキエイなど。

永久凍土層 カナダ北部やシベリアなどで見られる、永久に凍ったままの地面のこと。夏のあいだは、表面が溶けて沼地のようになるが、地中深くの土はかたく凍ったままである。

エディアカラ生物群（化石群） オーストラリアのエディアカラ丘陵で化石が発見された生物の総称。やわらかい体をもつ海生動物で、約5億5000万年前に生息していた。もっとも初期の動物群と考えられている。

獲物 捕食者に襲われ、殺され、食べられる動物のこと。

オーロクス 現生のウシの祖先にあたる、絶滅した野生のウシ。

オルドビス紀 古生代の2番目の紀。4億8800万～4億4400万年前。これまでに知られているかぎりでは、この時代のすべての生物は水中で暮らしていた。

オルニトミムス類（ダチョウ型恐竜） 背が高くてほっそりとした、鳥のような恐竜のなかま。ダチョウに似た体つきをしていた。白亜紀でもっとも足の速い陸生動物だった。

外骨格 体の外にある骨格。カニなどの動物に見られる。それに対して、ヒトは内骨格をもつ。

海生 海に住むこと（とくに動物や植物をさす）。

化石 岩のなかに残された、先史時代の生物の死骸や痕跡。

化石化 死んだ生物が化石になること。多くの場合、生物の体が鉱物におきかわる。

家畜化 動物の品種を改良し、おとなしくて飼いやすい性質にすること。ウシ、ヒツジ、イヌは、家畜化された動物だ。

環境 動物や植物が生息する自然条件。

カンブリア紀 古生代の最初の紀。5億4200万～4億8800万年前。化石が残っている無脊椎動物のおもなグループは、ほとんどがこの時代に出現した。

紀 数百万年から数千万年にわたって続く、きわめて長い時代の単位。ジュラ紀など。

擬態（カムフラージュ） 周囲にまぎれて身を隠すための、動物の皮ふや毛皮の色や模様。

鋏角類 鋏角と呼ばれる特別な口の構造をもつ無脊椎動物グループ。鋏角は、はさみや牙として使われる。現生の鋏角類は、クモやサソリなど。

恐竜 腰からまっすぐのびた脚をもつ、主竜類のなかでも数の多いグループ。1億6000万年にわたって陸上を支配した。

棘皮動物 かたい白亜質の外骨格をもつ五放射相称の海生の無脊椎動物。カンブリア紀に出現した。ヒトデ、ウミユリ、ナマコ、ウニなど。

魚竜 イルカや魚に似た、先史時代の海生爬虫類。

近縁 遺伝的に近い動物。

げっ歯類 ハツカネズミ、ドブネズミ、リス、ヤマアラシなどをふくむ哺乳類のグループ。たいていは小型の動物。鋭い前歯を使って、かたいナッツや種子をかじる。

顕花植物 花を咲かせる植物をさす科学用語。広葉樹や草もこのグループにふくまれる。

原始的 進化の初期の段階にいること。

剣竜類 4足歩行の植物食恐竜。背中には、大きな骨板やとげが2列に並んでいる。

恒温動物 体内の温度を一定に保つことのできる動物。哺乳類と鳥類は恒温動物、魚類と両生類と爬虫類は変温動物だ。

甲殻類 節足動物のなかでも、数が多くて多様なグループ。ほとんどのものは水中で暮らす。現生種は、カニ、エビ、ワラジムシなど。

硬骨魚類 硬骨でできた骨格をもつ魚類。硬骨ではなく、軟骨でできた骨格をもつサメなどの魚類は、軟骨魚類に分類される。

広翼類（ウミサソリ） 絶滅した巨大節足動物のグループで、現生のサソリに近い動物。古生代の海水や淡水に生息していた。全長2mを超えるものもいた。

古生物学 植物や動物の化石を研究する学問。

骨盤 動物の骨格のうち、腰を形成する部分。

琥珀 ある種の木がつくるねばねばの樹脂が化石化したもの。琥珀のなかから、完全な状態で保存された昆虫などの生物が見つかることがある。

ゴンドワナ 現在の南アメリカ、アフリカ、南極大陸、オーストラリア、インドをふくむ、先史時代の巨大な超大陸。先カンブリア時代から、大陸が分裂を始めるジュラ紀まで存在していた。

雑種 種の異なる両親から生まれた子ども。

雑食性動物 植物と動物の両方を食べる動物のこと。ブタ、ネズミ、ヒトなど。

サバンナ 熱帯地域の草原。たいていは木がまばらに生えたり、小さな林が点在したりしている。

三畳紀 中生代の最初の紀。2億5100万～2億年前。恐竜が登場した時代。

三葉虫 3つの葉（縦にわかれた部分）で区切られた外骨格をもつ、先史時代の海生動物。さまざまな形や特徴をもつ三葉虫の化石は、化石が発見された堆積岩の年代を正確に特定するための手がかりになる。

四肢動物 4本の手足（腕、脚、翼など）をもつ脊椎動物。両生類、爬虫類、哺乳類、鳥類は、すべて四肢動物のなかま。足のないヘビも、四肢をもつ祖先から進化したため、四肢動物にふくまれる。

自然選択（自然淘汰） 環境に適応していない動物や植物が自然に「とりのぞかれる」こと。進化の原動力になっている。

子孫 古い時代の種（祖先）から進化した動物や植物。

種 動物や植物の基本的な分類単位。ライオン、ヒト、リンゴなどは、いずれも種の例。同じ種に属する個体どうしは、繁殖して子どもをつくることができる。

獣脚類 恐竜の系統樹のなかでも数の多いグループ。ほとんどは捕食者で、鋭い歯とかぎづめをもつ。ニワトリサイズの恐竜から巨大なティランノサウルスまで、さまざまな大きさのものがいた。

ジュラ紀 中生代の2番目の紀。2億～1億4500万年前。恐竜が陸上を支配し、最初の鳥類が出現し、哺乳類が多様化しはじめた時代。

主竜類 三畳紀に誕生した爬虫類の主要なグループ。恐竜、翼竜、ワニ形類などがふくまれる。

条鰭類 魚類の一大グループで、およそ2万5000種の現生魚類と、数多くの先史時代の魚類が含まれる。条鰭類のひれは、扇のような細い骨をおおう皮ふでできている。

シルル紀 古生代の3番目の紀。4億4400万～4億1600万年前。

進化 長い時間をかけて、動物や植物の種が徐々に変化していくこと。自然選択と呼ばれるプロセスが原動力になっている。

スピノサウルス類 白亜紀に生息していた巨大な恐竜のグループ。背中に帆のような構造がある。

生息環境 植物や動物が自然界で生息する場所のこと。

石炭紀 古生代の5番目の紀。3億5900万～2億9900万年前。この時代には、陸地は森林でおおわれ、昆虫のほか、初期の両生類や爬虫類などの4足歩行の脊椎動物が生息していた。

脊柱 脊椎動物の背骨を形成する、ひとつながりの骨格。

脊椎動物 頭骨や背骨などの内骨格や軟骨の骨格をもつ動物。魚類、両生類、爬虫類、鳥類、哺乳類は、すべて脊椎動物のなかまだ。

節足動物 体節のある体とかたい外皮（外骨格）をもつ無脊椎動物グループ。三葉虫や広翼類（ウミサソリ）は、絶滅した節足動物のなかまだ。現生の節足動物には、昆虫やクモなどがある。

絶滅 植物や動物の種が死に絶えること。種のあいだの競争、環境の変化、自然災害（小惑星の衝突など）により、自然に起こることがある。

先カンブリア時代 46億年前の地球誕生から5億4200万年前のカンブリア紀のはじめまで続く、とてつもなく長い時代。この時代のほとんどをつうじて、地球上の生命は、水中に生息する微小な単細胞生物だけだった。

藻類 湿った環境に生息する、原始的な植物。

祖先 より新しい時代の種が進化する以前の、もとになった動物や植物。

ソテツ類 ヤシに似た種子植物。木のてっぺんに、シダのような葉が冠状に生える。背の低い木もあれば、高さ20mにもなる木もある。

代 きわめて長い時代の単位。「紀」と呼ばれる短い単位にわけられる。たとえば中生代は、三畳紀、ジュラ紀、白亜紀にわかれている。

堆積岩 化石が見つかる岩の種類。

堆積物 風、水、氷などに運ばれて、積みかさなったもの。砂、沈泥（シルト）、泥などの堆積物は、海底などで積みかさなり、やがて岩に変わる（堆積岩）。

長頸竜類 先史時代の大型海生爬虫類。ひれのような四肢を使って泳いでいた。長頸竜類のうち、プレシオサウルス類は、頸がおそろしく長く、頭が小さかった。プリオサウルス類は、頸が短くて頭が大きく、鋭い歯の並ぶ強力なあごをもっていた。

超大陸 2つ以上の大きな大陸プレートからなる、先史時代の巨大な大陸。ゴンドワナ大陸やパンゲア大陸など。

鳥盤類 恐竜の系統樹を二分する大きなグループのひとつ（「竜盤類」の項参照）。くちばしをもつ植物食恐竜。

用語集

用語集

角竜類 厚いくちばしをもつ、2足歩行または4足歩行の植物食恐竜。後頭部に、骨でできたえり飾りがある。角をもつものもいる。

DNA デオキシリボ核酸。遺伝情報を次の世代へと伝える分子をふくむ化学物質で、ほとんどすべての生物がもっている（「遺伝子」の項参照）。DNAの複雑な二重らせん構造は、1950年代に発見された。

ティタノサウルス類 おそろしく巨大な4足歩行の植物食恐竜。竜脚類に属している。史上最大の陸生動物は、おそらくティタノサウルス類だろう。

適応 環境や生活のしかたに応じて、生物がある特徴を進化させること。たとえば、キリンの長い頸は、木のてっぺんの葉を食べるために適応したもの。

デボン紀 古生代の4番目の紀。4億1600万～3億5000万年前。「魚類の時代」とも呼ばれる。この時代に、四肢動物（腕と脚をもつ脊椎動物）が魚類から進化した。

テリジノサウルス類 白亜紀に生息していた、奇妙な姿をした恐竜のグループ。背が高く、頭が小さく、後肢はずんぐりとしていて、腹が丸くでっぱっていた。

頭骨 頭をかたちづくる骨。脳、眼、耳、鼻腔を守っている。

頭足類 大きな眼と、よく発達した頭部をもつ海生動物。頭部からは環状に触手がのびている。タコ、イカ、コウイカ、アンモナイトなど。

ドゥロマエオサウルス類 鳥に似た2足歩行の肉食恐竜グループ。ほとんどが全長2mに満たない。北半球のすべての大陸に生息していた。

軟骨 脊椎動物の骨格の一部で見られる、かたいゴムのような組織。サメなどの魚類は、骨格全体が軟骨でできている。

軟体動物 ナメクジ、カタツムリ、二枚貝、タコ、イカなどをふくむ無脊椎動物の一大グループ。化石になりやすいかたい殻をつくるものが多いため、軟体動物の化石は数多く見つかっている。

二枚貝 ハマグリやカキなど、蝶番でつながった殻をもつ水生動物。2枚の貝殻はたいてい、互いの鏡像のような模様をしている。

ヌタウナギ 現生の無顎類の一種。

ネアンデルタール人（ホモ・ネアンデルタレンシス） 絶滅した古人類で、現生人類にきわめて近い人類種。最後の氷河時代にヨーロッパとアジアで生活していた。

ネオジン 2300万年前から現在までをふくむ時代。中新世、鮮新世、更新世、完新世にわけられる。

ノトサウルス類 三畳紀に生息していた巨大な海生爬虫類のグループ。アザラシに似ていて、陸上で繁殖していた。

バージェス頁岩層 カナダのブリティッシュ・コロンビア州にある化石産出地。貴重なカンブリア紀の化石が数多く発見された。カイメン、クラゲ、環形動物、節足動物など、130種が同定されている。

胚 卵や種子の発達における初期段階の動物や植物。

肺魚 えらと肺の両方をもち、水中でも水の外でも呼吸ができる魚のなかま。デボン紀に出現した。

白亜紀 中生代の最後の紀。1億4500万～6500万年前。

爬虫類 うろこのある皮ふをもつ変温動物。たいていは陸上で暮らし、卵を産んで繁殖する。トカゲ、ヘビ、カメ、ワニ、恐竜など。

発掘 地中から化石などを掘りだすこと。

ハドゥロサウルス類（カモハシ竜） カモのようなくちばしをもつ植物食恐竜のグループ。白亜紀に生息していた。

パレオジン 新生代の最初の紀。6500万～2300万年前。暁新世、始新世、漸新世にわけられる。

パンゲア 古生代の終わりに形成された超大陸。地球のほぼすべての陸地をふくみ、北極から南極まで広がっていた。

パンパス 南アメリカに広がる木のない草原。

板皮類 骨板のよろいで全身をおおわれた、先史時代の魚類のグループ。デボン紀に栄えた。

盤竜類 恐竜の時代以前に生息していた、爬虫類に近い大型動物のグループ。哺乳類は盤竜類から進化したと考えられている。

腹足類 カタツムリ、ナメクジなどが属する無脊椎動物グループ。タカラガイ、カサガイなどの多くの水生動物もふくまれる。

ペルム紀 古生代の最後の紀。2億9900万～2億5100万年前。ペルム紀末に、地球規模の大量絶滅が起こり、ほとんどの動物種が死に絶えた。

変温動物 外気の気温にあわせて、体温が上下する動物。体温を一定に保つ動物は、恒温動物という。

変態 幼生が成体になるときに、体を大きく変化させること。イモムシからチョウへの変化は、変態の一例。

捕食者 ほかの動物を襲い、殺して食べる動物のこと。

保存 化石などを、損傷や劣化などから守って、そのままの状態で保つこと。

哺乳類 体毛をもつ恒温脊椎動物グループ。母乳で子どもを育てる。現生の哺乳類は、小さなトガリネズミから巨大なシロナガスクジラ（史上最大の動物）まで多岐にわたり、さまざまな環境に生息している。哺乳類は三畳紀に登場した。

ホモ・エレクトゥス 200万～10万年前に生息していた先史時代の人類。アフリカで進化し、アジアへ広まった。

ホモ・サピエンス 現生人類（ヒト）をさす学名。

マストドン 牙、長い鼻、厚い体毛をもつ、絶滅した大型哺乳類のグループ。ゾウに近いなかま。

無顎類 おもに古生代のはじめに栄えた原始的な脊椎動物のグループ。絶滅した種のほか、現生のヌタウナギやヤツメウナギも、このグループにふくまれる。

無脊椎動物 背骨（脊椎）をもたない動物。

メガネウラ 石炭紀に生息していた巨大トンボ（正確には原トンボ類）の一種。史上最大の昆虫と考えられている。

モササウルス類 白亜紀に生息していた巨大な海生トカゲ。細長い体、長い吻部、ひれ足のような四肢をもつ凶暴な捕食者だった。

夜行性 夜のあいだに活動すること。夜行性動物には、フクロウ、コウモリ、ネコのなかまなどがいる。

ヤツメウナギ 吸盤のような丸い口をもつ、現生の無顎類の一種。

有胎盤類 胎盤と呼ばれる特別な器官を使って、出産前の子どもをおなかのなかで育てる哺乳類のなかま。それまで優勢だった有袋類にかわって、世界全域に広がった。

有袋類 子どもを育てる袋をもつ哺乳類グループ。現生種はカンガルーやワラビーなど。現在では、オーストララシア（オーストラリア、ニュージーランド、その近海の島々）と南北アメリカにしか生息していない。

翼開長 2枚の翼を広げたときの、片方の翼の先端から反対の翼の先端までの長さ。

翼竜 恐竜の時代に生息していた、空を飛ぶ爬虫類。翼竜の翼は、皮ふの膜でできていた。

竜脚類 長い頸をもつ、巨大な植物食恐竜。竜盤類に属している。史上最大の陸生動物も、竜脚類のなかまだ。

竜盤類 恐竜の系統樹を二分する大きなグループのひとつ（「鳥盤類」の項参照）。肉食恐竜は、すべて竜盤類にふくまれる。

両生類 変温脊椎動物の一種。カエルやイモリなど。ほとんどの両生類は、えらで呼吸する水生の幼生（たとえばオタマジャクシ）から、肺呼吸をする陸生の成体に変態する。

鱗甲 一部の爬虫類の皮ふにある、角質の層でおおわれた骨板。敵の歯や爪から身を守るためのもの。

霊長類 キツネザル、サル、類人猿、ヒトをふくむ哺乳類のグループ。

渡り 新しい生息地を求めて、動物が長い距離を旅すること。鳥の渡りも移動の一種だ。多くの鳥は、暖かい土地で冬をすごすため、秋に渡りをする。

ワニ形類 クロコダイルとアリゲーターや、絶滅した類縁動物が属する爬虫類グループ。恐竜と同時期に登場し、かつては現在よりもずっと多様だった。

用語集

索引

あ

アイスランド 237
アウストゥラロピテクス 278-281, 286
アエピカメルス 267
アカエイ 70
アカクラゲ 27
アカシカ 217
赤ちゃん 109, 217, 223, 226
 恐竜 182, 193, 195, 205
 哺乳類 216-217, 223, 226-227, 262-263
アカントステガ 83
握斧 281, 283
アグラオフィトン 86
アジア 235, 236, 260, 268, 280
アジアゾウ 11, 261
足跡 17, 81
 恐竜 114, 157, 164-165, 178, 212
 爬虫類 81
 哺乳類 218, 279
アシカとアザラシ 238
アズール・ベース・スポンジ 27
アッシュフォール化石層 254, 256-257
アッロサウルス 14, 15, 160, 167, 178-179
アトゥリア 57
穴 230, 242, 243
アニマトロニクス 188-189
アニング, メアリー 110-111, 133
アノマロカリス 30
アパトサウルス 14, 157
アフリカ 21
 初期の人類 278, 279, 282, 286, 287
 哺乳類 235, 247, 251
アフリカゾウ 23, 64
アフリカ南部 149, 223, 287, 289
アフリカマイマイ 26

アフロヴェナトル 21
アボリジニ 229
アマルガサウルス 157
アムフィキオン 239
アムフィコエリアス 23, 156
アムフィバムス 84-85
アムブロケトゥス 274, 275
アメリカ自然史博物館 160-161, 273
アライグマ 238
アラゴナイト 58
アラスカ 236
アリ 48-49
アリゲーター 92
アルカエオプテリクス 11, 13, 208
アルカエフルクトゥス・シネンシス 224
アルキミラクリス 49
アルギロラグス 227
アルクササウルス 195
アルクトドゥス 239
アルゲンタヴィス 211
アルゼンティノサウルス 23, 163
アルシノイテリウム 259
アルゼンチン 248, 264
アルトゥロプレウラ 46-47
アルバレズ, ルイス 206
アルベルトサウルス 181
アルマジロ 231
アンキオルニス 23

アンキサウルス 151
アンキロサウルス 15, 144
アンキロサウルス類 144-147, 152
アンドゥレウサルクス 272-273
アンドリュース, ロイ・チャップマン 273
アンモナイト 56-59, 285

い

胃 153, 195, 266
イエティ 277, 284
イエローストーン国立公園 9
イカ 26, 56
イカロス 232
イカロニクテリス 232-233
イギリス 110-111, 138, 181
イグアノドン 15, 119, 128
イグアノドン類 128-129, 165
イクティオサウルス 107, 111
イクティオステガ 80, 82
イクティオルニス 209
イクティテリウム 235
イサノサウルス 154-155
イシサウルス 163
イソギンチャク 27
イタチ 238
イタヤガイ 60, 61
イチョウ類 15
イッリタトル 174
イヌ 11, 238
イヌのなかま 238-239
イベロメソルニス 209
イモガイ 61
イモムシ 27, 50

イルカ 106, 107, 217, 275
インゲニア 191
隕石の衝突 206-207

う

ヴァラノプス 219
ウィッリアムソニア 87
ウィワクシア 30
ウインタテリウム 245
ウェールズ 223
ヴェガヴィス 209
ヴェロキラプトル 196-197, 273
ウォンバット 226, 227
ウサギ 242-243
ウサギコウモリ 216
ウシ 266, 268, 269
ウタフラプトル 96
腕 182, 187, 277, 278
ウニ 27, 40, 41
ウマ 210, 245, 247, 250-251, 271
海 9, 15
 海水面 236
 海生爬虫類 64, 98-109, 112-113
ウミウシ 26
海ガメ 64, 81
ウミサソリ 44, 45, 66
ウミユリ 40, 41
ウミユリのなかま 12
羽毛 182
 恐竜 181, 182, 184-185, 190-192, 196-197, 200-205
 鳥類 11, 64, 208-209
ヴルカノドン 151
うろこ 65, 131
 魚類 71, 76, 77, 79

え

エイ 70
映画 182, 188-189, 197, 285
営巣地 130, 162
エイニオサウルス 119, 125
エウオプロケファルス 146-147, 152
エウステノプテロン 78, 80
エウディモルフォドン 96-97
エウリプテルス 45

エウロタマンドゥア 231
エオシミアス 13, 277
エオダルマニティナ 37
エオティリス 219
エオマイア 223
エオミス 243
エオラプトル 15, 168-169
エキオケラス 56
エクウス 251
エクマトクリヌス 31
エコーロケーション 107, 233
エゾボラ 61
枝角 217, 247, 266-267
エチオピア 279
エッグ・マウンテン地域 205
エッフィギア 90-91
エディアカラ化石群 29
エドゥモントサウルス 136-137, 182
エドゥモントニア 144
エドモントン 137
エナリアルクトス 239
えら 33, 34, 65, 71, 78, 79, 82, 83
エラスモサウルス 100
エラスモテリウム 255, 285
エリオプス 83
えり飾り 119, 124, 125, 127, 135
エレファントバード 285
エンクリヌス 40
エンクリヌルス 37
猿人 284
エンマノツノガイ 60

お

尾 165, 171, 185
　尾羽 208
　こん棒 144, 146, 153
　むちのような尾 156, 157
オヴィラプトル 192
オヴィラプトル類 190-191, 192
オウムガイ 57
オウムガイ類 57
オウラノサウルス 20
オオカミ 11, 198, 238
オオカンガルー 216

大きさ 22-23
　最小の恐竜 23
　最小の哺乳類 216
　最大の哺乳類 254-255
オオサンショウウオ 65
オーストラリア 28, 55, 236, 270
　エディアカラ化石群 29
　有袋類 216, 226, 227, 228
オオツノヒツジ 220
オオナマケモノ 264-265
オーロクス 268-269, 271
オカピ 267
オステオレピス 79
オットイア 31
音 129, 131, 135, 137, 157, 167, 245
オトゥニエロサウルス 121
オニヒトデ 27
オパビニア 32-33
オフィアコドン 219
オフタルモサウルス 107
オランウータン 277
オルドビス紀 12, 44, 78
オルニトミムス 187
オルニトミムス類 90, 186-187
オルホス・デ・アグア 165

か

カーネギー発掘場 158
貝 60-61
海水面 236
海生二枚貝 60
海生爬虫類 64, 98 109, 112-113
海生巻貝 61
海鳥 209
カイマン 65
海綿動物 27
カウディプテリクス 191
カウンターシェイディング 105
カエル 10, 65, 84

かぎづめ
　恐竜 125, 168-169, 179, 194, 196
　第1指のかぎづめ 128, 129, 148, 149, 175, 176, 177, 191
　鳥類 208
　翼のかぎづめ 209
　哺乳類 252, 253, 265
　趾のかぎづめ 196, 197, 199, 204
カゴガイ 61
火山 9, 88, 90, 207, 254, 256
火山噴出孔 9
果実 225
ガストニア 145
ガストルニス 212-213
カストロイデス 242
カスモサウルス 125
化石 6, 16-17, 284
　エディアカラ化石群 29
　恐竜 18-19
　バージェス頁岩層 30-31, 32
　分類 20
　レプリカ 161
化石ハンター 20-21, 110-111, 133, 158, 177, 197, 273
ガソサウルス 167
カタツムリ 26, 60
滑空 200, 208, 243
甲冑魚 68-69
ガッリミムス 186
カナダ 81, 106
　恐竜 137, 146, 181
　無脊椎動物 30, 31, 35

カニス・ディルス 238
カバ 247, 266, 274
ガビアル 92
カピバラ 216
カブトガニ 45
カマキリ 52
カマラサウルス 151
噛む 68, 93, 101, 212, 218, 219
　恐竜 116, 180, 182, 196
ガムシ 49
カムプトサウルス 129
カムフラージュ 75, 105
カモ 209, 211
カモノハシ 222
カモハシ竜 65, 128, 130-131, 134-137
殻（貝殻） 26, 286-287
ガラパゴス諸島 10
狩り
　待ちぶせ 69, 78, 179, 213, 219, 235, 239
　群れでの狩り 129, 170, 178, 181, 198-199, 234, 238
カリコテリウム 252-253
カリフォルニアコンドル 240
カルカロドン・メガロドン 23, 68, 72-73
カルカロドントサウルス 167
ガルゴイレオサウルス 145

索引

索引

カルシウム 74
カルニア 29
カルノタウルス 153
カンガルー 216, 226, 227, 270
環形動物 26
肝臓 152-153
カンブリア紀 12, 36, 40, 60, 67
カンブリアの爆発 30-31, 32, 34

き

木 15, 17, 46, 157, 194, 200
ギガノトサウルス 167
ギガントピテクス 277
鰭脚類 239
キクロメドゥサ 29
気候 14, 88, 90, 158, 206, 207, 227, 246, 250
北アメリカ
　恐竜 124, 131, 134, 151
　脊椎動物 75, 88, 113
　鳥類 211
　哺乳類 223, 224, 236, 246, 256, 260
キツネ 238
キティパティ 190
キティブタバナコウモリ 216
キノボリカンガルー 216
牙 11, 221, 246, 258, 259, 261
鋏角類 44
恐竜 12, 13, 15, 64, 114-207, 284
　足跡 114, 157, 164-165, 178
　大きさ 22-23
　解剖学的構造 152-153
　化石 16-19
　恐竜ロボット 188-189
　系統樹 118-119
　初期の恐竜 168
　絶滅 206-207, 285
　卵 149, 162, 163, 190, 192-193, 195, 205, 273
　糞 132-133, 163
恐竜100万年 285
巨型動物類 237
棘皮動物 27, 40-41
巨大ウミサソリ 66
巨大ヤスデ 46-47
魚竜 64, 104, 106-111
魚類 13, 64, 65, 66-79, 206
　硬骨魚類 74-77
　総鰭類 78-79
　軟骨魚類 70-71
　板皮類 68-69
　無顎類 63, 66-67

ギラッフォケリクス 267
キリン 10, 217, 266-267
キンデサウルス 15

く

グアンロング 181
クエトゥザルコアトゥルス 94
草 225
クシファクティヌス 74
クジャクチョウ 51
クジラ 22-23, 217, 272, 274-275
クジラ類 217, 275
くちばし 221
　恐竜 120, 124, 126, 128, 129, 131, 136, 140, 186, 190, 191
　鳥類 10, 208, 210, 213
クニグティア 75
クマ 237, 238, 239, 271
クマサカガイ 60
クモ 26, 45
クモ形類 26
クモヒトデ 42-43
クラゲ 27, 206
クラッシギリヌス 83
クラニオケラス 267
グランドキャニオン 6-7, 12
グリーン・リバー地域 75
グリーンランド 237
グリプトドン 231
クリペウス 40
グリポサウルス 131
クルミガイ 60
グレーウサギコウモリ 216
グレーシャー国立公園 197
クロノサウルス 101

け

毛 217, 231, 254, 261, 265
ケープタテガミヤマアラシ 216
ゲオサウルス 92

毛皮 217, 222-223, 276
ケサイ 237, 254
げっ歯類 64, 216, 242-243
ケナガマンモス 237, 260-261
ゲニオルニス 270
ケバエ 49
ケファラスピス 67
ゲムエンディナ 68
ケラタルゲス 37
ケラトガウルス 243
顕花植物 15, 48, 49, 86-87, 224-225
ケントゥロサウルス 118, 142-143
原トンボ類 55
原竜脚類 148-149
剣竜類 140-143

こ

コアラ 216, 226
コイ 77
恒温動物 121, 215
甲殻類 26
光合成 29
硬骨魚類 74-77
甲虫 26, 49
喉頭 245
鉱物化 16
コエロドンタ 254
コエロフィシス 14, 15, 170-171
コオクソニア 87
ゴースト・ランチ 91, 170
ゴカイ 26
ゴキブリ 49
コケ 86
古生代 12
古生物学者 16-17, 20
骨格 65, 74, 182
　復元 160-161
コッコステウス 69
骨板 140, 143, 144, 146, 152, 163, 231

言葉 279, 281, 282, 286
子ども→赤ちゃんの項を参照
コネチカット州立恐竜公園 164
琥珀 16, 45, 49, 50, 52-53
ゴビ砂漠 125, 162, 192, 194, 273
ゴムフォテリウム 11, 259
コムプソグナトゥス 119, 185
コムプソグナトゥス類 184-185
コリトサウルス 14, 134-135
ゴリラ 278
コンゴ川 285
昆虫 12, 15, 26, 48-49, 52-55, 84, 206, 224, 240
ゴンドワナ大陸 15, 38
コンフキウソルニス 208

さ

サーベルタイガー 226, 234, 235, 240
サイ 237, 247, 252-255, 257, 271
最初の動物（生命） 9, 28-29
採石場 104, 114, 138, 223
細胞 9
サウロペルタ 145
サウロポセイドン 23
サカバムバスピス 67
サソリ 26, 44-45, 206
ザトウクジラ 217, 275
サドラー, ロッド 177
さなぎ 27

サハラ砂漠　177
サメ　22, 23, 65, 70-73, 206
ザラムブダレステス　223
サル　276
ザルガイ　61
サルタサウルス　163
サンゴ　27, 31
サンショウウオ　65, 82, 85
三畳紀　13, 14-15, 88, 90, 170
　　　後期　92, 94, 148, 150, 155, 166, 168, 222
　　　中期　98
酸素　9, 44, 54, 65, 81, 86, 153
三葉虫　12, 24-25, 29, 36-39

し

シーラカンス　79
シヴァピテクス　277
シカ　217, 236, 247, 266-267, 271
四肢動物　64, 80, 82, 83
自然選択　10
始祖鳥　11, 13, 208
舌　231, 244, 267
シダ　15, 86
下あご　221, 222
屍肉食者　241
　　　恐竜　177, 179, 182, 185
　　　サメ　71
　　　鳥類　211, 213
　　　哺乳類　231, 235, 238, 239, 265
シノカンネメイエリア　221
シノコノドン　214, 223
シノサウロプテリクス　185
シノデルフィス　227
シノルニトサウルス　202-203
シベリア　236, 260, 262
刺胞動物　27
島　149
シマウマ　217, 251
シマハイエナ　217
シモスクス　93
シャーク湾　9
ジャイアント・ウォンバット　227
ジャイアント・ドラゴンフライ　55
ジャイアントビーバー　237, 242
ジャイアントモア　211
ジャガー　235
社会的集団　48, 278, 281, 286
シャチ　22
ジャノメチョウ　50
ジャワオオコウモリ　216
ジャワ島　281
獣脚類　118, 119, 164, 166-171, 190
獣弓類　220-221
住居　261, 282, 286
周飾頭類　118, 119
種子　86-87, 225

樹上生活　197, 202, 227, 231, 238, 239, 276-277
授粉　48, 49, 224
ジュラ紀　12-15, 45, 56, 104, 108, 111, 140, 159, 172, 178, 180, 197
　　　後期　128, 175, 184, 208
　　　前期　100, 138, 214
　　　中期　148, 156, 162
ジュラシック・パーク　182, 189, 197
主竜類　64, 92
狩猟採集生活　287
消化器系　152, 153, 158, 194, 221
小惑星の衝突　8, 9, 206
ジョーイ　216, 227
ショーヴェ洞窟　271
食虫類　230-231
植物　12, 15, 46, 86-87, 157, 240
　　　顕花植物　15, 48, 49, 87, 224-225
植物食恐竜　152
触角　34, 49
ジョバリア　21
シルル紀　12, 45, 69, 70
シロアリ　49
シロナガスクジラ　22-23
人為選択　11
進化　10-11, 15, 81, 82
　　　クジラ　274-275
　　　人類　280
　　　鳥類　208
　　　歯　77
　　　哺乳類　218, 220, 250
新生代　13, 210
心臓　152, 153, 158
シンドバッド　285
ジンベイザメ　65
針葉樹　15, 87
シンラプトル　167
森林　134, 140
人類　13, 218, 235, 254, 264, 268, 284
　　　現生人類　237, 286-287
　　　骨格　65
　　　小屋　261
　　　進化　11
　　　祖先　13
神話と伝説　255, 277, 284-285

す

巣　190, 192, 205
スイショウガイ　60
彗星　8, 9
水生の甲虫　49
スー族　244
スカフィテス　56
スクアリコラクス　71
スクレ　114
スケリドサウルス　138-139
スコミムス　176-177
スティラコサウルス　125

ステゴサウルス　15, 140
ステタカントゥス　71
ステネオサウルス　93
ステノプテリギウス　108-109
ステノミルス　267
ストゥルティオミムス　187
ストロマトライト　9, 16, 28
スナネズミ　64
砂のう　152
スネークストーン　285
スパイク　138, 140-145
スピノサウルス　23, 119, 172, 174
スピノサウルス類　174-177
スフェノスクス　92
スブヒラコドン　255
スプリッギナ　29
スプリッグ, レッグ　29
スペイン　164
スペルサウルス　23
スポンジ　27
スミロドン　234, 248

せ

セイウチ　238
生痕化石　17
生命の誕生　8-9, 12
セイモウリア　82

セキセイインコ　64
石炭紀　12, 47, 54
　　　後期　84, 218
脊椎　64, 65
脊椎動物　62-113
石化　17
節足動物　26, 33, 34, 44
絶滅　88, 90, 227, 228, 237, 264, 266
　　　大量絶滅　113, 122, 124, 206-207
ゼナスピス　67
セレノ, ポール　177
セレノペルティス　38-39
先カンブリア時代　12, 28
センザンコウ　231
ぜん虫　29

そ

ゾウ　11, 23, 64, 258-261
総鰭類　78-79
草原　225, 236, 246, 250, 266
装盾類　118, 139
走鳥類　211
ゾウの鼻　11, 32, 248-249, 258-259
藻類　56, 86

索引

297

ソテツ類 15
ソニサウルス 22, 106

た

ダーウィン, チャールズ 10, 11, 248
タールピット 240-241
タイ 155
ダイアウルフ 238, 241
第1指のかぎづめ 148, 149, 175, 176, 191
ダイオウサソリ 26
タイガーリーチ 26
大気 8, 9, 44, 54, 86
対向できる親指 276
ダイナソア国定公園 18-19, 21
大陸 14, 15
大量絶滅 113, 122, 124, 206-207
タコ 26, 56
ダコサウルス 93
タスマニアタイガー 228-229, 270
タスマニアデビル 229
闘い 37, 126, 167, 197, 198-199, 221
ダチョウ 186
ダチョウ型恐竜 90, 186-187
卵 10
　恐竜 149, 162, 163, 190, 192-193, 195, 205, 273
　哺乳類 222, 223
　両生類 81
玉虫色 35, 58
ダルウィニウス 276
タルボサウルス 180, 194
単孔類 64
単細胞生物 9, 28
タンザニア 142, 279

ち

地球 14
　誕生 8-9, 12
　氷河時代 236-237
　変化 14-15
　歴史 12-13
地質時代 12-13
チチュルブ・クレーター 207
知能 187, 197, 217, 277, 282, 286
中国
　恐竜 151, 167, 180, 181, 185, 200
　鳥類 202, 208
　哺乳類 214, 223, 227
中生代 13, 207
チョウ 27, 50-51
腸 153
鳥脚類 118, 119
長頸竜類 64, 100-105, 111, 113
鳥盤類 118, 120-121
長鼻類 11

鳥類 13, 64, 184, 206, 208-213
　くちばし 10, 208
　砂のう 152
　初期の鳥類 208-209
　進化 11, 92, 118, 119, 166, 196, 208
　飛べない鳥 64, 209, 210, 211, 212-213, 270
　眼 186
チリマツ 15, 87
チンパンジー 64, 278, 279

つ

月の谷 168

角 37
　恐竜 124, 125, 126,
　哺乳類 217, 243-245, 254, 255, 259, 267
角竜類 124-125
翼（羽、翅）
　恐竜 200, 201
　コウモリ 216
　昆虫 48, 55
　翼竜 95, 96
翼のかぎづめ 209
ツンドラ 225

て

手 128, 149, 182, 187, 191, 194
ディアトリマ 213
DNA 9, 263
ディキノドン類 221
ティクタアリク 78, 80
ディクラエオサウルス 156
ティタニス 210
ティタノサウルス 163
ティタノサウルス類 162-163, 165
ディッキンソニア 29
ディトモビゲ 36
デイノガレリクス 231
デイノスクス 93
デイノテリウム 11, 258
ディノニクス 129, 197, 198-199
ディノフェリス 235
ディノルニス 211
テイノロフォス 222
ディプテルス 79
ディプロドクス 15, 23, 157
ディプロドクス類 156-157
ディプロトドン 227
ディプロミストゥス 75
ディメトゥロドン 13, 218, 219
ディモルフォドン 95
ティラコスミルス 226-227
ティランノサウルス 15, 22, 116, 126, 133, 182-183, 188
ティランノサウルス類 180-181
ディロフォサウルス 164
デカントラップ溶岩層 207
テコドントサウルス 149
デスモケラス 58
テチス海 15
テノントサウルス 129, 198-199
デボン紀 12, 13, 49, 66, 67, 69, 74, 79, 81, 83
テムノドントサウルス 23
デュボア, ウジェーヌ 281
テリズィノサウルス 194
テリズィノサウルス類 194-195
テレオケラス 254, 256-257
テングハギ 75
テンダグル 142

と

ドイツ 95, 208
トゥオジアンゴサウルス 141
道具 277, 278, 279, 286
　石器 280, 281, 283
　彫刻入りの道具 287
洞窟絵画 254, 268, 270-271, 288-289
頭骨 82, 118, 125, 135, 146, 186, 217
　初期の人類 279, 281, 283, 286
　ドーム 122, 145
　哺乳類の祖先 218, 220, 221
　骨の窓 92, 118, 127, 179
ドゥブレウイッロサウルス 172-173
ドゥリオサウルス 129
ドゥリオピテクス 277
トゥリケラトプス 14, 15, 17, 23, 119, 126-127, 182
ドゥレパナスピス 66
トゥロオドン 189, 204-205
ドゥロマエオサウルス 196
ドゥロマエオサウルス類 196-197, 200-203, 208
ドゥンクレオステウス 12, 68
ドーセット 110
トカゲ 64, 112, 118
毒 45, 65, 70, 202
トクサ類 15
トケイソウ 15
とさか 131, 135, 167, 175, 181, 190
突起（とげ）
　恐竜 156, 157, 158
　魚類 75
　哺乳類 216, 244
　無脊椎動物 30, 31, 37, 38, 41
トビネズミ 223
飛べない鳥 209, 210, 211, 212-213, 285

共食い 31, 68, 171, 283	ノトサウルス 99	ハヤブサ 64	皮ふ 131, 135, 137, 152, 158, 182
トラ 217	ノトサウルス類 98-99	パラエオカストル 242	脱皮 47
タスマニアタイガー 228-229, 270	ノトリンクス 71	パラエオコマ 42-43	皮ふ呼吸 65, 84
ドリアキノボリカンガルー 216	**は**	パラエオラグス 243	ビフェリケラス 57
ドルドン 275	歯 16, 77	パラケラテリウム 254-255	ヒプシロフォドン 121
トロサウルス 127	化石 70, 71, 73, 76	パラサウロロフス 131	ヒボドゥス 70
トンボ 12, 54-55	恐竜 116, 120, 121, 137, 148, 149, 151, 152, 167, 169, 176, 179, 182, 199, 202, 204	バラパサウルス 151	ヒマワリヒトデ 27
な	魚類 70, 71, 73, 76	バリオニクス 76, 175	ヒョウ 271
内臓 152-153	サーベルのような歯 234	ハリセンボン 65	氷河 236, 237
ナソ 75	進化 77	ハリソン, ジェームズ 138	氷河時代 103, 236-237, 254, 260, 270, 282-283
ナツメガイ 60	鳥類 208, 209	パルヴァンコリナ 29	ヒル 26
7つのえらをもつサメ 71	爬虫類 89, 93, 95, 96	ハルキゲニア 31	ビルケニア 67
ナマケモノ 264-265	哺乳類 218, 222, 223, 226, 242, 253	パレオジン 13, 235, 238, 243, 244, 250, 254	ひれ 75, 78-79
ナマコ 27	溝 202	バロサウルス 158-161	ひれ足 105, 112, 239, 275
ナメクジ 26	バージェス頁岩層 30-31, 32	パンゲア 15	ビワガイ 61
南極 121, 209, 226, 248	パーソンカメレオン 65	反すう動物 246, 266-267	**ふ**
軟骨魚類 70-71	肺 65, 78, 80, 81, 82, 83, 153, 217	パンダ 217	ファイアサラマンダー 65
軟体動物 26, 60-61	ハイイロオオカミ 11, 238	パンデリクティス 78	ファコプス 37
南北アメリカ 210, 216	ハイエナ 217, 234-235, 271	バンドウイルカ 217	フアヤンゴサウルス 141
→北アメリカ、南アメリカの項も参照	肺魚 79, 81	盤竜類 218-219	フィオミア 11
に	バイソン 270, 271	**ひ**	フィンチ 10
ニオブララ・チョーク層 113	ハエ 49	火 281, 283, 286	フェナコドゥス 245
肉食動物 210, 217, 239, 241	墓 283, 286	ビーバー 237, 242	服 225, 283, 286
消化器系 153	パキケトゥス 275	墓石 76	腹足類 60
ニセアカシア 224	パキケファロサウルス 122-123		
二枚貝 60	パキプレウロサウルス 98		
ニューギニア 227, 228, 236	パキプレウロサウルス類 98		
ニュージーランド 211	バク 247		
ぬ	白亜紀 13, 14-15, 100, 112, 113, 128, 190, 224, 225		
ヌタウナギ 66	後期 156, 162, 166, 175, 186, 194, 195		
ヌノメアカガイ 61	前期 184, 186, 195, 226		
沼地 176	大量絶滅 113, 122, 124		
ね	白亜紀末 78, 94, 150, 180, 197		
ネアンデルタール人 282-283	ハクジラ 275		
ネオジン 13, 252	バクテリア 9, 158		
ネコのなかま 234-235	博物館の展示 160-161	ヒクイドリ 205	袋 216, 226, 227
ネス湖の怪物 102-103, 285	走りかた 129, 185, 186, 187, 204, 245, 250, 251, 267	ヒゲクジラ 275	フクロオオカミ 228-229
ネズミ 242	バシロサウルス 275	飛行	ブタ 247
ネズミジカ 247	ハチ 48	恐竜 200	ブッシュマン 287, 288-289
熱水 9	爬虫類 64, 65, 81, 88-109, 152	昆虫 48, 49, 54-55	プテラノドン 14, 95
ネメグトゥバアタル 222	海生爬虫類 98-109, 112-113	爬虫類 23, 64, 94-95	プテリゴトゥス 44
ネメグトサウルス 162	空を飛ぶ爬虫類 94-97	翼手類 216, 232-233	プテロダクティルス 14, 95
の	バックランド, ウィリアム 133	→鳥類の項も参照	ブラキオサウルス 15, 22, 119, 150
脳 65	バッファロー 266	皮骨 144	ブラキロフォサウルス 131
恐竜 142, 143, 186, 187, 197, 205	ハトゼゴプテリクス 22, 23	飛翔筋 200, 208	プラケリアス 221
現生人類 286	ハドロサウルス 131	ヒツジ 266	ブラジル 174
腰の脳 143	ハドロサウルス類 130-131, 134-137	ヒッパリオン 210, 250	プラティベロドン 259
初期の人類 279, 281, 282	鼻 89, 135, 145, 167, 175, 177, 248, 275	ひづめ	プラテオサウルス 15, 148
哺乳類 217, 223, 251	花びら 224	恐竜 128, 129	プラテカルプス 113
	ハボウキガイ 60	哺乳類 217, 244-253, 266-267, 272-273, 274, 275	プランクトン 43, 65, 217
	バムビラプトル 197	ヒト→人類の項を参照	フランス 270-271
		ヒトデ 12, 27, 39, 40	プリオサウルス類 74, 100
		日なたぼっこ 219	プリオヒップス 251

索引

索引

プリスカカラ 75
プレーリードッグ 216
フレゲトンティア 62, 82
プレシアダピス 277
プレシオサウルス 100, 103
プレスビオルニス 211
プレデターX 22
プロケラトサウルス 181
プロスコルピウス 45
プロット, ロバート 284
プロテロギリヌス 80
プロトケラトプス 125, 197, 273
プロトタクシテス 86
プロトロヒップス 251
プロミクロケラス 56
ブロントサウルス→アパトサウルスの項を参照
糞 225
　　恐竜 132-133
フンコロガシ 133
糞石 132-133

へ

ベアドッグ 239
ヘスペロルニス 209
ヘック牛 268
ヘテロドントサウルス 120
ヘビ 64, 65, 82, 206
ヘビヒトデ 42-43
ヘミキダリス 41
ペラノモドン 221
ヘリオバティス 70
ヘリコプリオン 71
ペルカ 75
ペルム紀 13, 36, 220
　　後期 218, 219
ヘルレラサウルス 13, 15
変態 27
ペンタクリニテス 41
ペンタケラトプス 125
ペンタステリア 40

ほ

帆 119, 128, 156, 174, 175, 218, 219

胞子 86
宝飾品 58, 286, 287
宝石 58
ポエキロプレウロン 173
ホオジロザメ 22, 72
ホーン・ゴファー 243
歩行 89, 90, 219, 267
　　恐竜 118, 150, 165, 166, 191
　　魚類 78
　　2足歩行 278, 279
ポストスクス 88-89
北極 225, 261
母乳 216
哺乳類 13, 64, 206, 214-289
　　最小の哺乳類 216
　　最初の哺乳類 222-223
　　最大の哺乳類 254-255
　　祖先 218-221
　　卵を産む哺乳類 222, 223
　　有胎盤類 223
骨 65, 287
　　空洞 151, 153, 157, 170, 185
　　レプリカの作成 161
ホモ・エレクトゥス 280-281, 284, 286
ホモ・サピエンス 286-287
ホモ・ネアンデルタレンシス 282-283, 284
ホラアナグマ 237
ホラアナハイエナ 235
ホラアナライオン 237
ホリネズミ 243
ボリビア 114, 165

ま

マーストン・マーブル 56
マイアサウラ 65, 130, 170
マカイロドゥス 235
マクラウケニア 248-249
マクロポマ 79
マダガスカル 285
マッコウクジラ 22
マッソスポンディルス 149
マッレーラ 34-35
マプサウルス 163
マメジカ 247

マメハチドリ 23
マメンキサウルス 151
マンモス 22, 236-237, 240, 241, 260-263, 271

み

ミアキス 239
ミイラ 137
ミオプロスス 75
ミクソサウルス 107
ミクロブラキス 82
ミクロラプトル 200-201, 208
水 8, 9
蜜 224
ミツオビアルマジロ 231
ミツバチ 48, 224
ミツユビナマケモノ 265
南アメリカ 167, 226, 227, 248, 264
ミナミセミクジラ 217
耳 216, 239
ミミズ 26
ミルクヘビ 65
ミンミ 145

む

無顎類 63, 66-67
ムカデ 26, 47
無脊椎動物 12, 24-61
ムッタブッラサウルス 129
群れ
　　恐竜 121, 130, 155, 158, 162, 165
　　哺乳類 220, 221, 227, 251, 268
群れでの狩り 129, 170, 178, 181, 190-199, 234, 238

め

眼
　　恐竜 111, 121, 169, 186, 196
　　魚類 67
　　爬虫類 107
　　複眼 30, 37, 55
　　哺乳類 227, 239, 277

立体視 204
両生類 83, 84
メガケロプス 244
メガゾストゥロドン 223
メガテリウム 264-265
メガネウラ 54-55
メガロケロス 266
メガロサウルス類 173
メキシコ 207
メソヒップス 251
メソリムルス 45
メソレオドン 245

目玉模様 51
メドゥッロサ 87
メリキップス 251

も

モエリテリウム 11, 259
モールド 17, 161
木生シダ類 87
モクレン 15, 224
モケーレ・ムベンベ 285
モササウルス 23, 112
モササウルス類 112-113, 209
モスコプス 220
モノロフォサウルス 167
森 15, 84, 87, 212
モリソン層 157
モルガヌコドン 223
モンゴル 125, 162, 191, 192, 194, 195, 272
モンタナ 130, 131, 197, 205

や

ヤギ 266
夜行性動物 222, 223, 227, 228, 230, 233
ヤスデ 46-47
ヤツメウナギ 66
ヤドクガエル 65
ヤマアラシ 216

ゆ

有胎盤類 64, 223
有袋類 64, 216, 226-229

有蹄類　217
ユニコーン　255, 285
指　80, 81, 83, 168
趾のかぎづめ　196, 197, 199, 204

よ

幼生　27
ヨークシャー　104
ヨーロッパ　235, 236, 237, 260, 280, 282
　　洞窟絵画　268, 270-271
翼手類　216, 232-233
翼竜　15, 23, 64, 94-97, 111
よろい
　　恐竜　118, 139, 144-146, 152, 163
　　魚類　66, 67, 68-69
　　爬虫類　93
　　哺乳類　231

ら

ラ・ブレア・タールピット　238, 240-241
ライオン　235, 237, 271
ライム・リージス　111
ラウイスクス類　89
ラクダ　175, 217, 266-267
ラスコー洞窟　270-271
ラプトル　196-197
ラマ　266
ラムフォリンクス　95
ラムベオサウルス　131

り

リヴィアタン　23
リオプレウロドン　101
陸ガメ　64, 81
陸生動物　23, 79, 80-81, 82
陸の橋　236-237
リス　242
リムルス　45
竜脚形類　118, 119
竜脚類　15, 150-151, 154-155, 158-159, 162-163, 167, 285
　　足跡　165
竜盤類　118, 119
両生類　13, 62, 64, 65, 78, 80, 81, 82-83
遼寧省の採掘場　185

る

類人猿　276-279, 286
ルフェンゴサウルス　149

れ

レア　64
レアエッリナサウラ　121
霊長類　13, 276-277
レイヨウ　247, 266
レエドゥシクティス　22, 74
レソト　121
レソトサウルス　121
レテ・コルビエリ　50-51
レピドテス　76-77
レプティクティディウム　230
レプトメリクス　246-247

ろ

ローラシア　15
ろ過食性　74, 217
ロスト・ワールド／ジュラシック・パーク　189
ロドケトゥス　275
ロバ　251
ロビニア　224
ロベルティア　221
ロマレオサウルス　104-105
ロルフォステウス　69

わ

ワシントン州　212
ワニ　64, 83, 92, 105, 118, 153, 206, 219
ワニ形類　92-93
ワニのなかま　65

索引

Acknowledgements

Dorling Kindersley would like to thank Madhavi Singh for proofreading and Poppy Joslin for design assistance.

The publisher would also like to thank the following for their kind permission to reproduce their photographs (Key: a-above; b-below/bottom; c-centre; f-far; l-left; r-right; t-top.)

1 Getty Images: Iconica / Philip and Karen Smith (background). **2 Alamy Images:** Phil Degginger (4). **Corbis:** Frans Lanting (1); Science Faction / Norbert Wu (6). **Dorling Kindersley:** Colin Keates / courtesy of the Natural History Museum, London (2); Barrie Watts (7). **3 Ardea:** Pat Morris (5/l). **Corbis:** Frans Lanting (3/r); Paul Souders (8/r). **Dorling Kindersley:** Jon Hughes (7/r, 2/l). **Getty Images:** AFP (2/r); Stone / Howard Grey (5/r); WireImage / Frank Mullen (4/r). **Science Photo Library:** (1/l); Richard Bizley (1/r); Christian Darkin (4/r); Mark Garlick (7/l). **4 Ardea:** Pat Morris (bl). **Getty Images:** Stone / Howard Grey (clb). **Science Photo Library:** Christian Darkin (br). **4-5 Dorling Kindersley:** Andy Crawford / courtesy of the Royal Tyrrell Museum of Palaeontology, Alberta, Canada. **5 Dorling Kindersley:** Andrew Nelmerm / courtesy of the Royal British Columbia Museum, Victoria, Canada (bl). **Getty Images:** AFP (br). **6-7 Alamy Images:** Phil Degginger. **7 Dorling Kindersley:** Colin Keates / courtesy of the Natural History Museum, London (tc). **8 Corbis:** Arctic-Images (t). **9 Alamy Images:** AF Archive (cla). **Corbis:** Frans Lanting (br); Bernd Vogel (t); George Steinmetz (cra); Visuals Unlimited / Dr. Terry Beveridge (crb). **11 Corbis:** The Gallery Collection (tl). **Dorling Kindersley:** Colin Keates / courtesy of the Natural History Museum, London (cra). **12 Corbis:** Douglas Peebles (bl). **Getty Images:** Science Faction Jewels / Louie Psihoyos (tr). **14 Science Photo Library:** Richard Bizley (cr); Walter Myers (tr). **16 Dorling Kindersley:** Colin Keates / courtesy of the Natural History Museum, London (t, bl). **17 Corbis:** Sygma / Didier Dutheil (tr). **Dorling Kindersley:** Barrie Watts (bl). **18-19 Getty Images:** Science Faction Jewels / Louie Psihoyos. **20 Corbis:** Sygma / Didier Dutheil (l, br). **Science Photo Library:** Ted Kinsman (tr). **21 Corbis:** Sygma / Didier Dutheil (tl, tr, cra, crb, br). **22-23 Harry Wilson. . :** (main illustration). **23 Corbis:** Momatiuk - Eastcott (crb). **Photolibrary:** OSF / Robert Tyrrell (br). **24 Getty Images:** Stone / Howard Grey (l/sidebar). **24-25 Ardea:** Pat Morris. **25 Alamy Images:** John T. Fowler (cr). **26 Alamy Images:** Nicholas Bird (bc); H. Lansdown (br). **Corbis:** Frank Krahmer (bl); Science Faction / Norbert Wu (cla). **27 Alamy Images:** WaterFrame (br). **Corbis:** Gary Bell (bc); Science Faction / Stephen Frink (clb); Stephen Frink (cr); Paul Edmondson (bl). **Getty Images:** Minden Pictures / Foto Natura / Ingo Arndt (tl). **28 Corbis:** Frans Lanting (bl). **29 J. Gehling,** **South Australian Museum:** (tr). **30 Alamy Images:** Kevin Schafer (br). **Getty Images:** National Geographic / O. Louis Mazzatenta (c). **31 Science Photo Library:** Alan Sirulnikoff (cr). **32 courtesy of the Smithsonian Institution:** (cl). **35 Natural History Museum, London:** (br). **37 Ardea:** Francois Gohier (cl). **Dorling Kindersley:** Harry Taylor / courtesy of the Royal Museum of Scotland, Edinburgh (bl). **41 Getty Images:** Comstock Images (tr). **43 Corbis:** Jeffrey L. Rotman (br); Visuals Unlimited / Wim van Egmond (tr). **45 Dorling Kindersley:** Colin Keates / courtesy of the Natural History Museum, London (tr). **Corbis:** Frank Lane Picture Agency / Douglas P. Wilson (cb); Visuals Unlimited / Ken Lucas (tl). **46-47 Alamy Images:** Kate Rose / Peabody Museum, New Haven, Connecticut. **46 Natural History Museum, London:** (bl). **47 Corbis:** Michael & Patricia Fogden (br). **Prof. J.W. Schneider/TU Bergakademie Freiberg:** (tr). **48 Alamy Images:** John T. Fowler (tr). **Corbis:** Tom Bean (bl). **Science Photo Library:** Noah Poritz (t). **50-51 naturepl.com:** Jean E. Roche. **51 Dorling Kindersley:** Frank Greenaway / courtesy of the Natural History Museum, London (br). **52-53 Getty Images:** Stone / Howard Grey. **54 Natural History Museum, London:** Graham Cripps. **55 akg-images:** Gilles Mermet (tr). **NHPA / Photoshot:** Ken Griffiths (br). **57 Getty Images:** The Image Bank / Philippe Bourseiller (br). **58-59 Ardea:** John Cancalosi. **58 Alamy Images:** Danita Delimont (c); Scenics & Science (r). **60 Dorling Kindersley:** Colin Keates / courtesy of the Natural History Museum, London (cra/Giant cerith). **Getty Images:** Mike Kemp (bl/snail). **62 Dorling Kindersley:** Harry Taylor / courtesy of the Royal Museum of Scotland, Edinburgh (sidebar). **63 Dorling Kindersley:** Harry Taylor / courtesy of the Royal Museum of Scotland, Edinburgh (cl). **Photolibrary:** Oxford Scientific (OSF) / David M. Dennis (c). **64 Corbis:** All Canada Photos / Ron Erwin (bc); Frans Lanting (br). **65 Ardea:** Ken Lucas (ca). **Dorling Kindersley:** Andy Crawford / courtesy of the Royal Tyrrell Museum of Palaeontology, Alberta, Canada (tr); David Peart (br). **66 Alamy Images:** blickwinkel (br). **67 Dorling Kindersley:** Harry Taylor / courtesy of the Royal Museum of Scotland, Edinburgh (tr); Harry Taylor / courtesy of the Hunterian Museum (University of Glasgow) (bl). **68 Alamy Images:** All Canada Photos / Royal Tyrrell Museum, Drumheller, Alta, Canada (c). **70 Dorling Kindersley:** Colin Keates / courtesy of the Natural History Museum, London (b). **71 Dorling Kindersley:** Colin Keates / courtesy of the Natural History Museum, London (tl, crb). **Science Photo Library:** Christian Darkin (b). **73 Corbis:** Layne Kennedy (tr); Louie Psihoyos (br). **75 Corbis:** Visuals Unlimited (b). **Dorling Kindersley:** Neil Fletcher (c) Oxford University Museum of Natural History (cr); Harry Taylor / courtesy of the Royal Museum of Scotland, Edinburgh (cl); Colin Keates / courtesy of the Natural History Museum, London (tr). **77 Alamy Images:** PetStockBoys (tl). **Dorling Kindersley:** Harry Taylor / courtesy of the Natural History Museum, London (tr). **79 Dorling Kindersley:** Colin Keates / courtesy of the Natural History Museum, London (tr). **Getty Images:** Taxi / Peter Scoones (br). **81 Alamy Images:** B. Christopher (bl). **Corbis:** Gallo Images / Anthony Bannister (tr). **Dorling Kindersley:** Jan van der Voort (crb). **Dr Howard Falcon-Lang:** (br). **82 Alamy Images:** WaterFrame (cl). **83 Dorling Kindersley:** Steve Gorton / Richard Hammond - modelmaker / courtesy of Oxford University Museum of Natural History (cl); Colin Keates / courtesy of the Natural History Museum, London (tl). **84 Science Photo Library:** Visuals Unlimited / Ken Lucas (t). **86 Alamy Images:** Realimage (tl). **87 Alamy Images:** botanikfoto / Steffen Hauser (clb). **Dorling Kindersley:** Colin Keates / courtesy of the Natural History Museum, London (tc). **88 Corbis:** Arctic-Images (l). **89 Corbis:** Science Faction / Louie Psihoyos (tr). **92 Corbis:** Sygma / Vo Trung Dung (b/background). **95 Photolibrary:** Oxford Scientific (OSF) / David M. Dennis (cl). **96-97 Corbis:** Mark A. Johnson (background). **96 Luigi Chiesa:** (bl). **98 Corbis:** Kevin Schafer (b). **98-99 Dorling Kindersley:** (c) David Peart (background). **102-103 Science Photo Library:** John Foster. **102 Corbis:** Sygma / Vo Trung Dung (bl). **103 Science Photo Library:** Victor Habbick Visions (cl). **104 Dorling Kindersley:** David Peart (background). **105 Corbis:** In Pictures / Mike Kemp (br). **107 Getty Images:** AFP / Valery Hache (cl). **108 Natural History Museum, London:** Berislav Krzic (b). **110 Alamy Images:** Pictorial Press Ltd (b). **111 Dorling Kindersley:** Colin Keates / courtesy of the Natural History Museum, London (tr). **Science Photo Library:** (tl); Michael Marten (tc). **Wellcome Images:** Wellcome Library, London (br). **113 Alamy Images:** Kevin Schafer (t). **114-115 Alamy Images:** Paul Kingsley. **114 Dorling Kindersley:** John Downes / John Holmes - modelmaker / courtesy of the Natural History Museum, London (sidebar). **115 Dorling Kindersley:** Colin Keates / courtesy of the Natural History Museum, London (cl). **Science Photo Library:** Joe Tucciarone (cr). **116-117 Corbis:** Michael S. Yamashita. **118 Science Photo Library:** Roger Harris (br). **119 Dorling Kindersley:** Jon Hughes (tl, bl, tr). **120 Dorling Kindersley:** Andy Crawford / courtesy of the Royal Tyrrell Museum of Palaeontology, Alberta, Canada (cl). **122-133 Dorling Kindersley:** Nigel Hicks / courtesy of the Lost Gardens of Heligan (background). **125 Getty Images:** National Geographic Creative / Jeffrey L. Osborn (cl). **126-127 Corbis:** Inspirestock (background). **127 Dorling Kindersley:** Colin Keates / courtesy of the Natural History Museum, London (bl). **Wikipedia, The Free Encyclopedia:** (br). **128 Dorling Kindersley:** Jon Hughes; Colin Keates / courtesy of the Natural History Museum, London (b). **130 Getty Images:** Panoramic Images (t/background). **131 Dorling Kindersley:** Andy Crawford / courtesy of the Royal Tyrrell Museum of Palaeontology, Alberta, Canada (bl); Courtesy of the Royal Tyrrell Museum of Palaeontology, Alberta, Canada (ca). **Natural History Museum, London:** Berislav Krzic (br). **132-133 Corbis:** Louie Psihoyos. **133 Dorling Kindersley:** (c) Rough Guides / Alex Wilson (tr). **U.S. Geological Survey:** (br). **135 Dorling Kindersley:** Lynton Gardiner / courtesy of the American Museum of Natural History (tr, br). **137 Dorling Kindersley:** Lynton Gardiner / courtesy of the American Museum of Natural History (tr, c). **141 Dorling Kindersley:** Tim Ridley / courtesy of the Leicester Museum (br). **144 Dorling Kindersley:** Peter Minister (c). **145 Dorling Kindersley:** Bruce Cowell / courtesy of Queensland Museum, Brisbane, Australia (t). **146 Corbis:** Rune Hellestad (b). **148 Dorling Kindersley:** Andy Crawford / courtesy of the Institute of Geology and Palaeontology, Tubingen, Germany (cl, tr). **150 Alamy Images:** Fabian Gonzales Editorial (t/background). **Getty Images:** The Image Bank / Don Smith (b/background). **152-153 Dorling Kindersley:** Philippe Giraud (background); Steve Gorton / John Holmes - modelmaker. **153 Dorling Kindersley:** Steve Gorton / Robert L. Braun - modelmaker (t). **157 Corbis:** Cameron Davidson (tr); Louie Psihoyos (bl). **Dorling Kindersley:** Lynton Gardiner / courtesy of the Carnegie Museum of Natural History, Pittsburgh (cr). **158-159 Getty Images:** Siri and Jeff Berting (background). **158 Corbis:** Bob Krist (bl). **160 Corbis:** Joson (background). **163 Dorling Kindersley:** Jon Hughes (ca). **Science Photo Library:** Walter Myers (br). **164 Alamy Images:** Alberto Paredes (r). **165 Alamy Images:** Paul Kingsley (br); Tony Waltham / Robert Harding Picture Library Ltd (crb). **Corbis:** Science Faction / Louie Psihoyos (cl). **Dorling Kindersley:** Colin Keates / courtesy of the Natural History Museum, London (tc). **Science Photo Library:** Sinclair Stammers (bl). **169 Corbis:** Louie Psihoyos (cr). **170-171 Corbis:** Aurora Photos / Randall Levensaler Photography (b/background). **171 Dorling Kindersley:** Colin Keates / courtesy of Senckenberg, Forschungsinstitut und Naturmuseum, Frankfurt (tl). **172-173 Ardea:** Andrey Zvoznikov (background). **174-175 Getty Images:** Iconica / Philip and Karen Smith (background). **175 Dorling Kindersley:** Jon Hughes (br). **176 Mike Hettwer:** (br). **177 Corbis:** Sygma / Didier Dutheil (bl, bc, br). **178-179 Dorling Kindersley:** Jon Hughes. **179 Dorling Kindersley:** Andy Crawford / courtesy of Staatliches Museum fur Naturkunde Stuttgart (bl); Steve Gorton / Richard Hammond - modelmaker / courtesy of the American Museum of Natural History (br). **181 Ardea:** Francois Gohier (bl). **182-183 Getty Images:** Willard Clay Photography, Inc. (background). **184-185 Corbis:** amanaimages / Mitsushi Okada (background). **185 Dorling Kindersley:** Colin Keates / courtesy of the Natural History Museum, London (tr). **186 Dorling Kindersley:** Andy Crawford / courtesy of the Royal Tyrrell Museum of Palaeontology, Alberta, Canada (tl). **187 Corbis:** Science Faction / Louie Psihoyos (tr). **188-189 Getty Images:** WireImage / Frank Mullen. **189 Corbis:** George Steinmetz (bl, tr, cr, br). **190 Corbis:** Louie Psihoyos (tr). **190-191 Corbis:** Owen Franken (background). **191 Corbis:** Louie Psihoyos (tr). **196 Science Photo Library:** Roger Harris (bl). **197 Dorling Kindersley:** Gary Ombler / (c) Luis Rey - modelmaker (tr). **Getty Images:** Science Faction Jewels / Louie Psihoyos (tc). **198-199 Corbis:** Nick Rains. **199 Dorling Kindersley:** Lynton Gardiner (c) Peabody Museum of Natural History, Yale University (tr). **200-201 Getty Images:** Spencer Platt. **201 Science Photo Library:** Christian Darkin (t). **202-203 Reuters:** Mike Segar. **203 Corbis:** Grant Delin (b). **206 Corbis:** Jonathan Blair (b). **Science Photo Library:** Mark Garlick. **207 Nicholas/http://commons.wikimedia.org/wiki/File:Western-Ghats-Matheran.jpg:** (cr). **Science Photo Library:** Joe Tucciarone (b); D. Van Ravensswaay (tl). **208 Corbis:** Layne Kennedy (bl). **Dorling Kindersley:** Colin Keates / courtesy of the Natural History Museum, London (br). **209 Dorling Kindersley:** Jon Hughes (br). **210 Dorling Kindersley:** Jon Hughes / Bedrock Studios. **211 Corbis:** National Geographic Society (tr). **Dorling Kindersley:** Jon Hughes (cr). **212 John Scurlock:** (bl). **213 courtesy of the Smithsonian Institution**. **214 Dorling Kindersley:** Philip Dowell (sidebar). **215 Dorling Kindersley:** Andrew Nelmerm / courtesy of the Royal British Columbia Museum, Victoria, Canada (bc). **Science Photo Library:** Pascal Goetgheluck (br). **216 Ardea:** Steve Downer (tc). **Corbis:** Frans Lanting (tr); Visuals Unlimited / Thomas Marent (bc); Momatiuk - Eastcott (br). **Getty Images:** AFP / Sam Yeh (cl). **217 Corbis:** Paul Souders (cra); Keren Su (bl). **Dorling Kindersley:** courtesy of the Booth Museum of Natural History, Brighton (tl); Nigel Hicks (bc). **218 Corbis:** Lester V. Bergman (tc). **Dorling Kindersley:** Colin Keates / courtesy of the Natural History Museum, London (bl). **219 Getty Images:** Ken Lucas (cl). **221 Dorling Kindersley:** Harry Taylor / courtesy of York Museums Trust (Yorkshire Museum) (b). **224 Corbis:** Radius Images (r). **Getty Images:** National Geographic / Jonathan Blair (cl). **Science Photo Library:** Maria e Bruno Petriglia (bl). **225 Corbis:** Ecoscene / Wayne Lawler (clb); Karl-Heinz Haenel; Stock Photos / Bruce Peebles (bl, bc); Frans Lanting (tl). **Getty Images:** Stockbyte / Joseph Sohm-Visions of America (cla). **226 Dorling Kindersley:** Lindsey Stock (background). **227 Corbis:** Frans Lanting (bl). **Dorling Kindersley:** Bedrock Studios (tl); Colin Keates / courtesy of the Natural History Museum, London (bl). **228-229 naturepl.com:** Dave Watts. **229 Corbis:** epa / Dave Hunt (t); In Pictures / Barry Lewis (br). **230 Science Photo Library:** Christian Darkin. **231 Getty Images:** Photonica / Theo Allofs (cra). **232 Corbis:** Bob Krist (background). **233 Alamy Images:** blickwinkel (br). **Getty Images:** Ken Lucas (tr). **234 Dorling Kindersley:** Colin Keates / courtesy of the Natural History Museum, London (cl). **235 Dorling Kindersley:** Jon Hughes / Bedrock Studios (tr). **Getty Images:** De Agostini Picture Library (cr). **Science Photo Library:** Mauricio Anton (br). **236-237 Corbis:** Jonathan Andrew. **236 Science Photo Library:** Dr Juerg Alean (tr); Richard Bizley (bl); Gary Hincks (br). **237 Corbis:** David Muench (tr). **Science Photo Library:** Gary Hincks (br, bl). **239 Dorling Kindersley:** Bedrock Studios (b). **240-241 Natural History Museum, London:** Michael R. Long . **240 Alamy Images:** Martin Shields (bl). **241 Alamy Images:** Martin Shields (bl). **Pyry Matikainen**. **242 Alamy Images:** Ryan M. Bolton (tl). **Dorling Kindersley:** Jon Hughes (r). **244 Alamy Images:** Elvele Images Ltd. **245 Dorling Kindersley:** Bedrock Studios (cr). **247 Alamy Images:** blickwinkel (br). **248-249 Dorling Kindersley:** Bedrock Studios. **248 Getty Images:** Popperfoto / Bob Thomas (b). **250 Corbis:** Carl & Ann Purcell (background). **Dorling Kindersley**. **251 Corbis:** Kevin Schafer (br). **255 Science Photo Library:** Walter Myers (bl). **256-257 Corbis:** Annie Griffiths Belt. **257 Science Photo Library:** Larry Miller (b). **258 Getty Images:** Gallo Images / Ray Ives (r/background). **259 Alamy Images:** vario images GmbH & Co.KG (br). **Dorling Kindersley:** Dave King / courtesy of the Natural History Museum, London (tr, c); Harry Taylor / courtesy of the Natural History Museum, London (bl). **260-261 Science Photo Library:** Christian Darkin. **261 Ardea:** Masahiro Iijima (br). **Photolibrary:** Goran Burenhult; (tr). **262 Alamy Images:** ITAR-TASS Photo Agency (b). **Corbis:** Science Faction / Steven Kazlowski (b/background). **262-263 Getty Images:** Gerner Thomsen (c). **263 Alamy Images:** Arcticphoto (r). **Getty Images:** AFP / RIA Novosti (b). **264 Corbis:** Reuters / Marcos Brindicci (bl). **265 Alamy Images:** The Natural History Museum (tr). **Corbis:** Buddy Mays (br). **267 Dorling Kindersley:** Bedrock Studios (cr, bl). **268 Alamy Images:** Niels Poulsen mus (b). **Ardea:** Duncan Usher (tl). **269 Alamy Images:** blickwinkel (tr). **270-271 Getty Images:** National Geographic / Sisse Brimberg. **270 Getty Images:** Stone / Robert Frerck (br); Time & Life Pictures / Ralph Morse (bl). **Robert Gunn:** (tr). **271 French Ministry of Culture and Communication, Regional Direction for Cultural Affairs - Rhône-Alpes region - Regional department of archaeology:** (bl). **Getty Images:** AFP (tr). **274 Getty Images:** Gallo Images / Latitudestock (b). **275 Corbis:** Denis Scott (b). **276 Getty Images:** AFP / Stan Honda. **277 Dorling Kindersley:** Harry Taylor / courtesy of the Natural History Museum, London (tl). **278 Science Photo Library:** Mauricio Anton. **279 Corbis:** Frans Lanting (bl); Sygma / Régis Bossu (tl). **naturepl.com:** Karl Ammann (br). **Science Photo Library:** John Reader (tr). **280 Science Photo Library:** Mauricio Anton. **281 Corbis:** Larry Williams (tr). **282 Corbis:** epa / Federico Gambarini. **Dorling Kindersley:** Rough Guides (background). **283 Corbis:** Reuters / Nikola Solic (tl). **Science Photo Library:** Pascal Goetgheluck (bl). **284 Science Photo Library:** Christian Darkin (r). **285 Alamy Images:** Sabena Jane Blackbird (ca). **Corbis:** Frans Lanting (bl); Sygma / Kevin Dufy (cb); Buddy Mays (br). **The Kobal Collection:** Hammer (t). **286-287 Getty Images:** Gallo Images / Andrew Bannister. **288-289 Getty Images:** Gallo Images / Peter Chadwick. **290 Getty Images:** Gallo Images / Peter Chadwick (sidebar). **294 Dorling Kindersley:** Dave King / Jeremy Hunt at Centaur Studios - modelmaker (b). **300 Dorling Kindersley:** Andy Crawford / courtesy of the Royal Tyrrell Museum of Palaeontology, Alberta, Canada (bl). **302 Dorling Kindersley:** Peter Minister. **304 Corbis:** Frans Lanting

Jacket images: *Front:* **Alamy Images:** Javier Etcheverry br. **Dorling Kindersley:** Jon Hughes c; Natural History Museum, London fbl / (background). **Science Photo Library:** Chris Butler bl; Tom McHugh fbr. **SuperStock:** imagebroker.net (background). *Back:* **Dorling Kindersley:** Royal British Columbia Museum, Victoria, Canada br; Senckenberg Nature Museum, Frankfurt bl. **Getty Images:** Photographer's Choice / Colin Anderson fbr. **Science Photo Library:** Christian Darkin fbl, t. *Front Flap:* **Dorling Kindersley:** Jon Hughes

All other images © Dorling Kindersley
For further information see:
www.dkimages.com

ACKNOWLEDGEMENTS